西部野生动物探秘

袁国映 著

新疆美术摄影出版社
新疆电子音像出版社

目录

目录

一、高山动物

西域的天山、阿尔泰山、昆仑山、帕米尔高原和阿尔金山，是高山动物的主要生活舞台。

天山在新疆境内长1760千米，宽250~350千米，以西部托木尔峰最高，海拔7435.3米，永久雪线自西向东和自北向南升高，在3700~4100米之间。阿尔泰山在新疆境内长700多千米，以中国和蒙古国边境海拔4374米的友谊峰为主峰，永久雪线在海拔3200米左右。帕米尔高原、昆仑山和阿尔金山，总长约2000千米，以8611米的乔戈里峰最高，这里的雪线高度则达4800~5300米。

新疆的山地，随着海拔的不同，有着明显的垂直自然景观带变化。特别是天山和阿尔泰山，自上而下有永久冰雪带、苔藓地衣带、高山草甸带、亚高山草甸带、森林带、灌木草原带、草原带和半荒漠草原带。这些景观带随山地的地理位置和坡向的不同而不同，在新疆南部昆仑山区，森林带已不存在，只有零星块状分布。

森林带以上的高山地带，适于高山和高原生活的动物活动。晴空中，一群群鹫鸟在白云下盘旋；草地上，旱獭在匆忙地采食；远处，一只棕熊在笨拙地挖掘旱獭的洞穴；山坡洼地里，一群北山羊在吃草；峡谷岩石堆中，一只花斑雪豹潜伏着，等待猛扑的时机；在山上陡峻的崖顶，雪鸡的啼鸣与山鸦的歌声遥相呼应。在宽阔而平坦的高原谷地，另有一番奇景：一大群藏野驴排着整齐的队伍奔驰，时而与公路上的汽车赛跑；那高竖双角的藏羚羊群，则自远处冲过来，从汽车前穿过，扬长而去；一群群的野牦牛，如同黑色小坦克，缓缓行驶在绿草滩上。

高山动物和高原动物，为了适应这里的生活环境，多数长得胸部宽阔，肺活量大，鼻孔粗，便于呼吸；血液中血红蛋白含量高，以使储存大量的氧气；体毛较厚，密而细长，以适应低压和寒冷的气候条件。

由于人类活动的长期影响，目前新疆人迹较少的高山地带是有蹄类动物种数最多的地方，成为野生动物的避难所。新疆的体型较大的动物，在长期的环境变迁中，从平原的草原和森林逐步地转移到高山地带生活，从而大大丰富了高山地带的动物种群。

雪　鸡

1980年，在烈日炎炎的盛夏，当我来到帕米尔的高山牧场，气喘吁吁地爬到4000多米的雪线附近时，只听得陡峭的山岩上传来一声接一声嘹亮的长鸣，打破了山谷雪原草地的寂静。向着发声处往前走，突然，“咯！咯！咯！”一阵连续的叫声，引出一群浅棕色的大鸟，发出扑棱棱的一阵响亮翅声后，向对面山头滑翔而去。这就是高山最大的鸡类——雪鸡。

雪鸡属鸡形目雉科，是不论冬夏都在原地生活的留鸟。世界上有鸡类270多种，中国约有56种，新疆有11种。雪鸡在新疆有暗腹雪鸡和淡腹雪鸡及阿尔泰雪鸡三种。暗腹雪鸡也叫高山雪鸡，腹部毛色较暗，体型稍大，分布在天山及帕米尔高原；淡腹雪鸡也叫藏雪鸡，腹部毛色浅，在昆仑山、阿尔金山以及帕米尔高原都有分布；阿尔泰雪鸡只分布在阿尔泰山和北塔山。它们是生活在世界上海拔最高的鸡类。雄的雪鸡体重约两千克，雌的稍小，毛色都是灰棕或棕灰色，腹背多暗褐色斑纹，在岩石上静止不动时很难分辨。雪鸡不善远飞，喜在山坡上向上奔跑，十分迅速，然后靠滑翔飞向其他山头，以逃避地面的敌害。在天山，雪鸡主要在海拔3700~4200米的雪线附近及以下的高山草甸带活动，冬季最低海拔可达2000米。在昆仑山，雪鸡的高空活动范围比天山高1000米左右。在阿尔泰山则低1000米，一年中随季节而有垂直迁徙现象。

每年春末夏初，当山谷中积雪融化、草芽发绿的时候，雪鸡由大群分散成6~9只的小群活动，约一星期后又分散开，雌雄成对到草甸地带繁殖。它们多选择附近有丰富食物的裸岩裂缝草丛中筑巢。雪鸡的巢很简陋，像盆状，深6~9厘米，直径约30厘米，内铺干草、茎叶、苔藓、兽毛和自己的腹羽。产卵多为6~7枚，椭圆形，大小如同鸡蛋，深灰蓝色和橄榄褐色，多深色斑点。孵卵期间，雄鸡常在附近山岩上高处安静地瞭望，在采食时也不时抬头观看，若发现敌情，就惊叫着半飞半跑地把敌人引向与巢相反的方向。人若走近巢时，近在数米内只要不注视雌鸡和巢，雌鸡会静卧而缩着脖子不动，但若与它眼光相对，便立即惊飞。雌鸡恋巢性极强，人走后不久即可返巢再孵。27天后雏鸡出世，雌鸡便带着小鸡教它们采食和逃避敌害。雪鸡主食高山细嫩的草和花序，如萎陵菜、珠芽蓼、绣线菊、雪莲及禾本科植物等，还有植物种子和昆虫，也常食石子以助消化。雪鸡的天敌很多，鸢、鹰、雕可以从空中抓捕它们，雪豹、狼、狐狸和香鼬在地面上袭击它们，特别是不会飞的小雏鸡，更是常常成为它们的点心。

夏末秋初，鸡雏渐渐长大，学会了飞翔，雪鸡便开始合群，向多裸岩的高山上转移。当大雪纷飞的时候，雪鸡常聚集成上百只的大群活动，做短距离迁徙，飞过时响声很大，震天动地。在冬季，大雪过后，雪鸡群常下降至谷地觅食，也常在向阳的山坡和树林中栖息。这时，当年的小鸡均已长大，体肥肉嫩，在数量多的地方，得到有关部门批准后，可有限制地猎捕。其他的时

图1 雪鸡

候，特别是繁殖期，严格禁止捕猎。生活在高山地带的塔吉克、哈萨克等族牧民，常捕捉雪鸡幼雏饲养，很容易驯化，能和家鸡在一起群居。

雪鸡肉味鲜美，由于食物中多为名贵中草药，故肉有药味，是山珍中上等佳肴。鲜肉晾干研细可以入药，主治妇科病、癫痫、疯狗咬伤，兼有滋补壮阳功能。羽毛做垫褥，烤焦研细能入药，也可治癫痫和疯狗咬伤。蒙古族和藏族等少数民族医生，用雪鸡治疗各种“风症”，效果较好。

由于人类活动扩大，雪鸡受到滥捕，数量下降很快，3 种雪鸡均已列入国家二级保护动物，禁止猎杀。但人工繁殖研究已经过关，可大量繁殖，以供利用。

红嘴山鸦和黄嘴山鸦

一提到乌鸦，人们就会联想到“天下乌鸦一般黑”这句谚语，留给令人讨厌的印象。其实鸦类并非全身都是黑色，奇丑无比。在天山、昆仑山和帕米尔高原，海拔 2000 米以上的山地，就生活着体态优美的山鸦。山鸦有两种，它们属雀形目鸦科，一种是红嘴山鸦，重约250克，身材“苗条”，虽全身乌黑，但通体发出金属蓝色的光泽，配以鲜红的嘴和腿爪，体态非常优美。另一种是黄嘴山鸦，它与红嘴山鸦只有一点不同，那就是嘴和腿爪是桔黄色。它们有时十余只，有时几十只甚至上百只，结队在山间谷地飞翔，从一个山坡飞到另一个山坡，整天忙碌着。山鸦清脆的“啾唧、啾唧”的鸣声一唱一和，给寂静的山地增加了不少情趣。

山鸦是新疆的夏候鸟。红嘴山鸦分布较广，在整个天山、昆仑山和帕米尔高原，海拔 2000~3500 米的谷地中均可见到，有时它们还飞到更低的山麓草原带觅食。黄嘴山鸦只见于帕米尔高原和昆仑山的高山带，最高可达海拔 5000 多米，而 3000 米以下则极难见到。看来，它有着比红嘴山鸦更能适应高山环境的特性，因为红嘴山鸦在海拔 3500 米以上已经难见。

春季，山鸦从温暖的地带归来，选择多裂隙的陡壁，或是垂直的大洞穴壁上，群集在一起成对筑巢。集群生活，有助于它们抵抗猛禽的袭击。山鸦每巢产卵三四枚，6 月下旬就可看到雏鸦出巢。山鸦幼小时形态远不如它们的父母漂亮，黑羽无光泽，嘴和腿为黑褐色，易使人误认为是红嘴山鸦和乌鸦的“混血儿”。在帕米尔考察时我观察到山坡上的红嘴山鸦，有相向“亲嘴”的情景，十分奇怪。原来，这是刚刚离巢的幼山鸦，还不会觅食，仍靠双亲饲喂食物。

红嘴山鸦在繁殖季节很讲究营养，它吃荤不吃素，纯以蛋白质丰富的昆虫为食。主要是鳞翅目幼虫和鞘翅目幼虫为主，也吃其它昆虫的

图 2 红嘴山鸦喂雏

蛹和造桥虫及一些植物嫩芽和果实。它们在山坡上,用嘴掘开土表,捕捉附在植物根系上的昆虫幼虫,对保护草原十分有利。

别看山鸦飞行时一窝蜂,不成队形,但它们也有着严格的纪律。在帕米尔高原,有一次,考察队员打死了一只山鸦,其它山鸦惊飞到另一个山坡后,其中一只遭到了另外一只山鸦的啄击,因为它是“哨兵”。由于它的失职,而损失了一个同伴。

猛禽和狐狸是山鸦的主要天敌。但在繁殖季节,山鸦为了护幼也很勇猛。它们几只在一起,驱逐接近巢区的鹰或隼,夹攻并追逐它,一直逼它飞离巢区很远才罢休。

山鸦主食草原害虫,美化高原环境,是对人类十分有益的朋友。它的肉可入中药,有滋养补虚的功效,主治虚劳发热、咳嗽等疾病。

雪鸽和雪雀

世界屋脊的西北部,帕米尔和昆仑山的条条冰川,似张牙舞爪的巨龙,一个个从高峻的山巅直泻而下,最长的可达 42 千米。在海拔 4000~5000 米的冰舌前端,大自然的神工妙斧,造成了千奇百怪的冰川奇景:冰桌、冰蘑菇、冰墙、冰瀑布、冰塔林和冰溶洞,像玲珑剔透的水晶宝石,在阳光下闪烁着光芒。就在这些地带,我看到过一种近乎白色的鸽子,常停在冰面上休息,不注意就很难发现,但飞到蓝天中,那快速闪动的白色翅膀和身影,与雪山相映,十分醒目。这就是不久前发现的雪鸽。

雪鸽属鸽形目鸠鸽科,体长不足 30 厘米,重约 250 克。体型与一般鸽类相似,但体色差别很大,它背部石板灰色,腹部羽毛为白色,红

图 3 雪山雪鸽

眼红爪,逗人喜爱。它以高山植物的种子、叶片、昆虫为食,营巢于山岩壁缝中,雌雄成对繁殖,习性如同家鸽。它们常十余只或数十只在一起活动,飞行速度比家鸽快得多。

新疆有 6 种野鸽,它们活动的地盘,在高度上有着明显的分工。雪鸽是它们之中飞得最高,

最能耐寒的种类，仅分布于帕米尔和昆仑山，在海拔3500~5000米的高山冰雪带和谷地的高山草甸中生活。紧接着下面是岩鸽的地盘。岩鸽羽毛以蓝灰色为主，尾羽上有一条明显的白色横斑，它活动在帕米尔、昆仑山及天山南北，在海拔2000~3500米的山间谷地，是岩鸽活动的地方。在2000米以下的山麓带和盆地中，则成为原鸽的家乡。原鸽是家鸽的祖先，它的羽毛以蓝灰色为主，与岩鸽的明显区别是尾上没有白色横斑，是盆地绿洲中常见的鸟类，主要吃红花、小麦等农作物种子，对农业危害较大。此外，还有鸥鸽、中亚鸽及林鸽，多分布在不同地区的山地森林。

雪鸽多在远离人类活动的高山地带活动，但是雪雀恰恰相反，喜近人类。在高原上海拔4000多米的边防军兵站和马厩以及牧民的居屋，是雪雀常来光顾的好地方。特别在冬季，它们成群挤在一起，啄食草籽和马料。

雪雀属雀形目文鸟科，在新疆有6种。较易看到的白斑翅雪雀与家麻雀相似，但翅膀和尾巴的羽毛以白色为主，很易辨认。它们成群在海拔3000~4200米的山坡草甸、岩石堆和山谷溪流边活动。在天山，它们活动的位置较低，冬季下降到海拔1000~2000米的前山沟谷中生活。它们主要在居民点、鼠洞、石墙洞、山岩壁洞甚至在大型鹫鸟的巢壁中筑巢，能和巨型的猛禽和平共处而安然无事。雪雀在6~7月份进行繁殖，比平原区的麻雀繁殖期晚1个月左右。为抵御高山严寒，它们的换羽期持续时间很长，直到8月份，新毛还长不起来。雪雀繁殖期主要以昆虫为食，特别喜吃蝗螨及鳞翅目昆虫，也吃一些植物叶片。高山活动的鹞、隼是雪鸽和雪雀最危险的敌人。

雪鸽和雪雀美化了沉寂的高山环境，并能消灭一部分害虫，是对人类有益的鸟类。

高山神鹰——鹫

你是否去过西藏？是否观察过藏族居民藏传佛教的天葬？

那是一座高山顶部的平台，按当地的民族风俗习惯，只有有资格上天的人，在死后才能到“天葬台”享受“天葬”的高级待遇。逝者在经过一系列佛教追悼仪式之后，便由专门从事“天葬”仪式的葬尸人背负而行，爬到高山的天葬台上，把逝者的衣服脱个精光，先用锋利的小刀把头颅割下放旁边，再将身体上的肉从上到下，一片片地割下来堆在一旁，这时逝者只剩下一副骨架和头颅。先把骨头一块块地用斧头砍碎，最后把脑浆挖出，将头颅砍碎，将骨头和肉放在一起，有的还加上酥油拌和，最后双手合掌，念念有词，对死者表示祝福。然后张开双手，离开天葬台。这时，葬台四周落了一圈的鹫鸟便一拥而上，抢食人肉美餐，以大饱口福。这群鹫鸟以兀鹫为主，葬尸人刚到山顶时，就开始不断地飞来，围在天葬台周围一圈，耐心地等待着这顿美餐。鹫鸟是藏民族崇拜的“天神”，绝不能猎杀，认为只有自己死后被神鹰完全吃掉，才能死后升天，而那些干了坏事的人，是不能享受这种待遇的。

跋涉青藏高原，或是在天山、昆仑山或帕米尔高原的旅人，常常会遇见这样的情景：刚才还是寂静安宁的天空，突然会飞来两三只大鸟，它们展开巨大的双翼，缓缓在上空一圈圈地盘旋，不时地拍扇一下翅膀。忽然，一只大鸟向地面急速俯冲而下，紧接着，其余的鸟也纷纷落了下去。这时，仿佛是它们发出了信号，在天空中络绎不绝的大鸟从远处飞来，加入到地面的行列，有时可达二十余只。一时，在山谷中响彻着鸟们的喧哗声。这些大鸟就是典型的高山猛禽，是藏族崇拜的神鹰——鹫类，俗称“老雕”。

新疆天山的鹫类，早在两千多年的《山海经》中就有记载。《山海经·北山经》中写道：“敦薨之山‘其鸟多尸鸟鸠’”。“敦薨”即博斯腾湖，它的水来源于天山，“敦薨之山”即指天山。“鸤薨”，是一种以尸物为食的鸟类，它不是如鸽子般温顺的斑鸠，而是鸟类中的猛禽——鹫。

清代末年的《新疆图志》中记载了一段流传已久的故事：在天山托木尔峰地区，过往木扎尔特达坂的旅人，常常会迷失途径，这时就只有乞求于“神鹰”。这种“神鹰”，“大如雕，色青白，或有迷失路径者，辄闻鹰鸣，寻声而往，即归正路。”其实，这种“神鹰”就是鹫鸟，它们靠啄食旅途中死亡牲畜尸体为生，因此，依靠它们就可以使你寻见翻越达坂的正确道路。

鹫类属隼形目鹰科，在新疆有3种。头部裸出无羽，脖颈长且光秃，体羽浅褐色的叫兀鹫，也叫黄秃鹰；头上多长羽毛，脖颈短而无毛，体羽黑褐色的是秃鹫，也叫座山雕，也就是说，“秃鹫不秃”，秃头的则是兀鹫；形似秃鹫，但在脖子上长满羽毛，而在钢钳般的硬嘴角下有一束黑黝黝刚毛的是胡兀鹫，也叫大胡子雕。胡兀鹫的眼睛周围还有一圈黑色短羽，仿佛戴了一副墨镜，使它的外貌更增添了几分凶恶狡诈，俨然如高山霸主，是名副其实的“座山雕”，它是鹫类中最凶猛的一种。

图4 高山神鹰

鹫属大型猛禽，起飞时翼展可逾3米，体长1.2~1.2米，体重在6~7千克，俯冲速度可高达每小时120千米。鹫的猎食对象很广，从大中型的食草动物野牦牛、藏野驴、北山羊、盘羊等，到小型兽类旱獭、野兔、鼠类等，鹫都能捕食，特别是猎食对象中的老弱病残者。

鹫捕食活物时场面十分惊险，也十分残酷。它看准目标后，像闪电般俯冲到猎物头上，捉住其脖颈首先用钢钳般尖嘴啄瞎猎物的双眼，使其失去逃跑和反抗能力，然后致其于死地，最后再慢慢啄食。通常，总是由胡兀鹫发起战斗，胆子较小的兀鹫和秃鹫常常是坐享其成。不过，吃到它们嘴里的当然也只是一些残羹罢了。胆大而凶猛的胡兀鹫，有时还敢攻击在草地上午休的牧民。我在阿尔金山考察中，在山顶躺下休息时就差点遭到胡兀鹫的攻击。胡兀鹫吃食物的能力很强，10厘米长的骨头也能囫囵吞下！

鹫鸟是世界上飞翔最高的鸟类之一，可达到海拔8000米以上，也就是说，地球上的高峰没有它去不了的地方。它们极会利用山谷阳坡的上升气流，能长久不振翼而上升。它们的视力相当强，为人类的3~5倍，能清晰地发现十余千米外的猎物，尔后云集而往。

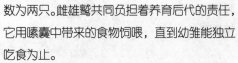

图5 胡兀鹫抓旱獭

鹫鸟生活在人迹罕至的高山，以峭壁中的洞穴为巢。巢用树枝、草棍构筑，极为简单，有些小鸟也借助它的避护，在它的巢壁中为家。在荒芜的藏北高原，鹫鸟搭巢也自有妙法。因没有树木，找不到木棍，它们就衔来死羚羊的角筑巢，一个巢有时能用去上百只羚羊角。

鹫鸟两龄成熟后进入生育期，多在5~6月份产卵，孵卵期约30天，每巢育雏1~3只，多数为两只。雌雄鹫共同负担着养育后代的责任，它用嗉囊中带来的食物饲喂，直到幼雏能独立吃食为止。

鹫鸟外貌奇丑，凶恶残暴，会使你感到厌恶，但它也是食腐肉的动物，草原上死亡的家禽和野生动物都是它清理的对象。它是维护高山生态平衡不可缺少的一员。可以想象，若是食草动物无节制地繁殖，高山草原被彻底破坏后，它们不是也面临灭顶之灾么？再说，死去的动物陈尸草原，腐烂的驱体将带来流行病的蔓延。鹫鸟的存在就防止了上述现象的发生，它们是高山生态系统食物链中必不可少的一环。可以说，有了它们，才有了高山动物种族的正常繁衍，也才有了高山植被的正常发育。它们看来是生命的扼杀者，却承担了生命正常承继的重任。鹫类等猛禽对病菌有着特殊的抗性，它吃了腐肉或是因鼠疫死亡的旱獭也不会染病，真是天赐的高超本能！

保护鹫类是维护高山生态平衡的一项重要内容，这已经为越来越多的人们所共识，在国际上也引起了广泛重视。许多国家已将鹫类列为禁猎动物，中国也已将鹫类列为保护动物，其中胡兀鹫列入了一级保护动物。鹫还有药用价值，秃鹫肉有滋补养阴功效，主治肺结核，骨主治甲状腺肿大；胡兀鹫肉可治癫痫、精神病、肺脓肿、肠炎、食积等症，但我们不能随意捕杀它。

形似小狗的旱獭

当我们骑马来到天山深处的草原，正在欣赏美丽的五花草甸，突然听到“汪！汪！汪！汪”四声像小狗似的叫声，抬头望去，40~50 米外的土丘旁，站立着毛绒绒的灰黄色小兽，形似小狗，摆动着似两只小孩手掌的前爪，不停地鸣叫着，好像是欢迎我们这些远方的来客。再往前走，快到它跟前时，它却迅速钻入洞中，而不远处又有新的小兽发出同样的叫声。有时，不同范围的几只同时吠叫，遥相呼应，此起彼伏，直到远离了它们的领地为止。原来这就是高山旱獭的家族。

图 6 旱獭家族

旱獭的近亲，欧洲人称土拨鼠，美洲人称草原犬鼠，因为它们善于掘土挖洞，形态既像鼠，又像哈叭狗。中国民间又叫哈拉或雪猪。旱獭是哺乳动物，属啮齿目松鼠科，在新疆有灰旱獭、长尾旱獭及喜马拉雅旱獭 3 种。灰旱獭毛色沙黄，尾短，主要分布于天山 2000~3800 米的高山草原上，阿尔泰山及准噶尔界山其分布海拔位置较低，不过与天山旱獭形态上略有差异，是分布的两个亚种。长尾旱獭以尾长为主要特征，尾长可达 18~20 厘米，全身披毛密而长，毛色橙黄，体背毛尖深褐色，因此又叫红旱獭，体型比灰旱獭略小，仅分布于帕米尔高原海拔 3000~4800 米的高山草场。喜马拉雅旱獭毛较短，腹背毛色棕黄，无明显区别，分布于阿尔金山及昆仑山高山草原。

成年灰旱獭体长 50~60 厘米，体重 5~7 千克，个别可达 10 千克，吻短，咬肌发达，门齿长而锐利，前肢粗短有力，极适于挖掘洞穴。当春季积雪刚刚融化时，地面上才出现一些草芽，就可见到较肥胖而刚出蛰的旱獭在洞口晒太阳，或到处互相追逐，追求异性并在地上交尾。这是一年一度的旱獭发情期，也是鼠类传染病最易流行的时候。由于鼠疫等疾病的流行，往往使密集区的旱獭大量死亡。交配期过后，旱獭因体力消耗而迅速消瘦，有的雄性单独居住，有的与雌獭同穴，一个洞群中有 1~3 只成年旱獭和几只前一年的仔獭群居。雌獭妊娠期 40~42 天，正值草原嫩草青青的时节，幼仔正好出世，一般每胎 3~5 只，多时可达 10 只，这随环境条件的优劣而异。经过 1 个月左右的哺乳期，幼仔开始出洞学习采食和逃避敌害。幼獭 3 年性成熟，寿命最长可达 15 年。

旱獭很会选择食用草原上最优良的牧草，它特别爱吃野苜蓿、萎陵菜、针茅等营养价值高的牧草。它们采食主要在日出后和日落前最为

频繁，炎热的中午活动较少，除在特别干旱的季节偶尔去河边饮水外，一般靠植物来补充水分就可满足它身体的需求。旱獭洞穴分主洞和临时洞两种，主洞多在山坡上稍高处或河谷陡坎上，有3~5个直径20厘米左右的洞口，里面洞道纵横交错，深可达10余米。内有盲洞，可供临时休息和大小便。深处的巢室宽敞，1~1.4米长，60~80厘米宽，半米多高，内铺禾本科干草。临时洞多在山坡凹处或河滩上水草丰盛而不易打深洞的滩地，洞深很少超过一两米，每个洞群有4~10个，主要用来采食时逃避敌害或“午休”时使用。每个洞群间都有一定的距离，当某一洞群的旱獭被全部消灭后，不久可能有其它旱獭移入。各洞群的旱獭都有自己采食活动的势力范围，互不侵犯。当草原上出现敌害时，首先发现的旱獭便高声惊叫，以警告正在埋头采食的同类迅速逃到洞口，当敌人接近时便立即钻入洞中。这是旱獭长期适应环境，遗传下来保护种群不至于绝灭的本能。三种旱獭中以天山的灰旱獭叫声最为响亮，而帕米尔的长尾旱獭叫声则似鸟啼，较为尖细。

一到秋季旱獭便拼命采食，变得体肥腰圆，积累了大量的皮下脂肪，9月末至10月初，草枯而冬季将要来临时，双亲带着当年和前一年的幼仔开始冬眠。冬眠前先清洁洞穴，排干净粪便，并用土把洞口堵住。然后在巢室中，它们一个的嘴顶着前一个的肛门串成一团，而那些独居者则只好将自己的嘴顶着自己的肛门静卧。冬眠中的旱獭呼吸、体温和新陈代谢都降到最低限度，仅依靠体内储存的脂肪度过漫长的冬季。

旱獭的天敌也不少，天空中有鹫、鹰、鵟，常俯冲下来捕食老弱病残者，地面上有猞猁、狼和雪豹，甚至小型的食肉兽也常追捕它们。棕熊爱挖它们的洞穴捕食，是旱獭最可怕的敌人。由于天敌多，旱獭幼仔死亡率很高，第一年就可能死亡一半左右。加之旱獭寿命也不太长，而使种群量年变化不大，保持着相对的稳定。在天山有个使动物学家百思不得其解的现象，就是在博格达山和托木尔峰南坡没有旱獭活动，这两块地区与天山其他地区的草原带环境条件并没有什么差别，真是个怪事！博格达山是蒙古语“神山”的意思，按迷信的解释，是否旱獭也怕“神灵”？

旱獭是草原害兽，它争夺牛羊的优良牧草，挖掘洞穴堆成面积达4~5平方米的旱獭丘，破坏了草原，而洞道又常使奔马踏空伤蹄。更重要的，它是鼠疫的主要带菌者和传播者，因此它被作为灭鼠的主要对象。但在美国得克萨斯州发生过这样的事：因人工消灭了每年吃掉能养300万头牛草地的80亿只草原犬鼠，而导致大面积水土流失，反而使优良牧场荒芜和沙化。这是因为随着犬鼠的绝灭，失去了排水的洞穴，地表在暴雨期易形成洪流，侵蚀土壤而造成的恶果。这个例子说明了旱獭在草原生态系统中的重要作用。

旱獭肉可吃，油脂似清油，常温下透明不凝固，属褐色脂肪，也可供人类食用，据研究，能降低人体胆固醇含量并软化血管。在工业中，旱獭油也可作高级润滑剂。中药中，旱獭油也叫雪猪油，有祛风湿、解毒的功效，主治风湿肿痛、皮肤溃疡、湿热疮毒等。旱獭皮是优良毛皮之一，油光发亮而蓬松，颜色因种而异，可做皮帽、皮领、皮衣，是中国的重要出口物资，新疆外贸部门最多一年曾收购到26万张，换取了不少外汇。由于旱獭在中国还是一种重要的资源动物，应贯彻捕护并举、合理猎捕的方针，使它的生存和发展控制在不要超过能传播鼠疫的密度即可。

高原之舟——野牦牛

阿尔金山自然保护区，当高原上夕阳快要落山的时候，山洼里只见一座座黑黝黝的身影，在地面上平稳而缓慢地移动。逆光远远望去，活像一组坦克在草地上爬行，又像一艘艘小船在绿色的海洋里行驶。它们就是世界上珍贵而稀有的大型高原动物——野牦牛。

20世纪 80 年代初，新疆地质一队的一辆卡车在阿尔金山保护区的山谷中缓慢地爬行，这里是无人区，也没有任何道路，所以运送物资的卡车在处女地上走得很慢。在窄河谷中，刚转过一个弯，突然，在车前面二十多米处出现了一个巨大的黑影，这是一头野牦牛，而且是一头雄性的野牦牛。在非繁殖交配季节，它都是独来独往，什么也不怕。司机一看到野雄牦牛，就毛发直立，惊出一身冷汗，便急忙把车停了下来，想把车调回头，但无路可走，又不敢下车，只能在车里看着。只见那头野牦牛见到怪物威胁自己，就把头一低，尾巴一翘，高高竖起一丛长尾毛，双蹄在地下刨了几下，就面向汽车直冲了过来，司机只有瞪眼看着。“轰”的一声，卡车猛震，只见牛的双角从正面插入了车前的水箱，猛烈的撞击也使野牦牛头昏眼花，好不容易把角拔出来，摇摇晃晃地扬长而去。雄牦牛竟然不怕比它大几十倍的大卡车，敢于对卡车迎头相撞，真不愧是高原的霸主！这种现象至今仍不断出现。

2004年 7 月，中国《国家地理》杂志组织的摄影考察队就遇到了两头野牦牛，不知什么原因，它们竟然在 500 米以外向车队冲过来，吓得考察队开车就跑，直到看不到它们为止。

在 1983 年阿尔金山自然保护区综合科学考察中，我有过几次直接面对野牦牛的遭遇战。一次，考察车队在卡尔顿遇到一头老牦牛，一动不动站在路旁，3 个小时后我们返回时，它仍站在那儿不动，离车不到 200 米。有人说这头牦牛是不是病了？也有人说这头牛很温顺，有人打赌说：谁能把这头牦牛套来，给他 100 元钱。那时 100 元相当于现在的 1000 元。司机老李来了劲，他拿了一条粗绳下车就走，我怎么也劝不住他，只好带上半自动步枪跟着他，以防不测。老李走到离牛十多米处，牦牛仍然纹丝不动，于是他前走两步把套绳向牦牛头扔了过去。只见那牦牛立即高翘起尾巴，头一低向前冲了两步。这一动作把老李的魂都吓掉了，好在那牦牛只是示威，又退回了两步，我在后面见势不妙，立刻趴了下来，把枪对准牛头。如果真要向前冲，我就得开枪，否则老李命将不保。只见老李见势不妙，知道了这头牦牛不是好惹的，便慢慢向后退，距离牦牛很远时才转回身来。一个玩笑差点送了一条人命！

考察队为了取得研究标本，早就办理了由国家主管部门的领导签发的批准文件，我承担了猎杀一头野牦牛的重要使命。那是 7 月下旬的一个阴天，我们十多个人乘一辆卡车和一辆吉普车出去捕猎。平时出去考察，每次都能遇到多头野牦牛或藏野驴群，那天很怪，在广袤的高原宽谷中就是看不到一头牦牛，直到中午 12 时，才从高沙丘上远远看到三个小黑点，是牦牛！大家兴奋起来，原计划我乘吉普车靠近去打，但我突然改变了主意：“如果车出了毛病，野牛冲过来一头就会把车顶翻，考察队员就难活命！”我便改乘卡车，新疆的“沙漠王”，已故的赵子允高工则乘吉普去从侧面迂回，以

防止野牦牛往山上逃跑。卡车一直向野牦牛开去，追近了，那是 3 头雄野牦牛和十几头藏野驴，成群向南奔跑。好在这里地势平坦，车可以开到每小时 40 多千米的速度，而野牦牛的时速不到 30 千米。追到离它们 50 多米时，我叫汽车赶快停下，因汽车摇摆不定无法瞄准，但等车停稳时，野牛已跑出去近 150 米。我用半自动步枪对准一头最大的雄牦牛的屁股扣动了扳机。一声枪响，只见那头雄牦牛屁股向上一撅，后蹄向后猛一踢，“打准了！”我心里暗喜。枪声过后，那群跑得快的藏野驴转眼就不见了，另两头牦牛在汽车的追逐下，也扔下同伴不顾，各自逃命去了。卡车追到离伤牦牛 30 米左右时，那牛竟然调过头来，向卡车冲过来，司机见势不妙，马上把车转过来往回开，因汽车水箱最怕撞。那牦牛看到车走了，调头再向前跑，卡车又转过来追，追近了，我正要再打枪，但车头又向后转了过去。原来那牦牛又调回头，这次是直冲了过来，恼羞成怒的公牛气势汹汹地追赶前逃的卡车，车上的同伴们都吓得纷纷由车箱后面往前面跑，我则端着枪向车箱后面走过去。只见野牛追着速度还没加快的卡车越来越近，我知道它没有跳上卡车的本领，所以不怕，端起枪，向它头部连开两枪，最后一声枪响后，它的头已追到汽车的尾部下面。只见它一头扎在车箱底部。汽车开出二十多米后停了下来，等了几分钟，怕一旦下车后它爬起来，就会要人命的。看到它确实不动了，我们才敢下车。我一共打了 7 枪，它中了 6 枪才倒下，可见它生命力之顽强。这头牦牛做成的标本，在庆祝新疆维吾尔自治区成立 30 周年时，高高立在自然保护区彩车的前头，确实风光了一回，作出了它生前意想不到的贡献。

在阿尔金山，野牦牛顶死人的事件时有发生。2003 年，有一牧民去找羊，与野牦牛突然相遇，野牦牛冲过来，他躲避不及，一头把他顶起，裤带被挂到了牛角上，被野牦牛拖了十几千米，3 天后他的尸体才被找到！

野牦牛属偶蹄目牛科，在世界上仅分布于亚洲的青藏高原，其北部延伸至新疆昆仑山和阿尔金山一带。野牦牛只适合在 3000~6000 米的高山谷地生活，在低海拔区很容易死亡。它全身披黑色长毛，特别是脖颈、前胸和腹部，毛长 60~70 厘米，几乎拖到地面，像披着一条黑裙子。长毛不但有助于在寒冷的高原保持野牦牛自身的体温，也便于在冰雪中当活动的褥垫歇卧。粗大蓬松的大尾，是它驱赶蚊蝇的得力工具，短粗而强健的脖子，支撑着一对巨大的，长 70~80 厘米微弯的双角，以及重达数十千克的头颅。它的外形使人望而生畏。野牦牛成年雄牛体长 3.3 米，肩高 1.7 米，重达 1 吨，为家牦体重的一倍多。雌牦牛稍小，身长约 2.5 米，双角较公牛细小，但也很锐利。

野牦牛有着高原动物特有的生理机能，它的胸部宽阔，肺活量很大；鼻孔很粗，便于呼吸；血液中血红蛋白含量高，可以大量储存和输送氧气，很适于在高山低压缺氧地带生活。它的上腭无牙，下腭的牙也不大，以高山谷地中低矮而稀疏的禾本科、豆科和莎草科草类为食，却能长得身材庞大。它能饮冰水，卧积雪，不畏高原的雷霆风暴和凛冽的寒风，十分适应高原恶劣环境的艰辛生活。

野牦牛喜结群活动，在高山宽谷中，一般少则十余头，多则 30~40 头，有时也可多达 200~300 头，成群结队，独霸一方。在野牦牛数量较多的地方，几乎每个大山洼中都有一群。

平时结群的野牦牛多为雌牛，而那些雄牦牛，则多在雌牦牛群外围三三两两，或单独地零散活动。野牦牛力大无比，目空一切，特别是雄牦牛，什么也不怕，俨然以高原的霸主自居。遇有敌害侵袭，也不逃避，先是摇头翘尾进行威胁，后则瞪着血红的双眼，顶着一对锐利的双角猛冲过去，势不可当。无论是猛兽，还是庞大的汽车，甚至大卡车，它都不放在眼里。因此，有经验的司机一遇到野牦牛冲来，便掉转车头就逃，绝不能马虎。否则水箱被撞破了，车不能走，几天碰不上人搭救。到繁殖季节，雌牦牛为保护小牦牛，也变得非常好斗，遇有狼群袭击，便摆成长蛇阵或者围成一圈，把小牦牛夹在身后，双角向外，共同对敌。有时则翻越雪山早早躲避，以求安宁。野牦牛奔跑速度不快，每小时25~30千米。

每年9月份是野牦牛的发情交配季节。这时，雄牦牛之间便开始进行激烈的角斗，斗得你死我活，只有强者才能霸占一群“妻妾”，而失败者只得逃之夭夭，重伤者往往成为狼群的美餐。受孕的雌牦牛在8~9个月后至第二年6月底至7月初产仔，多为一头。小牦牛崽生下1个小时后就会跟随母亲奔跑，身高虽只及到雌牦牛肚皮，却能和雌牦牛跑得一样快。牦牛崽两岁性成熟，寿命25~30年。

野牦牛虽在寒冷的高原生活，却非常喜欢水浴，往往钻到河中不愿出来。它还会在湖泊和河中露出鼻尖和头顶游泳，非常有趣。水浴可以淹死或冲洗使它烦恼的皮肤寄生虫，这也许是它爱玩水的主要原因吧！此外，野牦牛还有一种适应高山生活的本领，在深2~3米的积雪中，它会用头和蹄拱出一条通道前进。塔吉克人利用牦牛的这种习性，在冬季让家牦牛为商队开路。

图7 狼群围攻野牦牛

家牦牛是野牦牛自古长期驯化而来，又叫犁牛，它有黑、白、灰、棕、花斑等毛色，而野牦牛只一种黑毛色，老野牦牛则毛色发棕。据研究，野牦牛和家牦牛的DNA遗传基因完全相同。野牦牛和黄牛杂交而生的小牛叫犏牛。犏牛和骡子一样，没有生殖能力，但它体格魁梧，性格温顺，力大而强健，适于在高山和平原地区做役畜。家牦牛虽外貌吓人，但性格很温顺，在马也不能走的石滩地和陡坡上，身负近百千克货物，如走平地，非常平稳，因而有人称它“高原之

车”，其实被誉为“高原之舟”更为恰当。

牦牛皮可制革，粗大的尾巴可制成精致的佛尘、戏曲道具，也被古代藏民当做旗幡，挂在墓地。牦牛角又可制梳子和工艺品，毛可编制结实的绳索。牦牛奶的脂肪含量比黄牛奶高一倍，提取出的酥油呈黄色，是极好的营养品，可润肺止咳化痰。牦牛肉更是营养价值很高的食品，《吕氏春秋》云：“肉之美者，牦、象之肉也。”现代家牦牛已被当做菜牛饲养，是西北发展畜牧业的主要品种之一。野牦牛是中国一级保护动物，严禁猎杀。在青藏高原有1.5~2万头。目前它在新疆只分布在昆仑山东部至阿尔金山一带，估计总数不足3000头。

好奇的藏野驴

1984年7月初，我参加的阿尔金山自然保护区考察队，一清早分乘两辆汽车，离开卡尔顿大本营，往西南方向的大九坝驶去。晨阳照耀着昆仑山主脉上的雪峰。在雾霭中泛着金光，盆地底部，800平方千米的阿雅格库木库勒，如一湖深蓝墨汁，微波荡漾。在近处，以紫花针茅、硬叶苔草和蒿草为主组成的高山草原一片碧绿，望不到边，间或出现一片片黄色、蓝色、紫色的鸢尾、棘豆等野花，或是匍匐在地面上而生，开满白花的点地梅、粉花的水柏枝，在阳光下散发出阵阵诱人的清香。

隆隆前进的汽车惊得吃草的鼠兔一个个急忙向洞口跑去，狡猾的狐狸和狼，可能还没有见过这样的怪物，在远处静静地竖起耳朵观望着，直到汽车开到近处，才调头沿沟谷窜去。远处山脚下，还有一对棕熊在悠闲地刨挖洞穴，捕食旱獭；高空中，几只兀鹫在云端翱翔，找寻着地上动物的骸骨。

突然，右后方1~2千米处，不知什么时候出现了一群野驴在和汽车赛跑，一路上还有三三两两的或孤独的野驴，从更远处跑了进来，加入了它们的行列。只见这支野驴的队伍越来越近，数量也越来越多，达到70~80只。汽车开得越快，它们跑得也越欢，排着整齐的队伍，一只紧跟着一只扬起阵阵尘土，似千军万马在奔腾。它们一直跑到汽车前面数十米处，在头驴带领下，前一部分迅速绕过了第一辆车头，好像要和汽车争个高低，看谁跑得快，等后一部分穿越时，车子已开到了它们跟前。但是它们仍没命地跑，还想从车前穿过，有的几乎撞到车上，使司机不得不刹一下车。剩下的一些也不甘示弱，第一辆比不过，也要比过第二辆，便一只只跟着从第二辆车的前面越过。此后，在不远处停下来，全部抬起高昂的头，骄傲地望着这两只“大怪物”，好像在说：“怎么样？还是我们跑得快吧！”当它们看见车子仍不停地前进时，便又排起了整齐的队伍，昂首挺胸，继续向前奔跑，使人看着十分好笑！这群野驴的表演还没完结，不知什么时候，车的前面、左面、右面又出现了一群群的野驴也像第一群一样朝前奔跑。这些草原上沿途活动的野驴，也都参加了这次热闹的旅行，真像一支威武的仪仗队。在90千米的路途中，野驴的“仪仗队”像滚雪球一样越滚越大，达到400~500只，浩浩荡荡，极为壮观。当车辆停下时，它们也停下来耐心等候着，车开动时，它们又继续奔跑，有些驴在汽车前面跑过来又跑过去，傲气十足，十分可笑。它们一直把考察队的车子“护送”到目的地大九坝，才四散回“家”。

这次所看到的大批藏野驴，属于奇蹄目马

图 8 藏野驴和汽车赛跑

科,是大型食草动物。它夏毛棕褐色,冬毛灰褐色,腹部及唇、腿色淡,身长 2.3~2.4 米,高 1.3~1.4 米,抬起头来可达 1.6~1.7 米,重约 300 千克。由于它长得形体威武,南疆的维吾尔族群众也叫它野马。藏野驴是典型的高原动物,在新疆主要分布于阿尔金山和昆仑山,此外,帕米尔高原东部乔戈里峰一带也有少量分布。它主要生活在海拔 3000 米以上的高原宽谷、盆地和山地中。

藏野驴喜成群活动,一般是由一只强壮的雄藏野驴和数只或十余只雌藏野驴组成。若几群合在一起,就会出现公藏野驴殴斗的场面,它们互相用嘴啃,用后蹄踢,极力想把对方赶出队伍,特别在 7~8 月份的合群交配季节,争斗更为凶猛。这时,藏野驴可聚集成数千只的大群,浩浩荡荡,那场面是非常壮观的。这时有利于它们"自由恋爱"找对象,可避免近亲的交配,有利于优势种群的繁衍。一个月后,又分散成小群,其中只有"首领"及其"妻妾"和当年生的幼仔,"首领"生的已经性成熟的"儿女"已被逐出群去。在野外,常常可遇到孤独的或三三两两在一起的驴光棍,那多是老弱的雄藏野驴,是情斗的失败者。藏野驴集群的大小与高原这一地区水草丰盛程度及数量有关。如在阿尔金山自然保护区,卡尔顿草原带的种群数量就较庞大;在西部荒漠草原和高山荒漠地带,就不易组成大的群体。

每年 6 月底到 7 月初是藏野驴的产仔期,一般一胎只产 1 仔,落地不久小驴就可跟母亲活动,藏在母亲肚子下,4 条长腿能和母亲一样跑得很快。藏野驴主要以高山上的针茅、苔草、蒿草、驼绒藜及豆科、蒿属植物为食,早晚要到泉水地或河边饮水。由于每群野驴的采食地和水源地较为固定,常在草原上踩出十分明显的跑道,显然是它们一个跟一个整齐奔跑时的足迹。"驴道"选得十分科学,路最平而又最直,从一个山沟到另一个山沟,科考队员常工利用它作为科考路线较为省劲。藏野驴很聪明,当沙质河滩里流水消失后,便选择河湾处用蹄刨坑,自己挖出水来饮用。这些"驴井"深、宽可达 40~50 厘米,也救了不少藏羚等小型动物的命。

藏野驴的肉可食,皮可制革或生产中药阿胶,是重要的珍稀资源动物。因它仅分布于中国青藏高原,已被国家列入一级保护动物,严禁捕猎。在新疆,目前约有藏野驴 2 万头。

马可·波罗盘羊

在天山深处，林业工人曾见到一群盘羊吃饱喝足，爬到一个高约 20 米的悬崖顶上，一只跟一只，头向下跳下崖来，像是进行集体自杀。但是过了不久，他们又惊奇地发现，这群盘羊又一只只返回了崖顶，接着又一只跟着一只地跳下崖来，反复多次。原来，它们是在玩着一种特殊的体育活动，以额着地，用粗壮的脖颈，巨大而多旋的双角，保护着自己的头部和身体，从崖上跳下来不致受伤。盘羊的这种特技，在遇到雪豹和恶狼的追击时，则是它们自救的本钱。

盘羊又叫大头羊，属于偶蹄目牛科的中型食草动物，以其角的形状和大小及其体型，在新疆分为 8 个亚种。其分布在阿尔泰山、天山、昆仑山、阿尔金山等地区，以帕米尔盘羊的角和体型最大。600 年前，欧洲探险家马可·波罗来到中国，当他经过帕米尔高原时，看到了这种体大如毛驴，肩高 1.2 米，体重 250 千克，头顶着一对巨大而粗壮的犄角，长达 1.9 米，几乎旋转了两圈的动物时非常喜爱。当他把这种盘羊介绍到欧洲时，立即轰动了欧洲动物界，把它命名为"马可·波罗盘羊"，简称马氏盘羊或帕米尔盘羊。从此，不断有冒险家千里迢迢来到海拔 4000~5000米的帕米尔高原，他们以捕到一只大角盘羊为乐。自此，不知有多少帕米尔盘羊的大角头骨加入了欧洲富豪的古董行列。

塔吉克族牧民把盘羊称为白羊，因它毛色发白，明显区别于高原上毛色发红的北山羊，也区别于毛色发灰而前胸长黑毛的岩羊。盘羊喜欢在较为平缓的山地生活，在阿尔泰山和天山多出现于前山丘陵带，低到海拔 1000 多米的

图 9 盘羊跳崖

地区也有分布；在帕米尔和昆仑山，则可爬行到海拔 5000 多米的高山地带。盘羊喜欢群居生活，每群有数只至数十只不等，1980 年，在帕米尔东部马尔洋一带，还曾发现过 89 只的大群。

盘羊一般早晚两次到谷地觅食和饮水，中午或夜晚便爬到半山上，寻找避风而安全的山

崖，卧着休息。盘羊在吃草或休息时，定有一只大角公羊站在突出的崖顶瞭望，它是群羊的哨兵，是由有经验的公羊轮流担任，以防敌害偷袭。每年羊群一般都有固定的活动范围和行走路线，因此常在山坡上踏出固定的“羊道”，成为猎人和雪豹伏击的目标。

秋天是盘羊膘肥体壮的黄金季节，也是它们发情交配的时期。这时常可看到雄盘羊间进行激烈的争雌决斗的场面，这种角斗很有绅士风度：只见两只强壮的雄盘羊占在相距 20~30 米处，头对着头，同时猛地相向冲去，两角相撞发出巨大的响声响彻山谷，然后再掉转头各回到原地，进行第二次决斗，直到一方认输逃走为止。我曾在远处看到过这种场面，它们相撞后，过了好几秒钟，才听到那撞击声。只有那身强力壮获胜的大角雄盘羊往往靠角的威力得到较多的交配机会。受孕的雌盘羊在第二年春季产仔一两只，小羊在生下后不到一个小时就能行走，并且能像母亲一样跑得飞快。雌盘羊长有短而直的双角，必要时以防狼护幼。雪豹、狼、豺和棕熊等是盘羊的天敌。

盘羊是家饲绵羊的祖先之一。在人烟稀少的帕米尔高原，常有带仔的母羊，因找不到原来的野羊群而混入家羊群中吃草，傍晚离去时常会遗留下小盘羊。盘羊由此被驯化，无意中使家羊增添了野生种的新鲜血液，复壮了品种。杂交的仔羊更能抗病、耐寒，长得快而体型大。有名的塔城巴什拜羊，就是盘羊和家羊杂交而培育出的优良羊种。

盘羊肉好吃，皮可做褥垫，毛中空而不宜利用，角有解热功效，中药中用量需 5~10 克。肺有调经止痛的功效，主治月经不调引起的小腹痛。它是一种主要经济狩猎动物，是新疆国际猎场的主要狩猎对象，但因过去滥猎等原因，数量已明显下降，经过近 20 多年保护，目前数量有所恢复，至 2005 年，帕米尔高原的盘羊总数已达 2000 头以上。盘羊为中国二级保护动物，可经批准合理地捕猎，林业部门在新疆建立了多处猎场，供国外游客狩猎，以换取外汇。

扛大弯刀的北山羊

在陡峭奇险的高山地带，突出的岩顶上常可看到一动物，肩高一米多，形似山羊，但背部毛皮色浅棕，腹部白色，额下有 15 厘米长的胡须，头顶上有一对山羊望尘莫及又粗又长的大角，长达 1 米多，有明显的横棱，像一对大马刀微向后弯，几乎能碰到自己的屁股，威严地静静地站立着。在它身后的山洼里，密密麻麻一大群野羊，有大有小，有雄有雌，都在埋头吃草。这就是高山地区生活的另一种野羊——北山羊的社团。它们一般都由数十只至数百只组成，有时也由几只组成的小群。那只单独站在岩石顶上的北山羊是它们的哨兵，隔一定时间，会有另外的大角公羊去轮换它吃草。如果有人接近，只见它两眼一动不动地盯着，人接近到一定距离时，便发出一种响鼻声报警。这时，洼地中的北山羊便全部抬起头来，向山上猛跑。一般小北山羊在前，雌北山羊在中，雄北山羊殿后，像一阵风，霎时就翻过了山梁。它们爬那十分陡峻的山坡如同平地。如果遇到较窄的羊肠小道，只见那一群做后卫的雄北山羊便形成一条线奔跑，很有秩序地一只紧跟一只，但见那对对高翘的大角，从侧面远远看去，真像古代肩扛大弯刀前进的军队，十分整齐。

北山羊，也叫野山羊，人们一般叫野驹驴或误称黄羊。它和盘羊、岩羊同属偶蹄目牛科，都是亚洲中部高山地带的典型动物。但它们的体型、重量却有很大的差异:盘羊最大,北山羊次之,仅50~60千克,岩羊最小,仅20~30千克。它们对生态环境的要求也各不相同:盘羊爱去较为平缓的山地,北山羊则喜欢陡峻的石质高山,而岩羊更能适应地形复杂,多大角砾,又极险峻的石质高山。除此以外,它们在繁殖、生活习性等方面都较为接近。

北山羊的生活很有规律。夏季天刚发亮,羊群便下山到山谷中坡地吃草,饮水;中午回到山上陡岩下休息,以躲避正午的烈日;傍晚羊群又下山觅食,夜晚在山上较为安全背风的地方卧地休息。在没有干扰时,每个羊群都有比较固定的活动范围和行走路线,在山坡上踏成了许多羊肠小道。冬季常下山到较低的谷地觅食,甚至跑到牧民的房屋附近。北山羊无论在吃草或休息时,都有一两只有经验的老山羊站岗放哨,以防雪豹、狼、棕熊、猞猁及金雕、胡兀鹫的袭击。

图10 北山羊的哨兵

它的听觉、视觉、嗅觉都很灵敏,且善于在悬崖陡壁迅速逃跑,也爱攀登雪线以上的山峰。

每年11~12月份是北山羊的交配季节,雌北山羊在第二年5~6月产仔1~2只。按老雄北山羊的环纹计算,北山羊的寿命可达20~30年。

新疆的高山野羊以北山羊群居性最强,20世纪60年代以前,在天山常常可以见到数百只的大群,满山遍野,实在壮观。1960年,我在一号冰川下的红五月桥水文观测点工作了4个月,每天早晚都可看到近百只的北山羊群下山来饮水。20世纪80年代由于人的活动范围扩大及滥猎,此情景已难见到。近些年因收缴了民间的枪支,它们的数量有所恢复,在人烟稀少的高山谷地出现与羊群争草的现象。新疆四周的高山地带,从海拔2500~5600米均有北山羊分布。

北山羊肉可食,皮可制革,也是一种主要的狩猎资源动物。由于它能在绵羊爬不到的低劣高山草场中生活,应该认真加以保护,使其有一

图 11 高原藏羚群

定的种群数量，以资永续利用。北山羊为国家一级保护动物，严禁猎杀。

藏羚和藏原羚

在海拔 4000~5000 米的昆仑山上，宽阔平坦的谷地草原中，通向西藏阿里的新藏公路蜿蜒而过，这里生活着数量众多的高原动物。在 20 世纪 50 年代公路刚修通汽车开过的时候，常常会见到一群群的藏野驴或是藏羚，与汽车赛跑。汽车跑得快，它们就跑得更快，直到一只只跑到汽车前面，穿过公路后才停下来或扬长而去。它们强烈的好胜心使人感到好笑！遗憾的是，由于人们滥捕，那些敢于与汽车赛跑的“勇士”多被射杀。近年来，这种有趣的情景已经很难见到。

藏羚属偶蹄目牛科食草动物，当地叫长角羊。雄藏羚头顶长有一对长 60~70 厘米的黑色尖角，向外微弯，站立时直指天空，角上有明显环棱，一岁长一个，最多的有二十五六个。雄藏羚身材比雌藏羚大，身长 1.2 米，肩高约 1 米，春季仅重 25 千克，秋季时最重可达 70 千克。藏羚毛色比北山羊深，呈暗褐色，冬毛青灰色，毛尖带褐，腹毛白色，有极强的聚群能力。藏羚细瘦而强健的四肢，有极强的奔跑能力。繁殖季节过后，在秋末冬初的交配季节，常能集结成数百上千只的大群在高原上奔驰，浩浩荡荡，那雄藏羚头顶的叉角在尘土中晃动，好似扛叉子枪的藏族民兵队伍在策马飞奔。

藏羚是偶蹄类中奔跑速度最快的种类之一，它不像沙漠中的鹅喉羚会跃，也不像草原中的赛加羚会溜蹄跑，藏羚飞奔如矢，呈一字线，非常平稳，时速可达 80 千米左右。它依靠这种绝招，常常将追来的雪豹、狼和豺抛得很远，只有那些病弱者才惨遭杀害。公藏羚还有一种积极的自卫方式，如果遇上凶猛野兽，便用那对使人望而生畏的锐利双角，低下头像两把匕首猛刺过去，往往会致敌害肚破肠流，死于非命。雌藏羚由于无角防敌，它的自卫方式

比较特殊：在秋末冬初聚群交配怀孕后至次年夏天，就远避水草丰茂猛兽也多的草地，到无水源而海拔更高的高山荒漠地带，组成“雌羊团”，有时也可集中到400~500只。凭着它独特的生理机能，只要啃食稀疏的植物就可保证营养和水分，生儿育女。雌藏羚一般在次年5月中旬或下旬产仔一两只，小羊出生第一个星期一直藏在母亲挖好的土坑中。由于这一带远离水源，恶狼难以到达，加之它有着极好的保护色，不易被敌害发现，一星期后小羊便可跟在母羊身后到处跑。

藏羚是青藏高原的特有动物，在新疆仅生活于昆仑山和阿尔金山海拔3800~5800米的高山平缓坡地，数千米或数十千米宽的平坦谷地。它多在晨昏寻食，中午休息，夜晚在视野广阔的坡地，用前蹄刨成一碟状坑，卧睡其中，以避大风并保暖。在夏季，因雌藏羚分散产仔，往往在高山草原只看到雄藏羚组成的“雄羚团”，它们把猛兽吸引到水草丰美的地区，客观上帮助了雌羚安全产羔，有助于种群繁殖。藏羚寿龄20~30年。

藏羚也是一种重要的资源动物，肉鲜美，皮可制皮革，角能替代赛加羚角入药，但用量要大许多倍。藏羚角还可作工艺品，维吾尔族民间艺

图12 雌藏羚与幼崽

人常用它制成“萨巴依”跳舞，别有风格。藏羚的毛绒轻而软，是高级纺织品的原料，制成的“沙图士”头巾能从戒指中穿过，价值达5000多美元。一只藏羚皮因此可卖到800多元，3只藏羚的毛绒就能织一条围巾，由此导致藏羚成为偷猎者的追逐和大肆残酷捕杀的对象，使其数量极大下降。在阿尔金山保护区，1988年夏季我多次见到过近千只的大群，但至2004年同一季节，在那里只见到数十只的小群。在该保护区，因盗猎导致其数量减少了90%以上。目前，藏羚在新疆已不到两万只。

在阿尔金山还分布着一种藏羚的近亲——

藏原羚。藏原羚体型比藏羚小得多,身长 90 多厘米,肩高 60 多厘米,是中国三种原羚中体型最小的一种。它体毛褐灰色,头顶一对短而微向后弯的角,长仅 20 多厘米,尾也很短,只 8~9 厘米。藏原羚四肢细长,体型轻捷,蹄形尖细,雌羊也无角,与其它高山野羊相比,形态极易辨认。藏原羚广泛分布在青藏高原,但在新疆只出现在阿尔金山海拔 3000~4500 米的地带,雨水较高原其他地方充沛,发育着针茅、苔草为主的高寒草甸草原,摄食资料十分充足,优越的生态环境和它的分布十分吻合。

藏原羚喜成对活动,但有时也能集结成较大的群,藏原羚不与藏羚争食,藏羚喜居谷地,它却爱在不高的山地活动。由于它繁殖能力较低,目前在这一带数量已很稀少,仅数千只。藏羚和藏原羚分别被国家列为一、二级保护动物。因藏原羚被当地维吾尔族牧民奉为“胡大”(伊斯兰教的天神)的坐骑,而受到他们的保护,已变得不太怕人,有时与牧羊群在一起共同吃草。

图 13 一对藏原羚

大脚怪之谜

记得儿时在甘肃张掖老家,当小孩哭的时候,常听到大人这样吓唬小孩“毛野人来了!快别哭了!要不吃了你!”果然管用。中国许多地方,自古以来就有关于“毛野人”的传说。清代《房县志》中记载:“房山高险幽远,石洞如房,多毛人,长丈余,遍体生毛,时出啮人鸡犬,拒者必遭攫搏。以枪炮击之不能伤。”曾有报道抗日战争后期,在秦岭一带的公路上,有人见过被枪杀的“野人”尸体。近些年来,也有过西藏南部等地关于野人的传说。神农架“野人”的传说,

1977年以来引得多国组织过多次科学考察，第一次由 150 多人参加的野人考察队创造了世界之最。虽没有抓到"野人"活标本，但那样多人次的目击、接触及大量的足迹、可疑毛发，已不能否定"野人"的存在。在苏联的帕米尔和高加索山地、西天山及西伯利亚大森林，数十年来也不断传出"雪人"和"野人"的故事，为此，苏联的著名电影工作者兹古里季拍摄了一部《沿着雪人的足迹》的电影纪录片，收集了有关"雪人"的许多资料。传说中的雪人是生活在高山雪线一带的怪物，身材高大，行动诡秘。1992 年的一篇报道中说："在高加索，人们把雪人叫阿尔玛人，它是一个两足动物，行走完全靠两只脚，身高 5.8~6.6 英尺，头顶长着约 6 英寸长的微红色毛发。面部既像类人猿，又像尼安德特人。它必须转动整个身躯才能转动脑袋。潘琴科夫在拴马的羊圈里发现了阿尔玛人，好像马对阿尔玛人有吸引力。遗憾的是潘琴科夫当时没有带照相机。

据科夫曼博士说，阿尔玛人习惯于突袭牧人的小屋，寻找食物和衣服。它们有时还穿着偷抢来的衣服。这种明显的学习人的行为，说明了 1988 年到西藏寻找雪人的探险队成员克里斯博宁顿的两根滑雪杖神秘失踪的原因。

按照当地农民的描述："阿尔玛雪人身躯超过 440 磅，但行走如飞，每小时能奔跑 40 英里。据一个目击者去年说，新生的小雪人很像婴孩，除了个头较小之外，小雪人像小孩一样长着一身桃红色皮肤，有同样的脑袋、胳膊和腿，但没有头发。阿尔玛雪人生活在海拔 8000 英尺以上的高原，它有时下山来掠夺农作物，有时到海拔更高的地方去避难。"

新疆也不例外，也有着许多关于雪人的传说。在帕米尔的皮里，我在 1980 年科学考察

图 14 大脚怪在高山帐篷旁留下足迹

时听到解放以来塔吉克牧民多次遇到“野人”的故事，说它通体长着棕色长毛，直立行走，背微驼。它常在主人出去以后，闯入高山牧场的帐篷，偷走所有能吃的东西，如馕、肉、奶疙瘩等，但不损坏其他物品。直至20世纪70年代末期，它才再没有出现。宋炳轩在《神秘的高原盆地》一书中报道了关于东昆仑“大脚怪”的迷踪。

“一天，在风雪弥漫的傍晚，一位维吾尔族牧民在阿尔金山北坡红柳沟一带放牧时，突然发现一个直立行走，上肢摆动，步幅颇大，行动异常，形状似人，但无衣着的巨大怪物。由于当时风大雪浓，妨碍视线，依稀可见怪物身上披着雪花，其毛发色泽难以辨认。不一会儿，这只巨型怪物就在茫茫的鹅毛大雪中消失了。当牧羊人沿着踪迹细察时，只见雪地留下的脚印长度相当于一只小山羊的腿，而且宽大，其步幅为成年人的一倍之多。”

另一日凌晨，天尚未亮，云雾笼罩着茫崖矿区，天空雪花飘舞，一位矿工正欲出门打扫院子里的积雪，不料一推开外屋的门，但见一个身高体魁的“巨人”逾墙而过。起初，主人以为是小偷作案，不以为然，当他仔细视其巨大而畸形的脚印时，不禁大吃一惊，毛骨悚然。这只瞬间便隐匿的“大脚怪物”高约2米，反应灵敏，跨跃轻盈，面对高1米左右的围墙竟毫不费力，一跃而过。

1984年10月，我作为助理摄影师参加了阿尔金山自然保护区野生动物系列片摄制组的工作。7日晌午，我和摄影师顾川生一块去执行艰苦的拍摄任务。在通往木孜塔格冰舌前沿，海拔约5300米的终年积雪地带，我俩同时发现了一行奇异的巨大脚印。经过测量，脚印最长50~56厘米，最宽13~15厘米，步幅跨度150厘米，我和顾川生立刻打开镜头拍下了这意外的收获。10月10日中午，新疆登山队的甄希林和胡峰岭等4位运动员从木孜塔格主峰下来说，他们在抢登顶峰的前夜，在海拔5850米的冰斗住了一宿。翌日清晨起床后，红色帐篷的四周竟奇怪地布满了一个个巨大而清晰的脚印，这脚印一直向前延伸，最后消失于神秘莫测的木孜塔格冰川一带。未及探疑，下午6时左右，我们木孜塔格摄影、登山、科考的9名同志在分乘两辆北京吉普，一辆解放牌汽车返回大本营的途中，在一个方圆2250~3000平方米的虚沙滩上，由科研人员黄明敏和司机李庆祥首先发现巨型脚印，接着我和顾川生进行了现场拍摄、测量，脚印长54厘米，宽13~15厘米，最长达61厘米。脚印持土深度4~5厘米，最深可达6.5厘米。步幅最大跨度190厘米，一般在150厘米左右，最小跨度50~70厘米。这里地处雪照壁以东偏南，月牙河北岸，海拔4950米。此后在12日，他们又在阿其克湖南部喀斯特地貌区的两处见到许多大脚印。

1997年4月，我在阿尔金山红柳沟考察时遇到司机小王，他说：“1995年10月，我和另一人在阿尔金山石英滩正沿一便道驾车前进，突然见到前面坡上一人形动物向坡上跑，全身毛发呈黑棕色，约有2米高。当时下着小雪，我们停车下去追，等爬到坡上已不见它的踪影，只看见雪地上留下的一串宽大的脚印。它肯定不是人，也不是熊，因我有好几次见过熊，熊爬坡时也不会只用两条腿走。”

我在2004年组织的藏色岗日峰大园科学考察队，在昆仑山木孜塔格峰下与登山健将郭希林谈起了雪人。我说有人说好些脚印是棕熊的脚印，他反驳这种观点："熊脚印我见得很多，很易分辨，我见到的大脚印绝对不是熊的脚印"。2004 年国庆节，我根据记者的采访报道，再次深入裕民县巴尔鲁克山中探访了关于小毛人的传说。根据目击者的描述，这种野人像 6~7 岁孩子大小，身披灰棕色长毛，在树枝上行走敏捷，它们还会学人使用镰刀等工具，并学哈萨克人砍了 60~70 根帐篷杆子，还曾把一个小孩反吊在树上。只可惜目击者太少，但我也无法否定其真实性。

以上资料说明在阿尔金山和东昆仑山，目前可能还有大脚怪——雪人生存，它们是体型高大的近似类人猿的灵长类动物，可能是类人猿与现代人之间进化中断链的巨猿的后裔，有极大研考价值。只可惜现在还没能得到活的或死的标本，以进行证实，因此还是个谜，有待今后人们进一步去探索。

大力士——棕熊

1978 年，中国科学院组织的天山托木尔峰登山科学考察队来到温宿，听到了当地流传很广的一个故事：一队民兵进山巡逻，在多雪的高山深谷中发现了一个体型像人，满身是毛的野人，正躺在石头上睡觉。民兵开了一枪，那野人站起身来，不顾伤痛飞奔而去，民兵循血迹追踪，在一个极难行走的深山石洞中找到了那个受伤的野人。它像人一样侧卧洞中，旁边还坐有一个胸垂双乳的雌性，怀抱小崽。它们发现有人来，便用前肢抛出大石头，吓得民兵不敢近前，只得用枪打死了雄的，雌的带小崽逃了。经过考察队多方面取证调查，那次打死的则是一只棕熊，其情节已被人们大为夸张了。

棕熊在古书中称罴，属食肉目熊科。大棕熊体大如牛，重 200~300 千克，在阿尔泰山猎人曾捕到一只大棕熊，它的皮竟有 3.5 米长，1.8 米宽，可以想象它有多大。有的大雌棕熊体长达 2.5 米，重 500 千克以上。棕熊鼻尖、脖短、腰粗，没有尾巴，四肢粗短有力，便于行走。但后腿稍长，更适于爬山，并能短距离直立行走，以腾出前肢采食。它全身披以灰棕色密毛，但老棕熊毛色稍浅。棕熊的爪趾很长，趾尖锐利，不但能爬树，又善于挖掘洞穴。它有一对灵敏的顺风耳，还有嗅觉极强的鼻子，顺风能察觉到 1~2 千米外的食物和敌害。棕熊是大力士，它用有力的前肢，一巴掌就能打断碗口粗的小树，在东北，它敢于和虎搏斗，但往往两败俱伤。猎人有"一熊二虎三野猪"之说，可见其凶猛危险程度。

食物丰富的夏季是棕熊的发情期，性成熟的棕熊，雌雄成对，度过蜜月后即各奔东西，雌熊怀孕 199 天左右，次年 2 月份产仔 1~4 只。幼仔仅重 300~500 克，只有母亲体重的的五百分之一，靠着母熊抱着哺乳长大，1 个月后才能睁开眼睛，再哺乳 3 个月，幼熊便可学习采食。幼熊 4~5 年性成熟，寿命 30~40 年，也有活到 50年的，寿命很长。在一般情况下，棕熊在远处遇到人便"退避三舍"，绕道而去。但在繁殖期，它为保护幼熊，则变得异常凶猛，会出其不意主动进攻靠近的人。因此，遇到带仔的母熊，你要多加小心，最好离远点，不要惹它。不过，在它遇到危险时，有时也会衔着小熊逃跑。棕熊跑不快，时速为 25~30 千米。

棕熊是杂食性动物，它能捕捉飞禽走兽，也爱采食多种草、灌、树木嫩叶和果实。它在树上捉小鸟，掏鸟蛋，在树下捕野兔、捉老鼠，到水边捕鱼，吃蛙，它最得意的则是偷吃野蜂的蜜巢。

由于它浓密的长毛，毫不在乎蜜蜂的袭击。在海拔 3000~4000 米的高山草原，它也能捕食野羊，但是旱獭和鼠、兔则是它常吃的食物。它常坐在旱獭洞旁，专心致志地使用前肢，笨拙地挖掘着洞穴，一旦旱獭露出头，便敏捷地用掌抓住，大饱口福。有人看到它挖开旱獭的主洞时，捉旱獭就像猴子掰苞谷一样，捉一只在胳臂下一夹，再捉一只，再夹一只……五六只旱獭捉完，结果在胳臂下仍只有一只，气得直吼。在食物缺乏的时候，它也冒险到牧民羊圈中盗食羊只，但它不像恶狼那样贪心和残忍，只要一只大肥羊就心满意足了！棕熊也吃尸骸，那种认为遇到熊就躺下装死，而能幸免于死的说法是十分荒谬的，除非当时熊的肚子不饿。

秋季来临，棕熊便拼命地进食，增加体内脂肪，以度过漫长的冬季。这时，若找不到食物，它们有时也会自相残杀，有人见到过两熊相遇，弱者被强者所食的场景。若棕熊们已吃饱喝足，便会相安无扰。秋末冬初，在高山洞穴中，往往有好几只棕熊挤在一起“假冬眠”，它们睡得不像旱獭那样“死”，特别是母熊，大多为单独冬眠，以便于在洞中产仔。棕熊进洞后常用石块和泥土将洞口堵住，只留一个小洞出气，若有敌害侵袭，还会进行自卫，但动作缓慢。这时它们的新陈代谢很慢，依靠体内储存的脂维持生命可达 100 天以上，但中途也会起来吃一点储存的食物。

在欧洲，棕熊是森林动物，但在新疆，棕熊

图 15 棕熊挖掘旱獭洞穴

更多地出现在高山带，特别是森林极少的昆仑山、阿尔金山、帕米尔高原相对数量较多。棕熊多活动于高山草甸草原和高山荒漠草原，海拔2500~5000米。在阿尔泰山和天山，棕熊也出现在森林带，但很少到森林带以下低于海拔1500米的地区活动。在特殊情况下，它也溜出山区，到平原绿洲中游逛。1979年秋，不知什么原因，一只一百多千克的大棕熊离开它的老家阿尔金山，顺若羌河而下，长途跋涉数百千米，来到若羌县城，跑到了离巴扎200多米的地方。在巴尔鲁克山，20世纪末有一只棕熊也跑到裕民县城居民的房屋中。

棕熊肉鲜美可口，属热性，可补身体；毛皮做褥垫能治风湿病和关节炎，适于高山牧民地下铺垫；油脂可治烧伤、烫伤及止咳。熊掌肥大，是高级菜肴和补品，“食之可御风寒，益气大”；胆也是名贵的中药，可平肝明目除翳。熊脂又名熊白，主治“风痹不仁筋急，头疡白秃，面上起疱”等。

此外，新疆还分布有马熊和新发现的戈壁熊。马熊分布在青藏高原北部的昆仑山地，以其胸部有明显的白色环纹和白爪区别于棕熊。戈壁熊仅分布在与蒙古交界的新疆、甘肃边境地区，体型较小，仅剩30只左右，极为稀有。

棕熊已列入中国二类保护动物，目前虽有一定数量，但日趋减少。新疆一些山区，原来分布有棕熊的地方已逐渐绝迹。对于现有的棕熊活动地区应加以保护，不能把它与狼害相提并论，不能随意猎杀。

高山之王——雪豹

如果说，虎是“森林之王”，那么，把雪豹称作“高山之王”还是恰如其分的。棕熊虽然体格魁梧，力大无穷，但它动作迟缓，生性笨拙，比起本领高强的雪豹还差一筹。

在帕米尔高原，20世纪70年代末曾广泛流传着这样一个故事：有一位经验丰富的塔吉克族猎手，那天他选中了野羊每天定时往返的一条通道，天亮前就跑去埋伏在下风处。天刚放亮不久，一群野羊下山来吃草，当猎人选中了一只大肥羊正要射击时，只见旁边石缝中猛地扑出一只色彩斑斓的雪豹，一口咬住了那只野羊的脖颈。这时，羊群受了惊，四散奔逃。原来，这只雪豹也不知什么时候到这儿来“狩猎”，竟未注意到附近有人，并且也看准了那只最肥大的野羊。猎人当机立断，瞄准雪豹前胸扣动扳机，一发致命的子弹使雪豹和羊一起在地上翻滚，不久都躺在那儿。雪豹临死前，它的利齿还紧咬着羊的喉管，一起同归于尽。猎人一箭双雕，得到了意外的双丰收。

雪豹，因其皮毛呈大片花斑形似荷叶，又叫荷叶豹，属食肉目猫科动物。成体长在1.3米，最大体重75千克，但大多为30~40千克。头较浑圆，但稍小，长有一条比身体稍短近1米长的粗大尾巴，并作为它有力的武器和平衡身体的工具。它体型瘦长，四肢较短，前足垫很发达，适于攀爬树木，能轻而易举跳上3~4米高的岩壁，跳过10米宽的山涧。它长有猫一样的利爪，趾尖伸缩自如，脚底有肉垫，奔跑轻巧无声，便于隐蔽捕猎，足迹长9~11厘米，宽7~9厘米。血盆大口中，67毫米长的钢牙交错，极易撕断野羊的脖颈。吻两侧的十多对触须是它测物的感官。它的眼睛适于夜间活动，不大不小的耳壳，听觉十分灵敏，但喉管与其它猫科动物不同，不能吼叫，是猫科动物中的哑巴。雪豹体毛乳黄色，全身布满不整齐的花斑状黑褐色环纹，头部纹较小，臀部纹较大，尾部环纹呈环带状，在多雪的岩石堆中是极好的保护色，静止不动时人们难以发现。它的毛厚而浓密，腹毛长达12 厘米，因而不怕高山的冷风和严寒。

雪豹是新疆现有的食肉猛兽中体型最大的动物，曾经几乎遍布新疆所有的高山。它不但会飞岩走壁，还会爬树游泳。它行动十分敏捷，奔跑极为迅速，时速可达 70~80 千米。它除在平地追捕野兽，还会像猎人一样“狩猎”。雪豹生性敏捷，昼伏夜出，以早晚活动最为频繁。因此在野外考察中极难遇到，我也只是数次见到过它留下的足迹。它主要捕食野羊，也吃野兔、旱獭、雪鸡等，狼和狐狸也是它攻击的对象。一对雪豹的活动范围在方圆 20~30 千米以上，在它的“领土”范围，狼、狐狸销声匿迹。因此，有雪豹的地区，牧民的羊群也相对较为安全。雪豹不远离有泉、溪的山地，因吃饱肉后，需要补充大量的水分。雪豹虽然生性凶猛，可是它与人类则非常“友善”，无论在帕米尔高原或昆仑山，还是在天山或阿尔泰山，我多次调查访问中，从未听说发生过雪豹吃人或主动攻击人的例子。它始终远避人类，只是在大雪后，食物极端匮乏时，才去偷盗牧人的羊只。它不像恶狼，进入羊圈就要咬死 30~50 只羊，十分残暴。它在夜间闯入羊圈，看到群羊并不贪心，只捕杀 1 只，抓上就走，带回去才吃，比狼要文明得多。2006 年秋，在新疆拜城县牧区，就发生过一只雪豹跳进羊圈偷了一只羊，跑到村外被牧羊狗发现截住，它只得带着猎物爬到一棵大树上，被 5 只狗围堵住，不敢下来，后来被得到消息的林业管理人员救护。

雪豹多单独活动，在繁殖期才成对在一起生活，多以高山阴暗绝壁下，在极为隐蔽的山洞中为穴，每年 1~2 月发情交配，怀孕期 90~100 天，五六月份产仔 1~5 只，多为两三仔，2 年一胎。为了迎接幼仔出世，雌雪豹忍疼拔下腹部长毛铺垫在窝内，在睡觉时还搂抱着幼仔，将那大尾巴盖在幼仔身上，像毛毯一样，以预防高山的寒霜。幼豹哺乳长大后，双亲共同捕食饲喂，直到幼豹能独立生活。幼豹 2 个月即能出洞，7 个月后随雌豹外出捕食，2~3 年性成熟，寿命10~20 年。

海拔 3000~5000 米的高山冰雪带和草甸草原中，高灌木和裸岩的山地，是雪豹活动的主

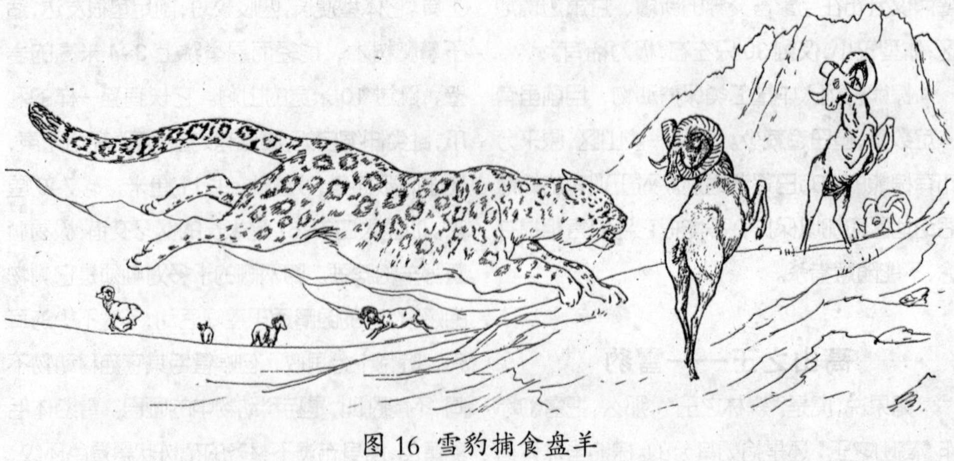

图 16 雪豹捕食盘羊

要地区，一只雪豹的活动范围可达1000平方千米。它也常到海拔2000多米以下的山地森林中捕食。偶尔曾出现过孤独的雪豹失去常态，下山跑到平原绿洲边缘，为农民所杀。它可能是生存竞争中受排挤的牺牲者。

雪豹的皮可作装饰品，制作椅垫、皮帽、大衣领，肉可食，骨可代替虎骨泡制药酒，可治疗风湿性关节炎，其药效比其它豹骨佳。国外有人还把它的牙齿和爪趾作为珍贵的护身符和饰物。

由于雪豹分布密度很低，加之人为活动的影响，在20世纪60年代许多有雪豹活动的地方，约有一半现已绝迹。雪豹分布于中亚各国，据国际雪豹研究组织估算残存2500余只。中国在新疆、西藏、四川、青海、甘肃等省均有分布，且以新疆为主，但目前新疆雪豹的数量已很少，美国夏勒博士曾估算有750只。在2005年秋冬，中科院生态地理研究所马鸣等配合国际雪豹保护组织在新疆进行了考察，认为有近千只。他们在托木尔峰自然保护区高山地带雪豹活动区域，共安装了30个红外自动照相机，拍到了十多张珍贵的雪豹夜间活动的照片。可以说这是中国首次夜间在野外拍到的雪豹照片。根据我多年的观察，认为现在新疆雪豹的数量不容乐观，极待加以保护。雪豹已被定为中国一级保护动物，严禁猎杀。新疆林业管理部门已多次严厉处罚过偷杀雪豹的违法者，有的判刑高达12年。

凶狠的豺狗

成语“狼狈为奸”从何而来?传说狼是前腿长，后腿短，下坡容易上坡难；狈是前腿短，后腿长，上坡容易下坡难。但它们两个搭配在一起时，可取长补短，上下坡都很迅速，因此成“奸”。古书中有“狈足前短，知食所在；狼足后短，负之而行，故曰狼狈”之说。

在老人的口中，常常可以听到这样的故事：群狼的首领，往往是一只身材矮小的狈，或叫豺，它前腿较短，常爬跨在一只狼的身上，指挥着狼群向猎物进攻。由于狈诡计多端，比狼更狡猾而凶狠，由它带领的狼群，是非常危险而难以对付的。

在阿尔金山的确分布着一种类似狈的动物。

豺又叫豺狗，属食肉目犬科，古书《埤雅》中写道：“豺，柴也。俗名体瘦又豺是矣。”“豺亦兽也，乃能获兽，能胜其类，又知以时祭”。由于豺背部的毛呈棕褐色，在国外也叫它红狼。这是旧大陆的泛布种，如今分布范围已很狭小。豺身材矮小，体型和大小在狼和狐狸之间，肩高40~50厘米，身长不足1米，重10余千克，后腿稍长，奔跳有力。吻尖头短，两耳高竖，短而稍圆。长尾蓬松，不到50厘米，呈灰褐色，尾尖黑色，拖在身后。腹毛黄白色。豺狗有极灵敏的鼻子，能够辨别随风吹来的气味，以确定食物或敌害的正确位置。锐利的犬齿能扯破结实的牛皮。它多在冬季生殖，妊娠期约两个月，每胎三四仔，寿命10~20年。

在阿尔金山及昆仑山，海拔2000~4500米的高山谷地草原是豺狗活动的地区，它们有时十多只，有时几十只集群活动，在繁殖期则分散为几只的小群。它们捕食羚羊、岩羊、北山羊、盘羊及其它小型动物及鸟类等，甚至野驴、野骆驼和家养的羊、马、牛、骆驼也是它们攻击的对象。豺虽比狼小，但它攻击大型动物的能力却比狼厉害得多，连野牦牛也怕它们，豺群袭击牦牛群的场面是极为残酷的：

图 17 豺群围攻野牦牛

朦胧的月光下，在山谷中一块避风洼里，十多只野牦牛白天吃饱喝足后，有的卧着，有的站着，一面反刍，一面品尝着青草的香味。突然，远处出现了一对对发亮的暗红色光点，而且越来越近，它们分散成弧形围上来。这是一群饿了很久的豺狼，因找不到容易猎捕的食物，便冒险来打野牦牛的主意。那野牦牛群中刚长大的野牦牛犊，吸引着它们的胃口。野牦牛群预感到危险，有些骚动，立刻在头牛带领下，头向外围成一圈，小牛被围在中间，每个牦牛的一对弯角，向着外面构成了"钢铁长城"。豺狗们瞪着双眼，窥视着不敢冒然行动。其中领头的一只，则不时地仰天长嚎，远处的豺狗遥相呼应，凄凉的嗥叫声在寂静的夜色中，使人毛骨悚然。这种叫声，也引来了更多的豺狗。当这些豺狗觉得"兵强马壮"，有能力进攻的时候，"首领"一声长嚎，豺群便向牛群猛冲过去，但一只只被牛角顶翻，有的被扔到半空中，肠子也被挂了出来。但饿急的豺群"不怕牺牲"，"前仆后继"，继续轮番攻击。在混乱中，一只最凶狠的豺狗，终于窜进了牛群中间，到处乱咬。这时牛群便惊惶失措，不得不各自奔逃。由于牦牛脖颈下长满了 60~70 厘米长而浓厚的毛，豺狗短小的嘴咬不住牦牛的气管，牦牛虽被咬得满身伤痕，仍在不停地狂奔。几只豺狗于是选中了一头柔弱的小母牛，围了上去，其中一只猛地跳到牛屁股上，并在肛门部位紧咬住不松口，疼得小母牛狂奔起来，但凶狠的豺狗一直将牛的肠子从肛孔拉了出来，拖了一地。精疲力竭和绞心的疼痛，迫使小母牦牛倒在地上打滚，失去了自卫能力，这时豺群一拥而上，不多久，一头活蹦乱跳的野牛只剩下一副白骨架。第二天清晨，成群的鹫远远飞来，清扫这夜晚的战场。

豺狗对畜牧业危害很大，有时还攻击人类，应适当消灭。但因它目前数量已很稀少，且在生态系统中有一定作用，有关学者提出应予以保护，已被列入国家二级保护动物。

香鼬和石貂

在海拔 4600 多米的昆仑山高山草甸草原，浓密的植被形成的草毯，像鱼鳞似的盖满了山坡，远望一片绿茵。突然，在陡坡上一只正在吃草的兔子，左右摇摆着猛跳起来，脖子下掉着个黄乎乎的东西，好似挂着大铃铛。无论兔子怎样蹦，怎样跳，或飞速奔跑，都摆脱不掉。过了许久，兔子实在跑不动了，倒在石堆旁。原来是一支香鼬在大白天捕猎，它紧咬着兔子的喉管，死不松口，目的终于得逞。

香鼬，人们又叫它香鼠，属食肉目鼬科小猛兽，身材似黄鼠狼，但体型较小而细瘦，特别是尾，比黄鼠狼细得多。体重两百多克，体长 24~25 厘米，一条细尾巴长 14~15 厘米，为身长的一半多。它身体细长而四肢短小，雄大而雌小；夏毛棕褐色，冬毛棕黄色，腹毛浅黄白色，下唇、下颏均为白色，嘴角有一块淡褐色斑。耳朵短而宽阔，较易辨认。

在昆仑山，香鼬多出现在海拔 4000~4800 米的高原山地草原带，也出现在天山、阿尔泰山的高山草甸、森林及草原带，它喜欢借住其它动物的洞穴，如鼠兔、黄鼠等的穴，并以这些洞穴的主人为食。它不但会爬树，抓鸟偷蛋吃，还会潜水游泳，在水中捕捉鱼、蛙食用，适应能力很强。无论在白天还是在黄昏，香鼬都敢出来活动，但在寒冷的高山带，更喜欢白天出来。它那十分锐利的牙齿，连身体有它几十倍重的灰尾兔也敢咬，实在很凶猛。

香鼬在春季交配，雌鼬年产一胎，怀孕期很短，仅 1 个多月，5~6 月份产仔，每胎七八只，寿命 6 年以上。

香鼬是优良毛皮兽，虽毛皮很小，但绒细而有光泽，价值很高。

鼬科动物在新疆已知有 11 种，除香鼬喜在高山地带活动外，更典型的高山鼬科动物，莫过于比香鼬大十多倍的石貂。

图 18 香鼬捕兔

石貂生活在温带湿润地区，它喜欢在榉树阔叶林中活动，而被叫做榉貂，但在新疆，它却喜爱在石质高山带活动。当然，在森林及海拔较低的石质山地也有分布。石貂是古北界山地的典型高山动物，昆仑山、帕米尔、天山、阿尔泰山的高山带均可见到，栖息于高山岩峭和高山灌丛中，一般夜间出来活动，但在无人烟的地区，白天也出来捕食。

石貂比艾虎和紫貂大，体长约 43 厘米，尾

图 19 *石貂捕獭*

次年 4~5 月份产仔，每年 1 窝，3~6 个幼仔。幼兽性成熟较晚，需两年 3 个月以上，寿命近 10 年。

石貂也是优良的毛皮兽，毛长而厚密，皮板质地较硬，虽不如紫貂皮，但毛皮尚美观、温暖，价格很贵。

石貂和香鼬都是害鼠的天敌，是对人类有益的动物，在生态系统中起重要作用。由于数量不多，已列入国家二级保护动物。

巴较长，27 厘米左右。成年雄石貂一千多克重，毛色褐黄，喉部、头部、体背及四肢有明显的白斑，腹部色稍浅，身材修长，行动十分灵活。

石貂行动机警，多单独活动，白天藏身于冰川砾岩岩隙中或旱獭、鼠兔洞穴，夜晚出来寻食。主要捕食旱獭、鼠兔及黄鼠、高山鼠等啮齿动物，也捕食兔子、鸟类及其幼雏和卵，饥饿时连植物的果实和昆虫也吃。石貂在森林地带，一般栖于森林岩石间，善爬树，有时也到地面或居民区活动。石貂十分凶猛，能捕食比自己重许多倍的旱獭。它的尾部肛门附近有一臭腺，是它迷惑强敌以便逃跑的拿手武器。当石貂遇到强敌如狼、狐狸堵住自己的去路或被咬着时，便放出一股极为难嗅且使对方易昏迷的臭气，乘机逃跑。在遇到牙齿锐利的旱獭时，它也会放出这种臭气，乘机咬住旱獭的喉咙，直到咬死才松口。

石貂的发情期在每年 7~8 月份，由于受精卵有潜伏期，受孕母貂怀孕期长达 270 天左右，

石砺和蝴蝶

无论是在天山、阿尔泰山，还是在昆仑山或帕米尔高原，由于环境科学研究的需要，我多次攀登过许多雪峰的峰顶。当我越过高山草甸或高山荒漠带，逐渐爬上到处是巨砾嶙峋，摇摆欲坠的风化砾岩冰雪带。这里几乎看不到一点土，只是在巨大的砾岩表面上长满了桔红色、棕色、黄色、浅绿色、黑色或灰色的地衣，它们是制造土壤的开路先锋。在石缝中或石块下，偶尔可以见到一片冰雪覆盖下的绿色苔藓。再往上爬，冰雪越来越多，地衣、苔藓越来越少，接近了永久雪线。由于气压低和缺氧，使人呼吸更加困难，头晕目眩，每走一步都要付出很大的代价。这里几乎看不到任何鸟兽，但是稍加注意，就会发现不时有小动物从你脚前迅速蹦跳，并窜进石头缝，有的身长可达 33 毫米。这就是地球上过着原始生活、居住海拔位置最高的昆虫之一石砺。

地球上有昆虫 200 多万种，中国约有 20 万种，而在新疆有 2 万种以上。这些昆虫，以其

各自特有的适应能力，几乎遍布地球表面各种生态环境。在高山上生活的昆虫，体型一般较小，以适应裸露高山不易隐蔽，食物缺乏的条件。它们大多种类没有翅膀或翅膀退化，而甲虫多变得只有前翅，后翅也已退化，以适应高山风大的环境，免于被风吹走。体色一般较深而不艳丽，有利于更多吸收太阳光，较快增加体温，以适应高山寒冷气候。它们身上的绒毛长而浓密，以适应高山温差较大的环境，夜晚寒冷时不易散热，中午天热时不易增温。值得研究的是，这些昆虫在晚上零度以下的气温里为什么冻不死，在第二天太阳出来后又能照常活动？

石蛃属缨尾目石蛃科，它和通常在家中看到吃书的衣鱼也叫书鱼子同属一目。该目在世界上有 500 多种。它们是中小型原始而无翅的昆虫，全身柔软，体表常被有鳞片，体色暗褐或褐灰色。它身体细长而呈多节，长有一对细长的丝状触角，有 30 多节。口器咀嚼式，一对复眼很大，且还有单眼；尾部也长有一对细长的丝状长尾须，中间还有一条中尾丝。腹部有 11 节，其中几节有针突若干对，在受惊扰时，能蹦起数十厘米高，是它身长的十多倍，相当于人跳上了十层高楼顶，并能迅速爬行逃跑。石蛃多生活在山地岩礁上，也有些种类出现在森林和草原上。高山石蛃主要靠吃苔藓、地衣为生。有雌雄之别，靠交尾产卵繁殖。

在高山草地、荒漠中还可看到大量的蝴蝶，更有趣的是在高山海拔 4000 米以上的分水岭上，还不时有一对对蝴蝶飞来，在逆风中前进。它们的飞行速度看起来比平地上快得多。在阿尔金山自然保护区，海拔 4000~5000 米的高山草原上，就有粉蝶、灰蝶、蛱蝶、眼蝶等蝶类多种，其中尤以小绢蝶数量最多。这里的蝴蝶，翅膀比平原区的要窄，飞行速度也要快一点。

蝶类属昆虫纲有翅亚纲，鳞翅目，锤角亚目，共有 7 科，种类很广，广泛分布于世界各

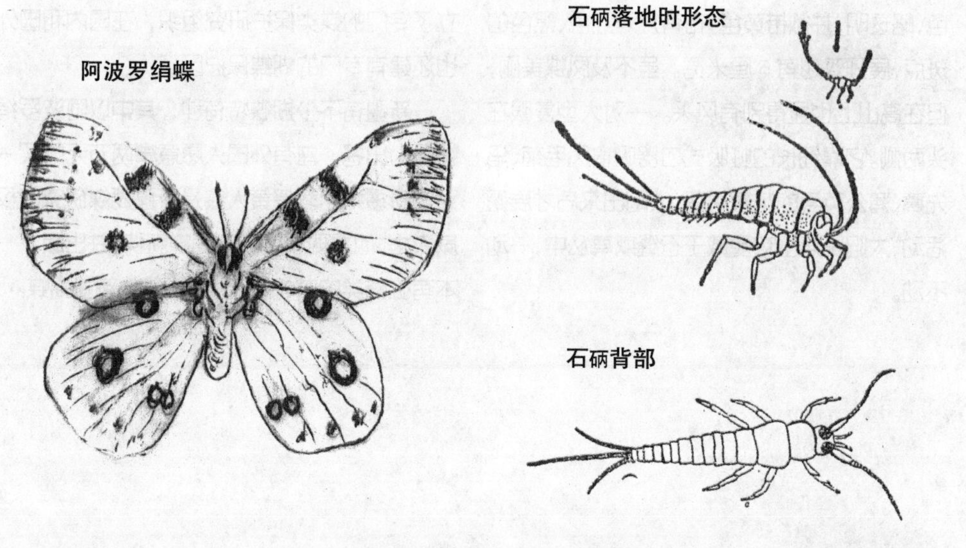

图 20 石蛃和蝴蝶

地。在世界上，蝶类有两万多种，中国约有2000种，新疆有300余种。新疆从高山到平原，在各种生态环境中都有蝴蝶飞翔。它们的形态大同小异，都有纺锤形的身体，触角端部膨大如棒状，长有两对大而华丽的翅膀，前后翅分离。飞翔时，后翅的扩大肩区直接贴在前翅下。在休息时，大多将双翅直立于背部，少数则展开。蝴蝶最大的特点是体被和翅上均为细鳞片所覆盖，在阳光下闪闪发亮。蝴蝶都靠吸食花蜜为生，它们的生活发育过程为卵—幼虫—蛹—成虫，成虫就是蝴蝶。蝴蝶体型差别很大，小灰蝶展开双翅还不到2厘米，中国南方的一种凤蝶达14厘米，而同属一目的南美大灰夜蛾竟达27厘米。它们的幼虫也随种类不同而色彩、形状、大小有异，有的体被长毛，而且有毒，有的皮肤光滑，但色彩古怪，形态使人害怕……

高原上的小绢蝶体长不到2厘米，体色黑灰，身披密实的黑灰长毛，两对较窄的翅膀呈白色，略透明，并微带黄色，布有几对红色、黑色的斑点，展开双翅有5厘米宽。虽不及凤蝶美丽，但在高山上也显得别有风采。一对大型复眼在头两侧。它靠细长的虹吸式口器吸食风毛菊、马先蒿、蒲公英等的花蜜生活，太阳出来后才展翅活动，太阳一落山它便藏于石缝或草丛中，一动不动。

新疆和硕县的红蝶谷和阿尔泰山蝴蝶谷是新疆出名的蝴蝶旅游胜地。它们不像大理的蝴蝶泉名不符实，在旅游季节，那里满山遍野都是蝴蝶，阿尔泰的蝴蝶谷以有多种色彩的蝴蝶出名，而和硕红蝶谷则主要是红翅的榆蛱蝶，在每年5月下旬，约两个星期的时间，在一平方千米的山谷小绿洲中，满树满地爬满了红蝴蝶，实为奇观。不过，那是以该绿洲的榆树叶全部被吃光为代价。

蝴蝶一般被看作是害虫，因它在幼虫阶段大量地咬食植物，特别是菜粉蝶等，对蔬菜、油菜等危害极大，因而被菜农喷药消灭。不同种的蝴蝶幼虫有不同的采食对象，但蝴蝶本身却无害，且因吸食花蜜，传播花粉，对植物授粉有益。更主要的，蝴蝶有艳丽的外表，对美化生活环境有重要作用，那红的、黄的、绿的、白的、黑的、蓝的蝴蝶，布满了各种各样的彩色花纹，在公园、田野、森林、草原，特别是在寂静的高山成对飞翔，给人们的生活带来情趣。因此，国际上还成立了专门的蝶类保护研究组织，在国内和国外也还建有专门的蝴蝶保护区。

新疆有不少蝴蝶特有种，其中以阿波罗绢蝶最为出名，曾有外国人愿意拿两万元购买一对。新疆大学教授黄人鑫是新疆蝴蝶研究的权威人士，他发现了好几个蝴蝶新种，并出版了一本有磁蝶类的书，收入了270多种新疆蝴蝶。

二、森林动物

遥望巍峨的天山和阿尔泰山，在银色雪峰下，只见半山腰间有一条黑绿的带子，它在阳坡呈断续的块状，而在阴坡则像连绵不断的黑绿色腰带，平行于山脚，勒于半腰间，这便是新疆优良木材的主要产区——山地森林带。在天山，山地森林由比较单一的云杉组成，在伊犁西天山的雪岭云杉林，2005年还被国家地理推选为全国最美的十大森林中头名状元。天山云杉林分布在海拔1600~3000米，在阳坡则高出200~300米。阿尔泰山是西伯利亚泰加林的延伸区，苍茫的山地针叶林海，主要由西伯利亚落叶松、红松、云杉、冷杉组成，形成了多种的混交林或较单一的纯林，分布高度在1150~2400米。天山和阿尔泰山山谷中，还有山杨、桦、柳等组成的阔叶林，以及它们和针叶树组成的针阔叶混交林，使森林环境景观更加丰富多样。在昆仑山，则只有稀疏的小面积昆仑圆柏及山谷中的苦杨及柳林分布。

塔里木盆地和准噶尔盆地中部，沿着大的河道还分布着由胡杨和灰杨组成的平原森林带，它是平原绿洲的主要组成部分。这些平原森林，由于处在极端干旱气候条件下，森林稀疏，地面盐碱化严重，草木盖度较低，动物种类比山地森林贫乏，除马鹿、野猪和少数鸟类外，山地森林动物很少在这里出现，而绿洲和荒漠中生活的动物在这里比较常见。

森林是野生动物赖以生存的最优良的环境，这里有充足的食物和水分，还有良好的气候和隐蔽条件，因此动物的种类最多，单位面积的种类和数量最大。加之它与山地草原多呈复区分布，一些高山动物和草原动物也常出现在森林带中，这就使森林中动物的种类更加丰富，特别是鸟类，数量最多。已知世界有9016种鸟类中，中国有2145种，分属于26目81科，其中有473种分布在新疆，分属19目53科。

新疆的森林动物，由南向北，随着森林覆盖度增高，种数也相应增加。以阿尔泰山主峰群南坡的喀纳斯自然保护区为例，这里是中国仅有的南西伯利亚动植物区系分布区，野生动物种类最为繁多，达100余种，其中仅兽类就有34种，这里有30余种鸟兽属中国的珍稀保护动物。

在山地森林带中，景色是十分优美的，新疆的大部分森林公园都分布在这里：只见山谷里蓝绿色的湖上，倒映着雪峰和满山遍野黑绿色的森林，半山的云雾如带，飘渺不定；蓝天上苍鹰在盘旋，湖面上雁鸭在嬉戏；这里到处是奇花异草，争芳斗艳；在林间草地，一群群灰褐色的马鹿和黄褐色的狍鹿在悠闲地吃草；松林边上，一对对松鸡各带着一群小鸡雏在草丛间寻觅昆虫；林边的小桦树上，大群的黑琴鸡在啄食幼嫩的树芽；那林中高耸入云的针叶树枝上，逗人喜爱的大尾巴松鼠，正抱着紫褐色松果稳坐枝头；树下，一只漂亮的花鼠，用食物把两颊塞得鼓囊囊的，急急忙忙地跑到树洞。在更深的阴暗密林中，一只花斑猞猁爬在大枝丫上，等待着食草兽从下面经过；吱吱喳喳乱叫的各色各样的小鸟们，它们或在树枝上，或在灌木丛中，或在草丛里不停地忙碌着，以寻觅昆虫和草籽充饥；小鸟们的喧闹声，使寂静的森林呈现出一片生机，但是当一只雀鹰飘然而至的时候，立即变得鸦雀无声，沉寂异常，只有远处不时传来杜鹃或山斑鸠的咕咕声。置身此景，真使人心旷神怡，无限向往。森林是鸟类的天堂，首先来看看森林鸟类的生活吧！

密林深处的松鸡

我来到海拔 1400 米的喀纳斯湖畔，只见那挺拔的落叶松，塔形的云杉，苍劲的红松和秀丽的冷杉，构成了遮天蔽日、无边无际的林海。在 30 米高的乔木层下，2~3 米高的忍冬、蔷薇等灌木，争着迎接那顶部洒下的星点阳光。阴暗潮湿的林中，树干上松萝密布，地面上苔藓如垫，厚密的松针、苔藓和越桔覆盖着千万年的倒木枯枝，使人老摔跟头。突然，“扑棱”一声，脚下灌木丛中，惊起一群美丽的大鸟，扇动着笨重的翅膀，飞往数十米外的林中，这便是泰加森林中体型最大的典型鸟类——松鸡。

图 21 松鸡一家

松鸡，又名普通松鸡，属鸡形目松鸡科，在新疆仅分布于阿尔泰山。松鸡雄大雌小，老松鸡体长近 1 米，重 4 千克以上。黑头，玉嘴，红耳，赤眼，头顶有鲜艳的红冠，脖颈上的一圈金属绿色羽毛，极像带着一个闪光的华丽项圈。它披着烟色羽毛，长着黑褐色的尾巴，翅膀上现出一条条的白斑，显得十分雄壮而美丽。雌松鸡每只体重两千多克，羽毛棕、褐色相杂，多覆白斑，适于隐蔽，其外貌不扬。

春季是松鸡一年一度的婚配期，每天日出前后，松鸡便成群结队集中到林间空地，雌鸡们在旁边观战，雄鸡们为争偶交配，展开美丽的大尾巴，低着头，伸长了脖颈，互相斗得好不热闹，失败者被逼悻悻独自离去，胜利者则找到情投意合的配偶，成对飞往密林中繁殖。它们选择密林树根旁、灌丛或倒木枯枝堆中筑巢。巢呈一浅坑，铺垫着枯枝、针叶、羽毛、干草等。5 月初产卵 6~10 枚，淡灰或淡褐灰色，散布有黄褐色及赤褐色斑点和斑纹，长 6 厘米左右，形似鹅蛋。雌鸡孵卵约 24 天后，毛绒绒的鸡雏就出世了。松鸡雏一孵出 2~3 小时就会跑，由父母带领着在林间散步，啄食蚂蚁、昆虫、嫩草和花序。一有动静，雄雌便一动不动地向周围观望，遇有危险，一声惊叫，同时响亮地拍打着翅膀，向两个方向连跳带飞，以引走敌害。而那些翅羽未展的小雏则立即不知去向。原来，它们听到父母的

警告，早已分散窜入周围灌木丛中，伏卧在枯枝落叶中一动不动，以避敌害，若不留意，极难发现。鸡雏在父母护养下长得很快，两个星期后就能飞上树枝觅食树芽并在其上夜宿，因树上休息要比地面安全得多。这时鸡雏逐渐地改吃松、杉及桦树的叶和幼芽，还有越桔、忍冬、刺梅的果实。

秋末，鸡雏已长得像父母一样大，便集成数十只的小群活动。松鸡是留鸟，冬季大雪来临时，它们不像候鸟那样向南方迁飞，就生活在原来的山地森林中。白天，在向阳坡的松、桦、杉林中吃芽苞、嫩枝叶和球果；夜晚，便钻入较温暖的深雪中藏身，以躲避北方山区寒夜的低温。它们的雪窝只用一次，每晚另寻“新居”，绝不重复使用，这也有利于躲避食肉兽的侵袭。“雪居”可能是限制它的分布区南移的主要原因之一。

夏季露宿枝头，繁殖期藏于草丛，冬季钻进雪窝，这是松鸡科的几种鸟类度夜的共同方式。松鸡体型虽大，但它的天敌可不少。雪豹、猞猁、狼、熊、狐都常把它抓来当点心，雕、鸢、鹰、隼也常袭击它和它的幼雏，而紫貂则是它冬季最主要的敌害。

松鸡是名贵的资源动物，肉有松子香味，食用价值极高。但因数量不多，产业意义不大。因它体大而行动笨拙，易被天敌和人类捕杀，已被国家列入二级保护动物，禁止捕杀。

薄情的黑琴鸡

早春，在阿尔泰山和天山西部伊犁谷地的山地森林中，当积雪刚刚融化的时候，每天黎明，只见一群一群的大鸟飞了过来。它们身披黑褐色羽毛，闪着金属光亮，配着赤耳红冠，双翅有一些白色宽横斑，更特别的是它的尾巴两侧尾羽向外弯曲，极像乐队演员用的黑色七弦琴，因此人们把它叫黑琴鸡。雄性的黑琴鸡纷纷集中在树林的边缘，林间空地，或是河谷沼泽地的土丘上，伸颈扬头，嘹亮的鸣声在 2~3 千米外都能听到，这是雄鸡在呼唤情侣的鸣声。不久就可看到三三两两飞来许多身材较小，体色黄褐，尾羽不外弯的雌鸡，在附近灌丛后或土丘上羞答答地站着。看到雌鸡的到来，雄鸡们便个个精神抖擞，展翅摇尾，有的扬头高鸣，有的尾羽直竖成扇形，两翼下垂划着地面，口吐白沫，迈着小步，不住地点着头，“咕咕咕”地喃喃私语，在地上兜圈子，人们俗称其为“跑圈”。或是猛扑过去，与其它雄鸡格斗。它们在“情人”面前极力表现自己的“勇敢”和“风度”，以博得雌鸡的欢心。而雌鸡则有的站在旁边“观战”，安然自若，有的跟在口吐白沫的雄鸡后面，啄食地上的白沫，准备选择强壮的胜利者当自己的“新郎”。一般来说，雌鸡更喜欢选择来自远方不相识的雄鸡。这种场面中，有时能集中数十至上百只黑琴鸡，相当热闹。

经过激烈搏斗得胜的雄黑琴鸡，可以得到多只雌鸡，与其交尾，但在交配过后，雄鸡便一反常态，抛下所有的“情人”远走高飞。它实在薄情，它的品德远不如松鸡，把生儿育女的重担全交给了雌鸡。就在交配地附近，雌鸡选择树林灌丛或倒木草丛中筑以陋巢，实为一土坑，约 20 平方厘米大小，铺上枯枝、落叶、干草等，产卵 4~13 枚。卵淡赭色，多深褐斑点，大小如同普通鸡蛋。经过 3 个星期左右孵化，淡黄色的鸡雏便会出壳，在雌鸡带领下，雏鸡很快学会啄食虫子、花蕊、嫩草叶等，长得很快，一星期后即可飞翔。雌鸡有很强而又很特殊的护雏本能，当遇敌害时，它会发出一种特别的惊叫声，飞起即又落下，以引起敌人的注意，然后连跑带飞，佯装受伤，把敌害引向远方。鸡雏听到信号后，早已四散藏入深草丛中，纹丝不动。秋季，鸡雏长大，便合成数十只的大群共同生活。

黑琴鸡，也叫黑野鸡或乌鸡，属鸡形目松鸡科。它是典型的森林鸟类，喜欢在林缘、林间空地、火烧迹地的混交林及灌木林中生活，因那儿有更为丰富的食物。黑琴鸡主要吃桦树、柳树、杨树的嫩枝叶和幼芽，还有越桔、忍冬等的浆果，夏季也爱吃些昆虫和无脊椎动物，如甲虫、蝗虫、蜘蛛等，换换口味，并补充蛋白质

图 22 黑琴鸡互相争雌决斗

之不足。黑琴鸡在采食时警惕性极差，像是一群傻瓜，有人经过树下它也常不理睬。若隐蔽得好，用小口径步枪射击，打落一只鸟，其它鸟会置同伴死亡而不顾，只管自己埋头觅食。这样易连续射杀许多只，因此常被残忍而贪心的的偷猎者使其成群绝灭，这也是黑琴鸡数量下降很快的主要原因。

冬季，太阳出来后，黑琴鸡常飞到向阳坡的阔叶树上觅食。傍晚，它自上而下，利用身体的冲力，砸破积雪发硬的表层，将身体埋进松软的深雪中，以度过漫长的冬夜。若遇暴风雪，它们可好几天不出来。不要以为雪窝中的黑琴鸡很易捕捉，恰恰相反，这时它非常警觉，一有响动就会马上醒来，分开盖在身上的积雪，高声振翼飞往它处，响亮的翅膀拍打声，也警告同类快逃。黑琴鸡群活动范围不大，一般在 2~3 千米内，有较固定的采食地和交配地，每次飞翔距离不远，不超过 200~300 米。

黑琴鸡的天敌和松鸡一样多，甚至更小的石貂、艾虎也攻击它，因而幼雏的死亡率很高。

成年雄黑琴鸡体重 2 千克左右，是肉嫩鲜美的鸡类，育种价值很大，近年来因为数量减少很快，已被列为新疆保护动物，禁止猎杀。

饿不死的“飞龙”

说到“飞龙”，你一定会想到中国古画中的“龙”腾云驾雾，身披鳞甲，在空中飞舞的情景。但是这里所说的飞龙指的是松鸡的另一个小姐妹——榛鸡。

榛鸡属鸡形目松鸡科，又叫花尾榛鸡，它在

东北被称作飞龙，除羽毛上的花纹黑白相间，真有点像鳞甲外，其实它的形象与画中的龙毫无共同之处。它只能飞 20~30 米，喜欢在地面上奔走，身材大小似鸽，但体型在鸡、鸽之间。体长 30~40 厘米，体重不足 500 克，羽毛棕灰带褐色横斑。传说它的名字是由它的肉味美而得，在清朝，它是专门捕给皇帝吃的贡品。

榛鸡的生活很有规律，多在生长高大落叶松的山地活动，常到谷地的桦、柳、杨树林及灌木草丛中觅食，也常到河边沙滩吃点石子，以助消化。它最大的特点是食性很广，从高等植物到低等植物，乔木、灌木、藤本、寄生类、草类、菌类和苔藓，样样能吃，还会吃多种多样的动物和昆虫。它的食谱四季不同，春季种类较少，主要吃芽苞、嫩枝叶和花；夏季主要吃各种草本植物花序，幼嫩枝叶，还有蝗蝻、蜘蛛、甲虫、蚯蚓等；秋季吃草籽、野果、浆果、种子等；冬季只能吃干硬的果实、苔藓、针阔叶树的芽苞等。由于它什么都吃，可算是饿不死的鸟类。

榛鸡繁殖时期的活动比较隐蔽，它虽然体型小，但婚配有着比较高尚的“情操”。它不像黑琴鸡那样薄情寡义，而是有严格而稳定的配偶。它们在前一年秋天就开始选择配偶，雄的选择筑巢地，直到第二年春天，成群活动的榛鸡才成对繁殖。这时，若配偶死亡，当年就不再另寻“新欢”，而停止繁殖，直等到来年。榛鸡每年孵卵一窝，约 12 枚。雌鸡孵卵 25 天左右，这时雄鸡担任保护任务，雏鸡孵出后就能跟随父母觅食。

榛鸡、松鸡和黑琴鸡都是留鸟，冬季均在雪窝中过夜，夏季在树上露宿。三者之中，榛鸡肉更为鲜美，是野味中的珍品。中国东北一带秋季可见上百只的大群，但在新疆却非常少见，因而已被列入保护动物。

针叶林园丁——星鸦

北方的冬天长达半年之久。野生动物为了度过这一严寒而又缺乏食物的季节，它们“八仙过海，各显其能”，以适应生存的需要。像大雁、天鹅等候鸟，都南迁到暖温带和亚热带越冬。一些兽类和漂泊鸟也做短距离迁徙，向南去找食物较为丰富、气候较为温暖少雪的地带活动，如黄羊、羚羊、椋鸟等；有的动物在秋季吃得腰圆体胖，钻进地洞中冬眠，如黄鼠、刺猬、蛇、蜥蜴等；有些动物钻进树洞或石洞，处于半冬眠状态，像棕熊、貂熊，中途还吃点秋季储藏的食物，还有不少动物则很留恋老家，本身也有适应严寒冬季生活的能力，如松鸡科的鸟类和大部分食肉兽。更有一些聪明的动物，会在原来生活的地方储备冬粮，以越冬荒，如河狸、灰鼠、鼠兔等。在森林鸟类中，此现象则以星鸦最为典型。

星鸦是雀形目鸦科中等体型的鸟类，大小

图 23 花尾榛鸡

如斑鸠。它的黑褐色羽毛，发出的金属蓝光泽非常醒目，体背和翅羽上多白斑，尾尖有白边。它长着细长的鸦嘴，啄食十分方便。它喜欢喧闹，在天山和阿尔泰山山地森林中，它的“呷！呷”叫声很容易听到，且较易辨别，因它鸣声要比乌鸦的清亮，比较入耳。它胆子较大，不甚怕人，常三两只一起，一面鸣叫，一面啄食红松和云杉的果实，常常把种子和松果散落在地下，成为地栖啮齿动物的食料。它也爱啄吃昆虫的成虫和幼虫。

图 24 星鸦的冬粮仓库

秋季，树木种子成熟了，星鸦为了越冬，便更加忙碌起来，它在地面上选择较为干燥和隐蔽的地方，或是树洞中，一次又一次地飞来飞去，用嘴中特殊的舌下囊，携带摘来的松果集中储藏起来，最后还用树枝、树叶、苔藓和土加以掩埋，以备作冬粮。这样的食品“仓库”，它有许多处，一只星鸦可储存 6~12 千克坚果种子。当冬季深雪埋没了大地时，它会在雪下打出近 60 厘米深的通道，准确地找到自己的“粮仓”，在饥饿时食用。因为星鸦埋藏种子的地方很多，它在取食时，往往有许多埋在地下的种子或仓库被遗漏下来，第二年，这些种子便发芽长成幼树苗。因此，星鸦无形中就帮助了森林自然育苗更新，从而得到“针叶林园丁”的美称。

另外还有一种既会储粮，又会冬眠的小动物，那就是花鼠。

花鼠属啮齿目松鼠科，它灰褐色的背部有五纵行明显的暗色条带，因此也被西北人叫五道眉。它身材小巧，体长 15 厘米，长着蓬松的占身长近 3/4 的大尾巴。若装在转笼中饲养，它会不停地奔跑，使转笼飞快地不停转动，非常活泼有趣，因而它也是大城市鸟类市场的宠物。它的颊囊很特别，能像猴子一样储藏食物，这就比其它鼠类高明多了。当两颊装满食物的时候，变得又粗又圆。当它遇到“情况”时，便抱起前肢，用后肢撑起身体观察，形象非常滑稽。花鼠食性很广，松、杉及草本植物的种子，蘑菇、浆果和昆虫等，它都爱吃。一到秋季，花鼠就用双颊运送食物，储存到自己的洞穴，或是附近的倒木和树根洞中，有时一个地方能储存松子多达 2~3 千克。到冬眠过后，赶上青黄不接的日子，花鼠才开始利用这些“粮仓”，丰富的营养保证了它交配繁殖的需要。花鼠每年只产一两窝，5 月底产仔 4~12 只，一个月哺乳期后，小花鼠即可独立生活，寿命 6~7 年。

花鼠全身可以入药，有理气、调经功效。主治肺痨、胸膜炎、月经不调、痔疮等症。

森林医生——啄木鸟

古树参天的密林里，夏日的阳光透过顶部繁茂的枝叶，星星点点洒落在地面的松针上，一株株三四人合抱的落叶松，像基部膨大的利剑，直插云天。粗大的树干上，小巧的旋木雀，旋绕着树干，紧攀着树皮，一直往上爬，在觅食虫卵。

静静的密林深处，不时传来一阵阵击小鼓似的连续笃笃声，响彻林间。少停片刻，又是一阵响，有时速度快得像发颤音。慢慢地走近前观察，原来是一只啄木鸟正在用嘴叩树皮，看到有人来，便往树干背后藏。

啄木鸟是啄木鸟科的鸟类，它不同于一般鸟类，身体结构非常特殊，它长有3~4厘米直而坚利的长嘴，像一把锐利的凿子，能啄开树皮和坚硬的木质部，以打开害虫的保护伞。它的舌头细长而柔软，伸出口外竟长达14厘米！原来，它的舌头构造很不一般，舌头连在一对相当长的舌骨角上，舌骨角又围在头骨外面，几乎有一圈，起着弹簧的作用。舌骨角的曲张可带动舌头伸出很长，将长有倒刺的舌尖伸进虫洞中，很易将虫子勾出。它的一对爪是两趾在前，两趾在后的对趾型，极适于攀爬树干。它的尾巴羽毛很硬，且富有弹性，能贴在树干上支撑整个身体，使其平衡，和两爪呈三角形，可将身体“钉”在垂直的树干上，非常协调和稳定。但是它只能保持头向上、尾向下的姿势，上下左右跳动。啄木鸟的翅膀翼短而钝，既不适于快飞，也不适于远飞，最适合森林中或多林地区生活，从这棵树到那棵树，在空中做波浪式滑行。

特殊的身体结构，使啄木鸟极适于在林中啄食危害树木的害虫，特别是天牛幼虫、蠹虫等，它每天从早到晚，一棵树一棵树地仔细检查，一发现害虫就立即吃掉。如果虫洞口很深，便用长嘴进行“手术”，用长舌伸入虫洞深处取出猎物，“医术”非常高明。一两对啄木鸟，就可保护一平方千米面积的森林不受虫害，所以人们给它起了个雅号叫“森林医生”；因为它还能凿树，大家又称它为“森林木匠”；由于它能及早发现有虫的树，所以它又是森林的“检疫员”。

啄木鸟属䴕形目啄木鸟科，是新疆的夏候鸟，已知新疆有9种，大部分能在新疆繁殖，在

图25 啄木鸟捉虫

山地森林、平原森林和绿洲中，都有分布。其中，蚁䴕、白翅啄木鸟、三趾啄木鸟等天山南北均可见到，在塔里木盆地有白翅啄木鸟，在阿尔泰山还有绿啄木鸟等多种啄木鸟分布。啄木鸟羽毛都很鲜艳美丽，给森林增辉不少。

啄木鸟的繁殖习性，以广泛分布的斑啄木鸟为例，它们每年4~5月份从南方飞来，成对在高大的树干上凿洞为巢，巢深30~40厘米，内垫木屑，产3~7枚白色卵，比鸽蛋略小。雌雄轮流孵化，约两个星期，小雏就可出世，由双亲捕捉幼虫饲喂，3~5分钟即可衔回一次食物，1个月后，幼鸟便能出巢。

春天，斑啄木鸟能在桦树等的树皮上挖小洞吸食树液，但在夏季几乎全部以昆虫为食，消灭蠹虫、吉丁虫、天牛幼虫、木蠹蛾类及其它破坏树木木质部的害虫多达27种。特别是当害

虫大量繁殖的时候，它就会很快改食昆虫。例如在毒蛾大量繁殖时，它的雏鸟胃中 94%都是这种鳞翅类毛虫，它也吃它们的卵。曾在一只啄木鸟胃中发现过 150 个小蠹虫、1000 个蚂蚁及 10 个金龟子，可见它食量之大。

啄木鸟也会啄坏一些树木，有时还吃些有益昆虫和果实，但它给森林带来的好处是无法估量的。它们是森林害虫的致命天敌。它们抑制了害虫的蔓延，保护了森林的繁茂，是发展林业的功臣，理应受到世人的爱护。

图 26 交嘴雀

红绿成双的交嘴雀

寒冷和缺乏食物，使鸟类不能在冬季繁殖，好像这已成为普遍的规律。但是分布在阿尔泰山和天山山区针叶林的一种小鸟，却不畏严酷的寒冬，“逆其道而行之”，正是在最冷的月份，它孵卵育雏，实在是极为罕见的事。

隆冬的阿尔泰山森林中，积雪压弯了枝头，盖满了山坡，到处银装素裹。但见一群群体色艳丽的小鸟，身材略比麻雀大，迎着凛冽的寒风，从一棵树到另一棵树，刨开枝头的积雪，啄吃云杉的果实。它们带来有金属响声而又断断续续的叫声，此起彼伏，永不间断，使林海雪原增加了不少生机。有时，它们飞到松果上，啄出坚硬的松子壳，轻轻一咬，便分为两瓣，好厉害的嘴！仔细一看，原来它的嘴不同于一般，只见宽阔的嘴基，上下互合，好似钳子；锐利的嘴尖，相互交错，好似剪刀，还有那肌肉特别发达的舌头，很容易吃到那又香又甜的果仁。它们就是交嘴雀。

交嘴雀也是典型的森林鸟类，属雀形目雀科。雄鸟全身羽毛朱红色，雌鸟为暗绿色，红绿相配，就像红男绿女，新郎新娘，成双成对，一起共同活动。在酷寒的 1~2 月份，经不起严寒的候鸟早已南迁，留下的鸟兽也东奔西跑，而久经风霜的交嘴雀，却在这时交配、产卵、育雏、繁殖后代。它们在密集的云杉枝叶中，用苔藓和柔软的羽毛，编织成厚壁深巢，从产第一枚卵起，雌鸟就不再离巢，进行孵卵，直到雏鸟出飞，以免卵和幼雏受冻致死。

这一阶段全靠红色的雄鸟采食，饲喂雌鸟和雏鸟。可以想象，雄交嘴雀是多么辛苦，真可算是“模范丈夫”。雌鸟共产卵 3~5 枚，卵色变化较大，由浅绿蓝色到白色带浅天蓝色，布有褐红色斑纹，长 2 厘米。雌鸟孵化半个月左右就可出雏，雏鸟羽毛褐色，在双亲饲喂下 14 天即可飞出，因嘴尖没有“剪子”，不能吃松果，还要双亲继续用嗉囊泡软的松子饲喂。雌鸟和雏鸟的体色十分有利于繁殖隐蔽，可减少紫貂和松鼠侵害。加之冬季猛禽极少，红色的雄鸟也不易在空中被捕杀。而冬季松、杉果实又丰富，食物充足，对繁殖极为有利。到 4~5 月份，针叶树球果鳞皮刚开始破裂时，雏雀已能自己取食，这些都

是交嘴雀适应环境的特殊本领。

交嘴雀与松鼠是好朋友，虽然吃同样的食物，但它不与松鼠争抢，每个球果只吃一半或三分之一，其余都抛撒到地下，供松鼠食用。在夏、秋季节，交嘴雀也吃蔷薇、忍冬等植物的果实。

交嘴雀的数量随食物的多少和针叶树果实的丰歉而变化，丰收年份“儿孙满堂”，欠收年份“家口稀落”，只得漂泊他乡。在东北，交嘴雀也有夏季育雏的现象。交嘴雀由于雌雄羽毛红绿相配，色彩艳丽，嘴形特殊，性情温和，易于驯养，常被人们饲喂笼养，以供观赏。因它在森林里啄食大量松子，所以对林产品有一定危害。

会变色的鸟兽

人们的衣着随着四季气候的变化而相应改变，冬季衣厚而色暗，夏季衣薄而色浅。而鸟类和兽类也要随季节不同更换它们的毛和羽，大部分鸟类一年一次，也有多次的；兽类多为两次，夏毛稀而短，冬毛长而密，以适应变化的气候条件。有趣的是有一些动物，为适应剧烈变化的自然环境，能够变换毛、羽的颜色。最明显的莫过于阿尔泰山的雷鸟和雪兔，以及天山和阿尔泰山广泛分布的白鼬和伶鼬。

雷鸟，在阿尔泰山也叫岩雷鸟，长 30 多厘米，重不到 0.5 千克，它是阿尔泰山鸡形目松鸡科 4 种鸟类之一，有 20 个亚种，但在中国仅此一亚种。它为适应环境，一年换羽多达 4 次，可以说是鸟类中一年换毛次数最多的冠军。它春羽以棕黄色为主，夏羽以栗褐色为主，秋羽多暗棕黄、肉桂色，多黑斑点，冬羽则为白色。夏季它主要在亚高山草甸和多岩石的高山灌丛草甸中生活，由于夏羽以栗褐色为主，夹杂着许多沙黄色横斑，在岩石堆中浑然难辨。但随着秋季到来，它的羽色变深，体色更为混杂。冬季来了，它又换上一身洁白的冬羽，仅在嘴角至眼后有一条黑色过眼纹和黑色的外侧尾羽，显得十分素雅。这时，它下降到中山针叶林和圆叶桦灌丛地带生活。羽色在雪景中与生存环境非常协调。

除了它的羽色变化明显，雷鸟的爪子为适应环境，冬夏也有很大差异。夏季雷鸟的爪趾裸而细瘦，不怕炎热；冬季爪趾上则长满密而长的毛羽，不但能保暖，又易于在松软的雪地里行走不下陷，极适于林海雪原中隐蔽生活。雷鸟善跑不善飞，习性很像雪鸡，能做短距离滑翔。它们常结为小群活动，繁殖期分散成对生活，各家占有自己的巢区。它主要以各种植物为食，冬季也像松鸡一样，喜欢在雪窝中过夜。

图 27 雷鸟冬毛与夏毛

雪兔是典型的森林草原动物，属兔形目兔科，是中国兔类中体型最大者，身长可达 60 厘米，重 3 千克以上。它多在林缘和林间空地的草地上活动。夏毛为浅褐灰色，冬毛则一身雪白，仅留下一点黑色的耳尖和尾尖。雪兔在进化中产生的这种适应性，极有利于在北方森林草原中生活。但是，若遇到气候反常的年份，它就倒霉了。秋末冬初，若长期无雪，它的一身白装就把自己暴露无遗，很远就成了猛禽和猛兽追踪的目标。这时，它也会感到自己很“特别”，只得偷偷藏进浓密的灌丛，白天很少出来活动。春季若来得过早，白雪过早融化，也会使它落到同样的难堪境地。

为适应变化的环境，雪兔换毛也有一套技巧。第二年春天，积雪消融露出花斑状地面的时候，雪兔也开始换夏毛。它先从头部换起，后脊背，再腹部，也呈花斑状脱去白色的冬毛，其体色和逐渐融雪的地面相适应、协调，当地面积雪融完时，它白色的冬毛也已掉光，换上了一身褐灰色夏装；秋季换毛与春季次序相反。它有着很强的保护色本能。

“狡兔有三窟”是兔类家族的共性，但雪兔无窟，与其它兔类不同。它生性懒惰，不会掘洞而居。它黄昏时出来觅食，白天、晚上都在浓密的灌木丛中藏身。雪兔即使在生育时也不愿筑洞，它生的仔兔，比其它兔类的仔兔有强得多的

图 28 雪兔冬夏毛色

生命力，一生下来就能看见东西，会吸吮母乳，长有厚而密的毛，而且当天就会奔跑。吃饱母乳后仔兔就分散藏于草丛中，等待第二天母兔来哺乳。8~9 天后，仔兔即能吃草，并能独立生活。由于雪兔没有抵御能力，幼兔大多成为鼬科等食肉动物的点心。因此，雪兔繁殖力很强，当年春天的幼兔到夏末就能繁殖。雪兔在每年 2~7 月份都能交配，怀孕期 50 天，每年产仔两三窝，每窝 3~10 仔，窝数和仔数与当年气候及生活环境的好坏及食物丰歉有关。成年雪兔体型较其它野兔大，毛软绒长，毛长可达 5 厘米，毛皮质量比一般野兔好。雪兔的天敌很多，各种鹰、雕及大、中、小型食肉动物都是它的敌人。

雪兔和雷鸟都是资源动物，但稀有而珍贵，都已列入国家二级保护动物，严禁捕猎。

大尾巴松鼠

隆冬时节，在托木尔峰北部和阿尔泰山针叶林中，还可以见到一种很活泼的小动物，在松树枝头跳来跳去。那蓬松的、占有身体 2/3 长的大尾巴，像是一把降落伞，支持着身体平衡，从这个树枝跳到那个树枝，非常灵活。在它耳尖有簇长毛的一对大耳朵前面，配着黑色珍珠似的一对大圆眼，黑溜溜转动着。当它抱着拳头大的紫红色红松果，坐在枝头上吃松子时，蓬松的长尾高翘着，十分可爱有趣。

松鼠也叫灰鼠，属啮齿目松鼠科，是针叶林和针阔叶混交林的典型动物，也是啮齿目最适于树栖生活的哺乳动物。它长脚趾上长有锐利的钩状爪，适于攀抓树枝，且能自如地在树干上迅速奔跑，也常到地面上寻找食物。它的后肢比前肢长而有力，适于跳跃，在蓬松的大尾巴帮助下，从这一棵树跃到另一棵树，能跳过十多米远的距离。大而圆的眼睛向两面鼓出，视野很广，易发现“敌情”。它的牙齿十分锐利，坚硬的松子一咬就破。松鼠身长约 25 厘米，体重不足 250 克，每年换毛两次，背部夏毛呈灰褐色，冬

毛灰青色，腹毛白色。它不冬眠，但在严寒的日子里则很少出洞活动，特别在暴风雪天气，可一直好几天呆在穴里，靠储藏的食物生活。

在离地面 6~7 米高，枝叶浓密的针叶树上，大约在乔木离地面 1/3 处，可以找到松鼠的穴。因这里既安全，又能避风雨。穴呈球形，上层有盖，洞口在侧面，穴的直径约 50 厘米，用干树枝、树皮搭成，里面铺垫着苔藓、鸟羽等，松软而舒适。有时它也在枯树洞中筑穴，一只雌鼠通

图 29 大尾巴松鼠

常有几个储藏食物的穴。松鼠实行“一夫一妻”制，大多在晚秋配成，每年繁殖 1~4 窝，每窝 4~10 仔，妊娠期 35 天左右。次年初春就生下第一窝，在母鼠精心哺育下，幼鼠 30 天后才能睁开眼睛，45 天后就能跟随父母到外面树枝上游玩。幼鼠不怕人，特别活泼，十分可爱。松鼠虽身材小，但寿命较长，可达 11~12 年。

随着季节变化，松鼠的食谱有异：夏天食物非常丰富，除最喜欢吃的蘑菇外，浆果、鸟卵、昆虫、草籽都吃，偶尔也偷着尝尝小雏鸟的滋味；冬天，主要吃松杉树上的种子、云杉的幼芽，在雪下寻找坚果，以及它自己在秋季巧妙地插挂在树上晾干的蘑菇，还有自己藏在树洞和树皮缝隙中的果实。

松鼠有大规模迁徙的习性，因此，它的数量在一个地区常有很大变化。这也主要取决于该地针叶树种子的丰歉。在阿勒泰喀纳斯自然保护区，当红松果实丰收的“大年”，松鼠产仔的窝数和仔数都很高，繁殖得很快。当到“小年”，当地松果欠收而缺乏食物时，松鼠除少数病饿死亡和留居原地外，大部分则结群向外地迁徙。它们成百上千只在一起，从这棵树到那棵树，活蹦乱跳，或在地面飞奔，穿过多石的秃山，驰骋于旷野和草原，不停止前进的步伐。遇山越山，遇河渡河，淹死和野兽捕杀也阻拦不住它们的前进，直到找到食物丰富的森林为止。在俄罗斯，它们能越过像鄂毕河那样宽达数百米的河流，迁徙能力实在惊人。松鼠数量的增减，也影响到紫貂等食肉小兽的数量变化，这就形成了该地松子—松鼠—紫貂生态食物链的连锁反应。在中国东北一带，松鼠的生长发育有周期变化规律：第一年松子丰收，第二年鼠类增多，第三年黄鼬皮丰收，3 年循环一次。

猞猁、狐狸、紫貂、白鼬、苍鹰等都是松鼠的天敌。松鼠肉可食，有松子的清香味。它身价主要以毛皮为贵，是狩猎业中重要的资源动物。松鼠毛皮拼制的轻裘，在市场上价值很高。此外，它常被人们养在铁丝转笼中，以供观赏，十分逗人喜爱。

美丽的大角马鹿

金秋之末，在天山、阿尔泰山的森林中，由鲜艳的红色花楸果实和橙黄的山杨，点缀的针叶林更加美丽。林下的越桔、草莓、忍冬等挂满了累累浆果，丰富的食物使野生动物们都吃得

腰圆体胖，精神抖擞。在这黄金季节，正是马鹿的发情期。只见在一块林间空地上，疏林斜透下的晨阳，照耀着即将枯黄的草地，一对膘肥体壮的大公鹿低着头，头上各顶着一对美丽的九叉大角，瞪着红眼盯着对方，不停地用蹄刨着地面，翻得草皮下的黑土飞扬。突然，双方面对面低头猛地冲过去，四角相撞，几秒钟后，响亮的撞击声才传出来。有时，它们的角互相缠在一起，难分难解，或是站起身来，互相用前蹄迅速地对踢。这是一场马鹿一年一度争夺"妻室"的决战。旁边，一群雌马鹿则若无其事地站着观看，等待胜利者做自己的"丈夫"和"首领"。争斗的年轻失败者，只好孤零零地在森林中孤独生活，养精蓄锐，等待来年再决战，而老弱者则只能孤独地度过晚年，最后成为食肉兽的美食。这是群居性大型哺乳动物比较普遍的争雌特性，有助于选择优良基因以保持强壮种群的繁衍。

马鹿属偶蹄目牛科大型食草动物。《本草纲目》中写道："鹿，处处山林中有之。马身羊尾，头侧面长，高脚而行速。牡者有角，夏至则解。大如小马，黄质白斑，俗称马鹿。"马鹿一般喜小群生活，最多十余只为一群，由一只成年公鹿和它带领的母鹿及仔鹿组成。到秋季发情季节，被逐出鹿群而独立生活的成年公鹿，便来争夺"家长"的地位，角斗非常激烈。但它们并不主动伤害对方，只是在角斗中将对方赶走，以求同雌鹿婚配。怀孕的母鹿经 250 多天妊娠期，在次年 5~7 月份产仔一两只，但多为一仔，重 10~12 千克幼鹿生下后第一个星期体弱无力，多藏于深草灌丛中，由母鹿定时回来哺乳，5~7 天后就可跟随母鹿奔跑，一个月才能学会吃草。马鹿寿命 20 余岁，以 6~7 岁体重最大。

马鹿在新疆有 3 个亚种，除生活在准噶尔盆地山地森林中的北疆马鹿和哈密一带的东疆马鹿外，在塔里木河中下游平原胡杨林中，还分布有塔里木马鹿，体型稍小。马鹿毛色为较暗的灰褐色，臀部和腹部白色，雄鹿体重可达 200 多

图 30 大角马鹿争雌决斗

千克，肩高 1.2 米多。雌鹿无角，体型较小。马鹿幼仔体背有白色斑点，有点像梅花鹿。雄鹿大角可长达 1 米以上，最多可有 9 叉，重达 20 多千克，配在头顶，显得非常俊美。大角到春天自动脱落，5~6 月份又长出 20~30 厘米长，多蜂窝状孔隙而富含血液的茸角，表面覆盖暗棕褐色绒毛。

这时若割取加工，就是延年益寿，治疗多处疾病的鹿茸。雄鹿小心地保护着这对幼嫩的茸角，但若有人追逐，在感到绝望时就会将头顶向岩石或树干碰去，把茸角碰掉，好像是已猜到猎人的目的，以图保全自己的生命。8~9月份，马鹿角已长大骨化，它常在树枝上将角上的干皮磨去，变得又白又光滑。自此以后，这对大角便成了装饰头部、防御敌害及进行争偶的得力工具。

马鹿以优质禾本科牧草、乔灌木枝叶、幼杨树皮、菌类、藻类、苔藓及一些药用植物为食，定时到河边或湖边饮水。在炎热夏天的中午，它们有的在浓密的针叶树下，有的则爬到山顶迎风处，甚至雪线附近休息，以躲避讨厌的蚊蝇。我曾在托木尔峰海拔3800米的高山草原带见到了一棵“枯树”，十分奇怪。这样高的地方怎能长树?靠近了才发现是对面站着一头大角公鹿，纹丝不动地休息。当遇到敌害袭击时，雄鹿便挺身而出，让仔鹿和母鹿先逃，自己断后保护。雪豹、猞猁、狼和棕熊都是马鹿的天敌。塔里木马鹿主要以芦苇、罗布麻、芨芨、胡杨及禾本科草类为食，有时也到农田偷吃西瓜、玉米等。

雪豹、猞猁和狼是马鹿的主要天敌，但最大的敌人则是偷猎的人类。

马鹿全身是宝，除珍贵的鹿茸已为大家熟悉外，鹿胎、鹿肝、鹿肾、鹿鞭、鹿筋、鹿血、鹿肉均可入药。马鹿是禁猎的二级保护动物。为了发展这种动物资源，在伊犁、塔城、阿勒泰、库尔勒等地常在马鹿繁殖季节，有组织地捕捉小鹿，由国营农场、牧场及个人进行饲养和繁殖。森林中有的养鹿场，设计了只能进不能出的围栏，在交配季节能引诱野生公鹿跳入围栏中，轻而易举地增加了自己的鹿群数量。由于不法偷猎，已导致野生马鹿种群数量大为下降，已不到10万只，目前，新疆家饲马鹿已发展到8万只左右，每年为市场提供20余吨鹿茸。

狍子的悲惨命运

山地森林中，属偶蹄目鹿科的另一种食草动物，就是体型中等的麅鹿。

麅鹿俗称狍子，身高60~70厘米，长约1米，体重不超过40千克，尾巴很短，常被毛遮盖。它身披黄棕色的毛，在林间草地非常显眼，因此，它主要在疏林中生活。雌狍无角，雄狍头顶有一对20~30厘米长，一年换一次的三叉骨角。即使如此，它还是常常成为食肉兽的美味佳肴，几乎没有抵御大型食肉兽的能力。残忍的恶狼、猞猁和貂熊，可以轻易地咬断它的咽喉，它也是人们喜爱的野味珍馐。狍子为了能繁衍后代，有保护自己不致绝灭的本领：一是嗅觉、视觉、听觉都很灵敏，有极强的奔跑能力，特别是它的后腿更为发达，能跳过1~2米高的灌丛，短跑速度每小时可达50千米。在林中突然遇到它时，等把枪从肩上取下，它早已跑到50~60米外的灌丛深处，消失得无影无踪。只有经验丰富的猎人，在狍道上“狩”猎，或是下铁夹，才能捕到它。二是繁殖能力强，它的胎仔数较马鹿高，马鹿多为1仔，而狍子多为两三仔，在偶蹄目中实不多见，以此弥补过高的死亡率。

狍子广泛分布于天山、阿尔泰山森林中，以灌木的幼嫩枝芽、树皮和青草为食，有时也吃苔藓。它喜单独活动，在林中有较固定的道路。除交配时群聚求偶外，一般情况下不群居。狍子每年8~9月份交配，次年6月份产仔，每年一胎，妊娠期270天左右，时间很长。

秋末是狍子的发情季节。当夜幕降临的时

候，发情的成年雌狍，由于生理的作用，就会“哞！哞”一声接一声地长鸣，好像小牛犊的叫声。这是“她”在呼唤“有情人”，在数千米之内的雄狍听到叫声，便呼应着纷纷赶来。当先来的雄狍向这只雌狍求爱的时候，又出现了一只、二只、三只……它们不甘心对方轻易地取得“爱情”，便猛冲过去，用两只短角攻击对方。在一场混战中，有一只年轻而健壮的雄狍击败了所有的对手，便骄傲地昂首阔步走向雌狍，立即成婚，其它雄狍只好躲在远处灌丛后嫉妒地看着它们。

当狍子们为了争雌而激烈争斗的时候，哪能想到悲惨的命运正等待着它们：有经验的猎人，远远听到雌狍的发情叫声，即结伴寻声前来，埋伏在雌狍附近草地旁的灌丛中。这些为了争雌角斗的雄狍和发情的雌狍早已丧失警惕，正当它们热火朝天争雌决斗的时候，“砰！砰！”周围枪声四起，雄狍们纷纷倒地，那些侥幸的生存者没命地向四周奔逃，顿时，这个“情场”变成了血淋淋的“杀场”！

狍子是重要的狩猎资源动物，有很高的经济价值。它肉味鲜美，瘦肉多，是酒席上的野味佳肴。毛皮可作垫褥，能防潮湿，也可加工成皮革。冬皮可以制裘御寒。近些年因大量猎捕，狍子数量下降很快，已被列入新疆保护动物。长远来看，应有限量地合理捕猎，以保持一定的种群数量，使其能永续利用。

产香的原麝

世界上有四大动物香料和定香剂，即麝香、河狸香、灵猫香和龙涎香。其中除龙涎香取自抹香鲸，灵猫香取自南方的灵猫外，其他两种香源

图 31 狍子的悲惨命运

在新疆都有分布。

麝香取自雄麝腹下的麝香囊，是雄麝发情期用以引诱雌麝的物质。香囊长、宽 3~4 厘米，厚 2 厘米多，鲜重 40 克左右，外面有细密的棕褐色或灰白短毛保护，呈窝状排列，麝香囊由外壳、肌肉层和银皮包裹。每个香囊中只有麝香 3 克左右，呈棕褐色或深咖啡色，干重时 1.5 克，为黑褐色或棕黑色。它有浓烈的香气，富油性，

味稍苦而微辣。自古以来，中国百姓就用麝香入药，或作芳香剂。《本草纲目》中记载麝香可“通诺窍，开经络，透肌骨，治中气、中恶、小儿惊痫症。跌打损伤及毒疮等症。”中国的中药中，已有1000多种配方应用了麝香，西药则用它作强心剂和兴奋剂。麝香的主要成分是麝香酮，有强烈芳香气味，中国在1000多年前就已把它作化妆香料使用。因为麝香液“沥一滴于斗水中，用濯衣，其衣至毙而香不歇”，可见其芳香味浓郁持久的程度。麝香有如此妙用，那产麝香的动物到底是什么样的呢?

麝属偶蹄目鹿科小型食草哺乳动物，有多种。在中国有马麝、原麝、林麝等，新疆有两种，即分布在阿尔泰山和天山东端山地森林带局部地区的原麝，还有天山、阿尔金山东部曾分布过的马麝。

原麝又名香獐，成体重9~12千克，身长60多厘米，高50多厘米，是新疆三种鹿科动物中的“老小”。毛色灰褐或棕灰。麝的后腿比前腿长，很适于跳跃，一次能蹦跳50~60厘米高，2~3米远的距离，但奔跑不能持久。它蹄壳尖锐，外突，内凹，能在倾斜的树干和石崖上行走。雄麝7~8厘米长的上犬齿，常露出口外，如同獠牙，是它争雌角斗的工具。它耳角发达，耳壳可转向，一有响动，先静立观听，发现敌害即飞跃而逃。麝一年换毛一次，换毛期长达4个多月。

马鹿、狍子、麝三种鹿科动物中，麝最喜独居，性情孤独，各占一片地方，除繁殖交配外，均单独活动，这在偶蹄目动物中非常少见。它既怕炎热，又畏严寒，更怕大风，因此，从不离开植物浓密的灌丛活动。它的生活很有规律，在早晨和黄昏时活动觅食，白天和夜晚休息，在穴中安静反刍，消化食物。每个麝都有自己固定的活动路线，在没有干扰时，觅食、便溺、擦尾及栖居，均有固定的场所，在灌丛中走出固定的“麝道”，宽30多厘米。它每天可走几千米路，最喜欢走陡峭嶙峋的石崖，行动灵活而迅速敏捷，因此有“麝舍命而不舍山”之说。雄麝在岁半性成熟后，尾腺也开始分泌排泄物，便在它活动的路线上，有到岩石、树干、树枝和草木上摩擦尾部的习性，这些地点较为固定，被叫做油桩，借以做它们的路线标志和互相联系的信息。

图32 产香原麝和麝香

每年11月下旬至第二年1月初是麝的交配期。这时雄麝变得性情活跃而凶猛，很少吃草。此时，它的香囊中的麝香也最为丰满，常站在高坡上风处，放出香味，以引诱雌麝。雄麝发情时，还发出“嗯——嗯——”的求偶声，常可见到一只雄麝旁出现几只雌麝，互相追逐。此时，若雄麝相遇，便发生激烈的殴斗，互相用上犬齿啮咬，非常残酷，常致对方重伤。雌麝交配后即离去，妊娠期约 6 个月。5~6 月份草类生长旺盛的时期，产仔 1~3 只，多为 2 仔，偶有 3 仔，哺乳期长达 3 个多月。在此期间，仔麝藏于灌木林中，只有喂乳时，雌麝才来到仔麝藏卧处。哺乳的雌麝胆大而凶，有很强的领域性，若别的麝进入它的“领地”，便跑到对方不远处，一面跺足一面前进，以威胁对方，逼其退出。

麝喜欢在多灌丛地带活动，爱吃很多种植物的枝叶和花序，甚至种子，如柳、小蘖、败酱草、蒲公英、金腊梅、马先蒿、绣线菊、忍冬等数十种植物，其中不少是名贵的中药材。在食物缺乏时，它也吃杉树等的树皮。夏天爱饮水，冬季靠舐雪补充水分。

猞猁、貂熊和狼是麝的主要天敌，狐狸和雕也捕食麝，特别是麝的幼仔。

麝是一种珍贵的资源动物，除名贵的麝香外，肉也好吃，含脂率仅 4%，细腻鲜美。因其毛中空而粗糙，只能做填充材料，毛皮价值不大，但鞣制后可当麂皮用。目前，在新疆麝的数量已极少，应大力保护繁殖，以便将来种群数量大为增加后加以利用。中国内地省区已大量开始人工养麝取香，逐步改变了过去“杀麝取香”破坏资源的野蛮做法。在《巴里坤县志》中记载，清末时每年可收购到麝香数十个，但近些年来，已极难见到其踪影。麝也被列为国家二级保护动物。

会飞的鼯鼠

深秋季节，快要落山的夕阳染红了喀纳斯湖边的森林和草地，就是白色的雪峰，也变成了橙色。湖旁早已发黄的桦树和山杨林，更加光辉灿烂，衬托着晚霞中金边的红云，连碧绿透蓝的湖水表面也映着红色，山河都沉浸在橙色的海洋里。这时，只见一群鸟越过湖面，飞向它们的巢穴，山谷中不时传来各种各样动物的鸣叫声，真使人如醉如梦。随着夜幕降临，橙色变为暗紫色，又逐渐退出，刚从东方升起的明月，变得越来越亮。突然，从一棵大树顶上，无声无息地“飞”下一只“鸟”来，“翅膀”纹丝不动，大尾巴偶尔动一下，以调整方向，一直滑到 30~40 米外的另一棵树根部。它又紧抱树干，像只老鼠似的，一纵一纵绕着树干螺旋式向上爬，当爬到顶部时，又展开“双翅”，向远处另一棵树“飞”去，倒映在湖面上，好像一个四方形的滑翔机，使那在后面追逐的紫貂也无可奈何。它就是鼯鼠。

鼯鼠，属啮齿目鼯鼠科，是一种会飞的老鼠，因此也叫普通飞鼠。古人也叫它飞生鸟或耳鼠，在中国有好几种，以前描写的寒号鸟，实指它的同族。《山海经》中早有形象的记载：“耳鼠状如鼠，兔首麋身，以其尾飞……其形，翅连四足及尾，与蝠同，故曰以尾飞，生岭南者，好食龙眼”。鼯鼠形态极似松鼠，只是前肢和后肢间连着一层带毛的皮膜，在树枝间滑行时，张开皮膜，像个四方形滑翔机，粗大而蓬松的尾巴舒张开就像一把舵，撑握着飞行方向。小鼯鼠体长一般 20 多厘米，尾长 13~14 厘米，夏毛以灰色或银灰色为主带棕褐色，冬毛色调变化不大，腹毛色白，翼膜色同背部。它的触须较长，达 6 厘米，因它需测量较宽的洞穴口，以让带膜的身体通过。

鼯鼠喜欢在老山杨林的枯树洞中，或是野兽难以到达的山洞中筑穴，一年可产两胎，每胎产 3~5 只幼仔，幼仔在母鼠哺育长大后，跟随母鼠学习滑翔，觅食。有时，母鼠也能背起幼仔滑翔，以逃避敌害。

图 33 鼯鼠在夜空飞翔

杨树和柳树的树皮是小鼯鼠的主要食物，它也吃其它乔木和灌木的芽、种子、浆果以及菌类。鼯鼠吃树皮时自有妙法：在咬下一截树枝后，把它放进门齿，便用前肢转动树枝，这样就把树皮切了下来，吃起来就省劲多了。因此在它经常觅食的地段，常常可以拣到一些小段树枝茎杆，长3~5厘米，表面像用车床刀具切成一样，十分光滑。

鼯鼠肉也能吃，据《本草纲目》中说，其肉可"堕胎，令易产"。它的毛皮因不够结实，经济价值不大。可是它的色浅透亮而形状特殊的粪便，则是大家熟悉的名贵中药——五灵脂，含大量树脂、尿素、尿酸，有活血、行瘀、止痛效果，可治"心腹冷气，小儿五疳、辟疫，治肠风，通利气脉，女子血闭"。在喀纳斯地区曾发现过一个飞鼠群聚的山洞，洞内藏的一具古代棺木已被五灵脂埋没。仅此洞，就掘出600多千克五灵脂。此地五灵脂质量尤佳，已远销中国内地。鼯鼠在新疆只分布在阿尔泰山，因数量稀少，应予以保护。

短命的鼩鼱

茂密而潮湿的山地针叶林下，通常都有一层厚密的苔藓层，与枯枝落叶和草类挤在一起，铺垫得地面十分松软。在森林中工作累了，不由自主地躺在上面，使人多么惬意！就在这个绿色的大褥垫下，有时会发出"吱！吱"几声细微的叫声，若仔细地寻声挖开草垫，就会找到几只身体瘦小，外形像老鼠，但嘴很尖细的小动物，它们就是鼩鼱。

鼩鼱的种类很多，在新疆已知就有10种，均属于食虫目鼩鼱科，其中有南北疆分布的小鼩鼱、中鼩鼱，仅分布于北疆的鼩鼱，阿尔泰山的水鼩鼱，还有分布在昆仑山等地的小麝鼩、白腹麝鼩等。

小鼩鼱体长只有4~5厘米，仅重3~4克，可以说，它是新疆身材最小的哺乳动物。它背部棕褐，腹部灰白，毛色灰褐，形态极似鼠。但它的后足只有1厘米长，而头却有1.5厘米长。因它长着特别明显的长而尖的嘴巴与鼠类有异。两侧长满长触须，十分有利于捕食昆虫。小鼩鼱的尾巴很细，不到两厘米长。通常鼩鼱潜伏在苔藓草垫下活动，用尖头和柔软的小身体推开树叶和苔藓，灵巧而迅速地到处钻，用较发达的嗅觉寻找昆虫和昆虫幼虫，当长吻上的触须触及到食物时，就立即猎捕。由于它身体累赘小，动作灵巧迅速，能"到处可入"，要比地下的鼹鼠和地表的刺猬有更优越的捕食能力。由于鼩鼱爱在草垫下最僻静的角落搜寻食物，活动十分隐蔽，而不易被敌害发现，特别不易受到鸟类的啄击。新陈代谢能力很强是鼩鼱的最大特点是，几乎整个昼夜和全年都在不停地活动，寻找食物。小鼩鼱不吃食物的时间最长只有5个半小时，否则就饿得受不了，因此，它们也不休眠。即使在严冬，也在雪盖下照常活动。

特别贪吃是小鼩鼱的另一特点。它一昼夜能吃下相当于自己体重两倍的食物，由于它吃的主要是有害的昆虫及其幼虫，如金龟子、叩头虫、松夜蛾、尺蠖蛾、叶蜂、象鼻虫及其它植物根部和芽上的害虫，一年四季不间断，因而它身体虽小而功劳很大，对林业发展非常有益。虽然它也吃点云杉、红松的种子和浆果，但数量很少。此外，鼩鼱还是个凶残的小家伙，它还能吃鼠类的幼仔和病弱的老鼠，有时它还能咬死比自己大好几倍的健康老鼠，并把它吃掉。

在小草丘、树桩下和低树洞里，可找到鼩鼱的丘形穴，掩藏得很秘密，穴壁厚而保暖。鼩鼱在每年4~10月份都交配繁殖，一年只产两胎，每胎可产4~10仔，以8仔为最多。妊娠期很短，仅13~19天。幼仔身体比较大，刚生下来裸体而盲目，生长得很缓慢。生后3~4天内，雌

图34 鼩鼱雪中搬家

鼩鼱很少喂它们。它们呆在穴内几乎一点也不活动，仅在雌鼩鼱来哺乳时，嗅到它母亲的气味才缓慢爬去。鼩鼱幼仔发育缓慢，直到和成体一样大小，才离穴过渡到独立生活阶段。但在最初几天，因它们不会辨别方向，只得一个抓着一个的臀部或尾巴，跟在母亲后面行动，近10只大小一样的小动物串成一队，形成了奇怪的队伍，在地面或树叶下蜿蜒行进。这时若把前面的鼩鼱提起来，后面的小仔也不会松口，可呈一串悬在空中，可见它们咬得多么紧！小鼩鼱第二年性成熟，它的寿命最多也只有14~15个月。成年鼩鼱一生生育一两次，就完成了它的生命史。因此，它是哺乳动物中最短命的动物之一。

扫雪的尾巴

一场早来的初雪，压得秋天的针叶林枝头低垂，而林间空地则白茫茫一片。在一些枯朽的倒木及树墩附近，一只身长20多厘米，四肢较短，身材柔韧细长，体毛雪白的小动物，一跳一跳地走着。它不走直线，老摆来摆去走着“之”

字形。它不时东张西望,不断瞧着树根或倒木,轻易地钻过树干间或岩石中的狭窄缝隙。蓬松的尾巴不到身长的一半,梢部 1/3 为黑色,搭拉在雪地上,不停地左右摇摆,像一个机警的侦察兵,在扫去自己的足迹,以防敌人追踪。这个小怪物就是白鼬。由于它的尾巴具有这种特异功能,又被称为扫雪,也有人叫扫雪鼬。

白鼬属食肉目鼬科动物，成兽体重仅 100 多克。它是古北界森林广布种,生活在阿尔泰山及天山南北坡的山地森林中,在河湾、谷地,还有草木茂盛而食物丰富的火烧迹地和采伐迹地,以及云杉幼林带中,活动较为频繁。白鼬为夜行性兽类,多在夜间觅食,白天休息。常利用大型鼠类的洞穴为穴，有时也在岩峭裂缝中及树根下营穴,穴中铺以干草和羽毛。

每年春季和秋季,白鼬要换两次毛,冬毛白而夏毛棕灰。春季,先从头部开始换毛,再依次扩张到背部、臀部,最后是两侧和腹部。而秋季的次序恰好相反,头部的血毛最后才长出来。

白鼬有一法宝就是在它遇到强敌时,会从肛门旁的腺体,放出奇臭无比的液体,像浓雾喷出,以御敌自卫。它身材虽小,但本领高强,不但会爬树,会钻老鼠的洞穴,还会游泳过河。和多数鼬科动物不同，白鼬多成对生活，在 8~9 月份交配，怀孕期 210~240 天，第二年 4~5 月份产仔 3~14 只，随鼠类等食物多少而变。生下的幼仔靠哺乳 10 天才能睁开眼睛。幼鼬 3 个月就可性成熟，当年即可交配，寿命 3~4 年。

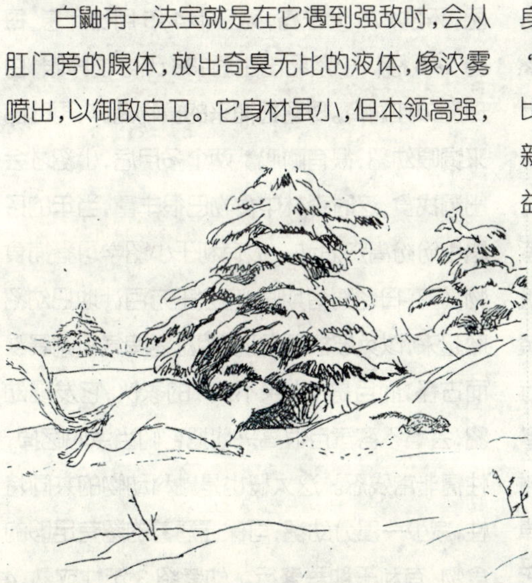

图 35 白鼬捕鼠

白鼬食性很广，但以对人类有害的啮齿动物为主,主要有棕背鼠平、红背鼠平、田鼠,还有松鼠、花鼠、鼠兔、鼩鼱等,也吃雏鸟及鸟卵、体型比白鼬重许多倍的黑琴鸡和榛鸡，有时也成为它们的牺牲品，它的食谱中有两栖类、爬虫类、鱼类和昆虫,有时也吃越桔、松柏等植物性食物,以改变胃口和驱逐消化道寄生虫。在食物丰富时,还会将捕来的食物储存在洞穴附近。

白鼬是珍贵的毛皮兽。因吃鼠类,它对人类十分有益。它数量很少,已列入中国二级保护动物,禁止猎捕。

伶鼬也叫银鼠,和白鼬十分相似,但比白鼬身体更为小巧，夏毛灰褐，冬毛全身雪白不留“污点”。它习性与白鼬相近,但在对付鼠类时,比白鼬更凶残,能钻进更小的鼠洞中捕鼠。它在新疆分布更广泛,数量较多,是农、林、牧业的有益帮手,应大力保护。

六亲不认的紫貂

东北有三宝，“人参、貂皮、乌拉草”。君不知,新疆貂皮更加好。由于阿尔泰山的气候比东北更为寒冷，因而紫貂的毛皮绒密而厚,针毛更长,更有光泽而美观。因此,东北养貂场常到这里来收购活紫貂,以便空运到东北,当优良种源进行人工繁殖。

紫貂，也叫黑貂或赤貂，毛皮棕黑带紫，或是黄褐色，掺有稀疏的白色针毛，腹部淡褐色，猛地一看，体色发紫，因而得名紫貂。李时珍在《本草纲目》中写道："貂，鼠属，大而黄黑色，出丁零国。今辽东、高丽及女真、鞑靼皆有之。其鼠大如獭而尾粗。其毛深寸许，紫黑色蔚而不耀。"紫貂属食肉目鼬科，为典型的寒温带森林动物，是新疆极稀有而珍贵的毛皮兽，仅分布于阿尔泰山。它主要生活在针叶林和针阔叶混交林的密林深处，尤以原始森林较多。

图 36 紫貂捕松鼠

紫貂体型细长而灵活，身材略似中等大小的家猫，但嘴较长，口中犬齿锐利，长有一对三角形大耳朵，头部略似狐狸。雄体 50 多厘米，重 800 多克，雌性较小。较为粗壮的尾巴，长 15 厘米左右，尖端毛很长。紫貂的爪子细而能伸曲，非常尖利，很适于爬树和追捕松鼠，在林间跳跃如飞。捕貂十分困难，清时的《黑龙江外传》中记载，猎人捕貂，"利于大雪，故秋即去，春始还。往往有空手归者，则貂之难能可见。然守待旬月，亦有到手之时，唯匿石隙中，则无计可施。"

单独生活是大部分鼬科动物的特殊习性，这有利于捕食鼠类，得到充足的食物，特别是紫貂最为典型。除繁殖需要外，均单个生活。它筑穴于石堆内、树洞中或松树根下，夏季主要在黄昏时出来觅食，行动敏捷，大部分时间在地下行走。它嗅觉很敏锐，一发现树上有松鼠，便会攀援而上，在树枝上能像松鼠一样奔跳自如，在树枝间跳跃，穷追不舍，或是钻进松鼠穴中，吃掉松鼠和小崽。松鼠是紫貂的主要食物，此外，它也捕食森林中的其它啮齿动物，如棕背鼠平、红背鼠平、林姬鼠、花鼠等。还捕食雪兔和中小型鸟类和鸟卵，如松鸡、黑琴鸡、榛鸡、星鸦、啄木鸟等当做佳肴。要换换口味的话，它还会在水中"捞"鱼，在树上"摘"果，如红松子、各种浆果等，以补充维生素之不足。

紫貂实行"一夫多妻"制，但几个"妻子"不居一处，而分散生活。它在每年 6~7 月份交配，怀孕 270 天左右，第二年 4~5 月份产崽，每胎 2~6 仔。小紫貂出生后，36 天才能睁眼，由母貂单独哺育。母貂把捕来的食物嚼碎，再吐出来饲喂幼貂，很有耐心。两个多月后，小貂才会出洞找食，这时森林中食物已很丰富，当年的仔鼠也纷纷离穴活动，极有利于小貂学习猎捕食物。但在母貂哺育期间，它会千方百计地把幼貂藏起来，以免被雄貂发现。因雄貂脾气极端暴躁而古怪，而且是"六亲不认"的家伙，它发现幼貂，会毫不客气且很高兴地把它们当点心吃掉，性情非常残忍。这大概也是鼬科动物的共同特性，减少一部分幼貂，可保证活着的貂有足够的食物，有利于种群繁衍。幼紫貂 3 年性成熟，4 年后才能生育繁殖，寿命 10 年以上。

紫貂毛皮是最名贵的动物毛皮之一，国际市场上价格很高，紫貂皮“用皮为裘、帽、风领，寒月服之，得风更暖，着水不濡，得雪即消，拂面如焰，试眯即出，亦奇物也。唯近火则毛易脱”。《本草纲目》中这样生动地描述了紫貂皮的优点。可惜新疆野生紫貂数量不多，已列入国家二级保护动物，禁止随意捕猎。目前，家饲紫貂业正在发展，很有前途，可取代野外捕杀，以进行利用。

林中盗贼——貂熊

久负盛名的中国特产动物麋鹿，是鹿科草食动物，由于它形态上有引人注目的特点：马头、鹿角、牛蹄、驴尾，而被人们称为“四不像”，是世界上的珍兽。无独有偶，在阿勒泰的喀纳斯也生活着一种还不为人们熟悉的珍稀动物貂熊，它嘴巴像貂，四爪似熊，身体像獾，尾巴如狼，但又都不像。因此，被称作食肉类的“四不像”。

貂熊又名狼獾，是食肉目鼬科中型兽类。成兽体重 14~15 千克，体长 80~90 厘米，肩高 30 多厘米，尾巴较短，仅约 18 厘米，但毛长而蓬松。它的身体大小和体型在貂与熊之间，故名貂熊。它耳朵圆而短小，牙齿锐利，四肢粗壮，脚掌肥厚，尖端有利爪。它的毛为棕褐色，绒毛棕灰，脊背四肢毛色较深，胸部有乳黄色毛斑，体有棕灰或栗色条带，从背部起至尾部汇合，喉部有白色斑纹，夏毛稀疏而冬毛密厚。貂熊和其它鼬科动物一样，肛门附近有臭腺，能放出强烈而十分难闻的浓骚臭味，如遇强敌，便放散出来，用以驱敌并自己逃跑。此外，它还有保护贮藏食物的妙法，即在吃剩的兽肉周围撒上尿，可防止其它食肉动物偷吃。

极能耐严寒的貂熊是西伯利亚泰加森林的典型兽类，除在繁殖期外，多单独活动。它以悬崖下、荒丘里、石缝中隐蔽的地方为穴，有时借住熊穴或狐洞。它住的洞穴多在两个洞口以上，一遇危险，便从另一洞口逃走。貂熊常在白天休息，夜晚出来觅食，视觉敏锐，听觉发达，嗅觉灵敏，行动隐蔽。它性情机警，狡猾奸诈，与狼非常相似，但它比狼有着更高超的本领：能用利爪像熊一样爬树，又会在水中游泳，而又比熊敏

图 37 貂熊盗食

捷得多。因此，树上和湖中小岛中的鸟类，往往也难逃貂熊之口。

每年晚秋 9~11 月份，是貂熊发情交配的季节，在黄昏或夜晚，它像狐狸一样发出短促而急的“汪——汪”呼叫声，在寂静的森林里远远传去，以招引异性。找到伴侣的貂熊，便开始过一年一度短期的“蜜月”生活。貂熊怀孕期 120 天左右，在第二年冬末早春 2~4 月产仔 1~4 只，多为一对。在雌熊精心哺育下，仔熊长得很快，哺乳期 2~3 个月，到 4 个月时，幼熊就长得几乎与父母一般大小，能够自己猎食。貂熊寿命较短，大约 5 年。

貂熊捕食的招数很多。一是穷追：它跑的速度很快，奔跑时一纵一跳，带点跳跃的形式。此

法一般用来捕食体型较小的动物，如雪兔、赤狐、松鼠等。二是奇袭：在夜间悄悄地爬上树，以突袭的方式捕捉酣睡中的鸟类，如松鸡、黑琴鸡、林鸽等。三是“貂背”：它爬在大树干上或路旁岩石上，耐心潜伏着，等马鹿、狍子等体型较大的动物经过的时候从天而降，扑在猎物背上，紧紧地咬住其脖子不放。四是偷盗：貂熊虽有高超的捕食本领，但它却好逸恶劳，品质恶劣，常常盗食猎人捕获的夹在捕兽器上和掉进陷阱中的猎物。它还很“鬼”，能找到并敢偷吃猎人、林业工人或牧民贮藏的食物，其胆量在野生动物中实为罕见，故被称作“林中盗贼”。

貂熊和熊一样也要冬眠。在入秋以后，貂熊便忙碌起来，一面努力“加餐”，在体内储备大量脂肪，一面把洞穴打扫得干干净净，铺上树叶枯枝，把窝垫得非常舒适。同时，还得多打些“猎”，把捕来的小动物咬死贮藏在洞穴内。入冬以后，便在“安乐窝”中昏昏大睡，但它不像旱獭、刺猬等睡得那样死，而是半睡半醒，有时还会起来再吃一点贮粮，直到第二年春暖花开的时候，才懒洋洋地爬出洞去。

貂熊的肉可食，但毛皮粗糙，经济价值不高。由于它是中国一种很稀有珍贵动物，仅分布于阿尔泰山和大兴安岭，数量极少，被列为国家一级保护动物，严禁捕猎。

林中一霸——猞猁

“山中无老虎，猴子称霸王。”由于雪豹、棕熊主要活动在高山草原带，在森林中，体型大小仅次于它们的猞猁，便成了这里的霸王。当然，它像狼一样，也常到高山或平原草原上活动。

猞猁属食肉目猫科猛兽，也叫猞猁狲或山猫。成年个体可达 25~32 千克重，体长 1.2 米左右。它的形状有点像家猫，但显得身材高大，腿很长，尾巴短小，仅 10 厘米。最特别的是它的两只耳朵，耳尖上有一撮直立的 4~5 厘米长的簇毛，脸颊下还有一圈长毛下垂，酷似老年人的“连面胡”，形态煞是古怪。猞猁体毛长而密，花斑体色很美丽。由于在南北疆的体色和大小有较大差别，外贸部门为了便于区分，把北疆产的叫马猞猁。它体型较大，背部呈粉红棕色，上面均匀散布着棕褐色斑点，腹毛色淡，短尾后半部毛色发暗。把南疆产的叫羊猞猁，体型较小，整个背面呈沙棕色，略显浅灰，沿背脊稍红，而腹部白色，胸侧及四肢前面散布有大块沙棕色圆斑。由此，也可将它们分为两个亚种。

猞猁除繁殖期外，性喜单独活动，“独来独往”，偶有两三只一起协同捕食较大的动物。它广泛分布于天山和阿尔泰山的森林中，出现在石质山地和草原，昆仑山中也分布较广，在阿尔金山自然保护区较易见到。它在大石缝下为穴，主要在晨昏出来活动觅食。由于其腿长，而且长有和猫爪一样趾尖可以收缩的四肢，很善于奔走，行动非常敏捷，像猫一样能够爬树，且和豹子一样会游泳。猞猁性格狡猾，又很谨慎，远避人类，遇有危险即迅速逃跑，或攀上高而浓密的树枝隐蔽。它有极强的耐饥能力，还有长期隐蔽并潜伏不动的耐性，在吃饱喝足后，能在大树枝上、密草灌丛中，或是石缝下静卧几昼夜而不吃不喝。

猞猁在每年 3~4 月份发情，怀孕 70~74 天，在食物较丰富的 5~6 月份产仔，每年只产一胎，每胎 2~4 仔，幼兽毛色发白，哺乳期 2~4 个月。猞猁两岁性成熟，寿命长达 12~15 年。

在森林中，猞猁除偶尔躲避棕熊和雪豹外，几乎再无敌手。其它动物，无论是食肉猛兽，还

是草食动物或是飞禽，都可成为它的食物。但它最喜欢吃的则是狍子、兔子，还有松鸡、黑琴鸡、雉鸡等。在山地草原则爱吃野羊，还有旱獭和其它啮齿动物。猞猁捕食主要采取潜伏静等和突然袭击的方式。它常藏身于林间小道上的大树枝上，或是在岩石上，遇到体型较大的动物便猛扑下去，咬住它的咽喉。若是小型动物，它也不嫌弃，照样咬住当点心。在傍晚，它常爬上树，寻找鸟巢和松鼠窝，一口一个吃掉巢中的鸟和幼雏，或是大鼠和小鼠，然后还把巢破坏掉，心肠十分凶狠。

猞猁是贵重的毛皮兽，毛皮软而厚，属中上品，加工成的美丽裘皮可制皮衣、皮领、皮帽等。肉也可吃，是珍稀资源动物，因数量较少，已列

图 38 猞猁狩猎

为中国二级保护动物，严禁捕猎。

森林大敌——蠹虫

当你看到木器家具上出现虫眼，经常有木粉从孔中落下，时而可听到轻微的“咔嚓”声不断传出，那十有八九不是天牛幼虫，就是蠹虫在作怪。如果不采取措施消灭，它会像白蚁一样，把木器家具蛀得千疮百孔，成为废品。

蠹虫不但是木器家具和木头房屋的敌人，它还是森林的头号敌人。在森林中，会常常看到一株一株，甚至成片的枯死树木，走近前去，能轻而易举地撕下那千疮百孔的树皮，随着落下一团木粉，在扒去的树皮下，木质部表层就出现密密麻麻的复羽状或树枝状的圆形沟纹。这就是蠹虫用咀嚼式口器挖掘的洞穴：在中间，有一条主洞道，连着一个较大的洞穴，主洞道两侧排满了小的支洞向两面平行散开，越向外面，洞道越宽，最后，连在一个较大的梨形洞穴上。这些

图形,有的像蚰蜒,有的像蜈蚣,有的呈网状,独特的图形非常好看。

蠹虫属昆虫纲鞘翅目小蠹科，人们一般叫蛀虫,或是木蠹虫。它们在新疆有十多种,分布于全疆各地,其中以八齿蠹最为常见。小蠹虫成虫体长仅 3~4 毫米,是圆筒形甲虫,喙短而阔,很不发达。幼虫十多毫米长,乳白色,前胸有 6 对用来爬攀的爪,头顶上有黑褐色的咀嚼器官,非常锐利，可用以钻木。小蠹虫雌甲虫钻进树皮,在树皮下钻蛀成通道后,在尽头掘成宽阔的穴坑作为“她”的“新房”,有了“新房”作“嫁妆”,“她”才能够招引到雄虫,以“拉郎配”。雌虫在交尾后，就在主洞两侧蛀出许多均匀分布的小坑,在每个坑中产卵一颗。自然孵化出的幼虫,就向两侧蛀出自己的“幼虫坑道”,在树木韧皮部和木质部之间,幼虫一面蛀吃树木,一面前进,随着身体长大,虫道也越来越宽阔,最后到化蛹阶段，就蛀出一个较大的洞穴——化蛹的“摇篮”。就这样形成了小蠹虫的洞道花纹。不久以后，蛹蜕化出会飞的成虫——甲虫后，便向上钻破树皮，挖成圆形的小孔向外飞出,另找繁殖地。

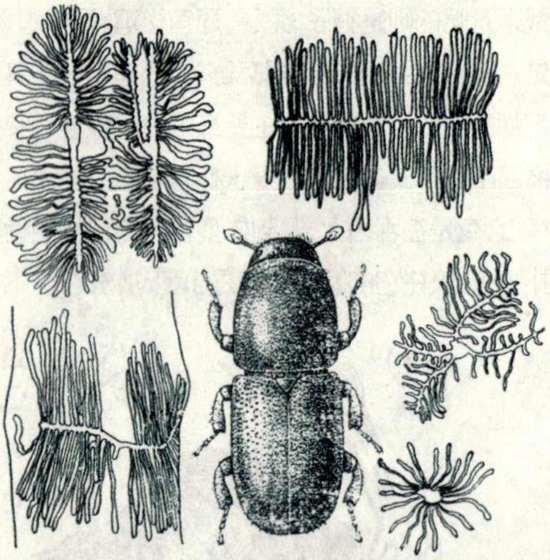

图 39 小蠹虫和不同种的繁殖坑道

蛀食林木的害虫除小蠹科昆虫外，还有长蠹科、吉丁虫科及天牛科的害虫,它们种数非常庞大,仅天牛科在世界上就有两万多种,中国也在 1700 种以上。小蠹和天牛都是甲虫,其体型大小差别很大,有 12 厘米长的金龟子,也有 2 毫米长的微蠹虫。

蠹虫虽然危害森林和木制家具，但是事情总是相反相成的,它的这种破坏作用,则对已死的枯树和废弃木材,有加速腐解的作用,促进了自然界的物质循环，在生态系统中也有它有益的一面。啄木鸟、旋木雀等,是小蠹虫的天敌。在《本草纲目》中说:“蠹虫又作蛗,食木虫也。”气味“辛,平,有小毒。”主治“血瘀劳损,经闭不调,腰脊痛,有损血及心腹间疾。”这说明,蠹虫还是一种有用的中药。

中国多次发生过外来入侵生物种造成巨大危害的事件,因此卫生检疫部门做了大量工作,以防止害虫侵入。新疆也不例外。在 20 世纪末，就发生过山东苹果小吉丁虫乘坐机器包装木板侵入伊犁谷地，因没有天敌而大量繁殖成灾,使大片宝贵的天然野果林死亡的事件。

三、草原动物

提起草原，你一定会想起民歌中脍炙人口的诗句:“天苍苍，野茫茫，风吹草低见牛羊”。此诗虽出自包头西部阴山脚下，但却是对大西北干旱半干旱区山前洪积冲积扇扇缘地带及山间谷地中，大面积分布的1~2米高的芨芨草甸草原，恰如其分的又十分形象的描绘诗句。

在阿尔泰山和天山的前山丘陵、山麓平原及山间谷地中，紧接着山地森林带，是新疆优质草原分布区。草原随着海拔、地形部位的不同，生长着不同类型的植物群落。如雪线以下为高寒草甸草原，森林带上部为亚高山五花草甸草原，森林带下部多分布绣线菊和蔷薇灌木草原，海拔较低的平缓的山坡谷地上多以禾本科为主的真草原，山前倾斜平原主要为半荒漠蒿属草原，而在山间谷地和山前泉水溢出带，芨芨草原面积较大。这些草原，由于不同植物花期的差异，在整个生长季节中，季相变化非常明显。特别是亚高山草甸草原，由于众多类型的鲜花植物，红、黄、蓝、白、紫各色各样的花朵，把草原点缀得异常绚丽多彩。

新疆有着世界上数得上的优良草场，如巩乃斯草原和面积达54万公顷广阔的巴音布鲁克草原。前者属高草草原，草层高度有的高达80~90厘米，后者是较低矮的、狐茅占优势的优质禾本科草原，草高30~40厘米。

草原是草原动物的天堂:鹰、雕、鹞、隼等猛禽在天空中飞翔，伺机俯冲下来捕食鼠类和小鸟;草地上百灵歌唱，莺雀伴和;鼠类在匆忙地挖掘洞穴，或是搬运着越冬的食粮，它们不时站在洞口抬起头来，向天空和周围观望，以防来自空中和地面的偷袭;狼和狐狸在沿着山沟洼地隐蔽活动，以图猎捕点美味饱餐一顿，偶尔，有一群羚羊穿梭而过。本来，草原是大型有蹄类食草动物的乐园，在几千年前，野马、野驴、鹅喉羚、赛加羚等成群结队布满了草原。因此，有人认为80%的大型有蹄类都应是草原动物。但是，随着人类社会畜牧业的发展，逐渐取代了它们的地位，把它们挤到生活条件较差的山地或是半荒漠、荒漠草原中去了。因此，在优良草原上，现在已很难见到它们的踪影，已全被人养的牲畜占据。

在草原上，体型较小的啮齿动物有着得天独厚的繁育条件，它们的数量增长很快，草场的过度放牧，也助长了某些啮齿类动物的大发展，往往造成了严重鼠害，使牧业生产遭受损失。世界上有啮齿动物1700种以上，占哺乳动物的50%。其中，以水豚体型最大，达100多千克，巢鼠最小，仅有几克。新疆的啮齿动物有71种，属10科34属，占中国已有种数的40%。它们大部分生活在各种类型的草原地带，它们的生活与草原上许多动物有着密切的关系。

现在，还是让我们到草原上去游览一番吧!

草原歌星——百灵鸟

初夏的草原，东方的天空刚出现鱼肚白色，

我们在帐篷中还睡得正香甜的时候，就可听到清脆的鸟啼声，打破了黎明前的宁静。当金光灿烂的太阳从东方升起，使草原披上了一层桔红色晨装时，在风信子、郁金香的花丛中，或是芨芨、针茅的草丛间，它们像银铃一般的鸣声更加悦耳，更加动听。它们有时突然几乎垂直地飞向高空，拍动着双翅，像直升飞机那样，在空中停着不动，长达几分钟，或是画圆圈飞，以后忽然停止歌唱，像块石头似的垂地而下，稳稳地落在伴侣身边。这正是百灵鸟的繁殖季节，这种“婚飞”，是它们求偶和成婚必不可少的“仪式”。

图 40 百灵婚飞

百灵鸟是人们公认的“草原歌星”，它不但在婚期歌唱，就是在其他时间，也常以它美妙的歌声，给草原带来一片生机。它的歌声往往被称作草原幸福的象征。

百灵鸟属雀形目百灵科，中国有 6 属 14 种，新疆就有 12 种。在草原上最常见的是头顶有一只“角”的凤头百灵、头顶两侧有两只“角”的角百灵及没有“角”的沙百灵、黑百灵、云雀等。凤头百灵和角百灵的“角”，并不是像牛羊头顶上那样的硬角，它是由细长而较坚硬的羽毛构成，远看似“头上长角”。百灵鸟的体色以棕、灰棕或淡棕褐色为主，与土地的颜色很相近，静伏地面时很难发现，有利于逃避猛禽捕食。它们一般体长仅 14~17 厘米，以凤头百灵体型最大，云雀最小。

每年 4~5 月份，天气已完全转暖，草原上一片葱绿，春花早已盛开，各种昆虫在花丛中起舞，这时百灵鸟开始了繁殖。它们在婚飞配对后，便寻找僻静而较干燥的草丛，或是草原周围的枯树洞中筑巢。用草茎枝叶垫成碗状巢，直径 10~12 厘米，高 4~6 厘米。它们每窝产卵 2~6 枚，一般每年繁殖两窝，孵卵时由雌雄鸟轮流孵化，孵化期 8~14 天，随种类不同而异。在这期间，一只鸟孵化另一只鸟常在附近一边觅食，一面看护，若有敌害在附近出现，便装作受伤的样子，连跑带飞，拍着翅膀，把敌人引开。别看百灵有时成群在一起生活，但在孵卵期每对鸟都有自己一定的“势力范围”，也即巢区。这里若有别的百灵或其它鸟进入，便会与之猛烈相斗，直到把对方赶出“势力范围”为止。

繁殖季节过后，从 7~8 月份开始，有几种百灵鸟常聚成较分散的群体，集体过漂泊生活。冬天常在较温暖的谷地、阳坡活动，有时成群在公路上觅食。在 2005 年冬，曾观察到上千只的黑百灵大群，黑压压的一片，在卡拉麦里山有蹄类自然保护区雪地中漂泊。百灵食性较杂，不但喜吃蝗虫、甲虫、步行虫、金龟子、飞蛾等害虫，还吃植物种子和嫩叶及浆果。百灵鸟在繁殖季节每天喂雏上百次，以每次喂 3 只昆虫计，一天可捕四五百只害虫，在整个繁殖期，一对百灵鸟可消灭三四万只害虫。真是草原的保护员！

百灵鸟是适应性较广的草原鸟类，它不但生活在高山的荒漠草原，盆地中的沙漠边缘，就是在绿洲中的荒地上数量也很多。百灵科的鸟

类以云雀鸣声最为优美，鸣的时间最长，且变化较多，有时还会模仿其它鸟类的叫声。因此，它们常常被人们用网捉来笼中饲养，以使小小的庭院增加一些大自然的情趣。云雀不但会学动物鸣叫，也会像鹦鹉一样学人语，十分聪明。百灵鸟能够捕食害虫，保护农牧业生产，非常有益于人类，是值得人们爱护的鸟类。

在百灵鸟活动的草原上，还有一种特殊的现象是：每当你在一望无际而又很平坦的草原上旅行时，常可遇到小鸟突然从鼠洞飞出，若仔细向洞中观察，还可找到鸟粪。因此，长期以来人们认为草原上"鸟鼠同穴"是一种共生现象，因为有人观察到小鸟站在老鼠头顶上"啄食寄生虫"，还有人看到小鸟在老鼠头顶上高声鸣叫，认为那是小鸟在给老鼠发警告："有敌人来了！快逃！"

经过长期的观察研究，证明在平坦广阔的草原上，由于没有适宜筑巢的树木、岩壁等，像棕颈雪雀、凤头百灵、褐背地鸦等 9 种常在草原生活的鸟类，便利用鼠兔、黄鼠、旱獭等七八种啮齿动物的洞穴为巢，这是草原鸟类长期适应环境的一种生态特性。鸟类占据的这些洞穴，原来的主人再也不能利用了，洞的下部，也往往已为小鸟堵塞。当"主人"无意中来到这领地中的这个老"门口"时，遇到的不是盛情款待，而是猛烈的攻击。小鸟不怕这个比自己大许多倍的庞然大物，勇敢地飞到它头顶上，一面尖叫，一面猛啄，逼迫它离开。老鼠想抬头报复，但对空中长有翅膀，能在空中停留的小家伙，却无能为力，只好认输，溜之大吉。这才是小鸟在鼠头顶上"啄食虫子"或"报警"的真正原因。

以鼠洞为巢的鸟类，可以躲避风暴的袭击，以免使巢破坏，而且地下温度变化小，不像地面昼夜温差较大，有利于孵化卵和育雏。在洞穴中还可避免猛禽和狐、狼等体型较大的食肉兽的捕杀，这比在地面筑巢并孵卵育雏的鸟类，是个很大的进步。

形似驼鸟的地鹏

提起驼鸟，大家一定会想到在非洲沙漠中长颈长腿，善于奔跑的那种巨大鸟类。但是你是否知道，在新疆的草原上，也有一种极善奔跑，体型与驼鸟很相似的大鸟？当人们在草原上遇到它时，用百米的速度也赶不上它，只见它用与驼鸟爪极相似的一对三趾爪在草地上飞奔，不时扬起阵阵尘土，速度极快。但是，你若骑马追它，追急了，它还有比驼鸟更高一着的本领，就是那对在奔跑时晃动的两个翅膀，会闪动起来，飞到空中，使你"望空兴叹"！这就是分布于新疆准噶尔盆地一带的地鹏。

地鹏也叫大鸨，属鸨形目鸨科，是温带草原上体型最大的典型鸟类。它的身材虽然远不如驼鸟高大，但也有 60~70 厘米高，体长过 1 米，雄鸨体重最大可达 8~9 千克以上，雌鸨则只有 5~6 千克。大鸨的头羽为蓝灰色，体羽颜色较淡，为灰黄带褐色，并且有许多黑褐色斑点，两翅灰白，腿、脚爪为暗绿色，非常强健有力，极适奔走。地鹏雌雄性别很易辨别，因为雄鸨的颏下有两簇向外斜生的长羽毛，很像男子汉的两撮小胡须，被称为"婚羽"，以显示其威武，而雌鸨则无，且体型较雄鸨小。

地鹏在春末夏初，分散成对或数只一起活动。在每年 4~5 月份发情期，它们成对在草原中的起伏漫岗，或在山间沟谷中，甚至在耕地中选择人畜罕至，较僻静的草丛筑巢。雄鸨在自己的巢区巡逻，若遇到其它雄鸨"侵犯"，便进行激烈争斗，驱敌于“家门之外”。它们的巢室多为雌鸨用爪掘成，并用喙清洁过，呈一浅坑，极为简陋。雌鸨每年产卵一两窝，每窝有1~3枚卵，多为绿褐色，上布褐色斑点。卵很大，近8厘米长，椭圆形，孵化一个月左右，雏鸟即可出世，在双亲带领和保护下觅食。

大鸨主要在早晚觅食，非常机警。它属杂食性，喜吃嫩绿的各种草本植物，以及小半灌木的枝叶和草籽，但也吃昆虫、蜥蜴等，它特别爱吃蝗虫，因此对草原非常有益。到秋季，雏鸨长大，它们常合为30~40只的大群活动，喜欢奔跑而不喜飞翔，特别是在繁殖期，决不远飞。当它们受到骚扰起飞时，常常是迎风先跑20~30米，有一定速度后才起飞，并掠地低飞一段距离才高飞起来，这种起飞姿势和一般鹤类起飞极为相似。但鹤唳声音高嘹亮，而大鸨则是哑巴，从不鸣叫，煞是奇怪，就是在繁殖期，也是如此。这种生态行为，可大为有助于它们的隐蔽生活，

图41 地鹔孵蛋

因它体型大，很易被敌害发现，默不作声，便不易暴露目标。

在南疆西南部，还有一种小鸨，其外形类似大鸨，但远比大鸨要小。它们夏天在塔什库尔干塔吉克自治县等山地草原活动，冬季在山下喀什等地绿洲度过。还有一种和大鸨体型相似而身材娇小的波斑鸨，广泛分布在新疆西部和北疆一带。

大鸨肉可食，虽不如鸡肉细嫩可口，但“肥而多脂，肉粗味美”，是一种野餐佳品，并有医药作用。《本草纲目》中说，鸨肉“甘、平、无毒。补益虚人，祛风痹气”。“脂肪长毛发，泽润肤，涂肿瘤”。但鸨类在新疆数量不多，大鸨、小鸨和波斑鸨均已被列为国家一级保护动物，受到保护，在将来种群数量增加后，才能合理利用。

艳丽的佛法僧

当你乘坐汽车行驶在草原中的公路上，常常会在公路沿线的电线上或是电杆上，看到一种羽毛蓝里透绿，极为漂亮，而体型和斑鸠差不多大小的鸟儿，有时一只，有时一对。有意思的是偶尔在几千米的路程中，每个电杆上都有一两只。它们静静地、一声不响地立在那里，当汽车驶到跟前，或是有人向它走近时，便双翅一展，悄然而去，又落到远处的电线杆上。有时它们在草地上忽上忽下，不时地飞起又落下，好像是在游戏。那蓝绿色的翅膀一闪一闪，在碧绿的草丛中，或是在红色、蓝色或是黄色的花丛中飞

舞，显得更加艳丽。这是什么鸟？它们在草丛中做什么呢？

说起它的名字，立即会使人想起古代寺庙中的和尚。据传，此名的来源是命名者在古代佛教寺庙中，发现它在寺内大树上筑巢，产卵，因其羽毛颜色同寺内和尚的袈裟颜色很相似，故定名为“佛法僧”，也叫蓝胸佛法僧。当然，这个佛法僧既不会施展佛法，更不会像和尚那样念经，但它静悄悄地落在树枝上不动声色，倒像个坐在蒲团上静思的老和尚。和尚吃素，可是它却百分之百地吃荤。它在草地上是在不停地捕捉各种昆虫，如蝗虫、蝼蛄、甲虫等，特别是蝗虫，是它最爱吃的最普通的饭食，个别时候也吃小型脊椎动物，如蜥蜴等。它的食量很大，有时一天吃下的昆虫，其总重量比它自己还重。因此，它称得上是草原上的灭蝗“英雄”。

佛法僧是佛法僧目佛法僧科的鸟类，又叫蓝胸佛法僧，它们雌雄成对生活，由雌鸟筑巢，巢多建在河岸和山谷的断壁及泥草建筑物的裂缝里，有时也在古老大树的洞穴中，巢穴洞长可达60~70厘米，巢直径10厘米左右，巢中有的垫着草，有的则更简单，什么也不垫。一般每年6月初产卵，4~6枚，卵白色，大小如鸽蛋。孵卵期18~19天，孵出的雏鸟全身赤裸，由双亲共同饲喂，26~28天后，羽毛才能丰满。这时，雏鸟在雌鸟带领下飞出巢，到草地上学习捕食虫子。秋末，佛法僧便集群飞往温暖的南方越冬。

由于佛法僧能大量消灭害虫，是人类可靠的益友，应予以大力保护，禁止猎杀。

草原卫士——玉带海雕

草地上的鼠类，当它们津津有味地品尝新鲜牧草，或是挖掘洞穴时，总是不忘随时抬起头来，向周围瞭望，警惕性很高，但总还是避免不了被那小山包后面掠地而来的猛禽的袭击。

新疆草原上的猛禽种类繁多，有玉带海雕、白肩雕、草原雕、金雕、红隼、草原鹞、鸢、猎隼及游隼等，其中玉带海雕则是最为珍稀的猛禽之一。

玉带海雕属隼形目鹰科，体重达3~4千克，体长70~80厘米，展开双翼，有两米宽，飞起来十分勇猛。它的头部、颈部及背部均为深棕色，腰、尾复羽深褐色，翼黑褐色。黑色尾羽的中部，横贯一道宽阔的白斑，像条套在尾巴上的白玉带，非常美丽，故称玉带海雕。它和别的草原猛禽一样，有着极为锋利而强健的爪，能紧紧地抓住猎物，甚至能刺破老鼠的心脏。它的上喙下弯，坚硬锋利，像钳子般的嘴，不但能啄瞎猎物的眼睛，也能轻易地撕裂猎物的皮肉，并咬碎其骨头。它的眼睛大而敏锐，视力为人的8倍，能在很远的地方发现猎物。

鼠类是玉带海雕的主食。你看，它展着巨大的翅膀，在不高的空中缓缓滑行，偶尔扇两下翅膀，头不停地转动着，寻找着草地上的鼠类。突然，它双翅一收，便向地面迅速冲去，像支离弦

图42 玉带海雕捕食

的箭，速度之快犹如闪电，可达每秒 70~80 米。只见它的黑影在地面一闪，飞起时，两爪下已紧紧地提起了一只肥壮的黄鼠，那黄鼠开始还勉强地“吱！吱”叫两声，作为向这生它养它的大草原的“永别礼”。此时，玉带海雕缓慢地飞落到一个山包顶部，在大石头上稍加休息，便开始用那钩状的利嘴，啄开黄鼠的腹腔，撕下它的皮肉。不一会儿，这只草原害鼠就连皮带骨全部进入了玉带海雕腹中。经过一段时间消化，便将皮骨吐了出来。你大可不必担心它会像人呕吐那样难受，恰恰相反，这是它生理上的必然过程。否则它会得病的。玉带海雕有时也捕食羊羔，给牧业造成损失。

晚春，繁殖季节到了，玉带海雕从南方飞来，雌雄成对，在草原附近的悬崖绝壁，或是大树上筑巢，附近常有河流、小溪或湖沼，以供洗浴。巢由树枝搭成，产卵两三枚，一个月左右就可孵出幼雏。出壳的幼雏，由双亲饲喂，将带来的食物公平分配，以免争食打架。猛禽幼雏食量很大，贪得无厌。饥饿时，兄弟姐妹间，为吃食会斗得你死我活，弱者常被挤出巢外摔死。好在它们出壳后，正是鼠类幼体大量活动之际，因此，有着丰富的食物。小玉带海雕羽毛刚丰满，便每天在巢边拍打翅膀，锻炼臂力，几天后就可离巢学习飞翔。起初，仍向双亲要食物吃，以后便学习捕猎，开始自力更生，远走高飞。在生存竞争的大自然，强者活下去，弱者被淘汰！

猛禽的食谱虽各有差异，但大多是吃害鼠的能手，在草原生态系中起着重大作用。鼠类与牲畜争食，并掘洞破坏草场，危害着牧业的发展。猛禽吃掉害鼠，保护了草场，起着“草原卫士”的作用，在草原上便形成了牧草—鼠类—猛禽的食物链，使草原生态保持了相对平衡。若猛禽被猎捕过多，鼠类数量就不能抑制，草场就容易被破坏，因此，我们要保护猛禽。一只玉带海雕每天能消灭 5~7 只老鼠，在育雏期，消灭得更多，能将巢区方圆 5~10 千米内的害鼠几乎吃光。在巴音布鲁克草原，中国科学院新疆生态与地理研究所试验站旁，有十多个两米高的木桩竖立着。每晚，在每个桩上几乎都有一只雕落脚休息，主要是草原雕，无意中成了雕的招引站。结果，该站方圆数千米内，老鼠几乎绝迹，牧草十分茂盛。

猛禽的活动还有助于草原防疫工作。病弱的鼠类最易被猛禽消灭，有助于防止传染病的蔓延，也减少了牧民被传染的机会。此外，通过研究猛禽的吐骨和带给幼雏的食物，可以及早发现动物中的流行病，这给流行病防治研究工作带来很大方便。因此，猛禽不但是保护草原的“卫士”，也是防治草原动物流行病的“医士”。有些鼠害严重的草原，人们每隔一千米竖一高杆，以供猛禽歇脚，便会招来大批“卫士”消灭鼠害。这是利用鸟类生态习性消灭鼠害的绝好办法。

新疆有猛禽 52 种，包括隼形目的鹰科 29 种，隼科 11 种，鸮形目鸱鸮科 12 种，它们大部分也都分布在草原地带，也大多为在新疆能繁殖的候鸟。所有的雕、鹰、鸮、隼等猛禽均已列为中国保护动物，禁止捕猎。猛禽的肉不好吃，但猛禽的生态标本则是一些爱好者的室内装饰品，羽毛则是制作工艺品的原料。在古代，还是欧洲人写字的“笔”呢！

地下城的主人

在自然界，各种动物都有着适应不同环境的能力。鸟类能展翅高飞，鱼类能在水中遨游，

而在地下掘洞穴居，则是啮齿动物保护自己、适应环境的主要手段。

当您漫步在山谷中植被茂密的优良草场，看到群群牛羊，像云朵飘浮在绿色的地毯上，并陶醉在百灵鸟的悦耳歌声中的时候，往往会被脚下的土堆差点绊倒。您低下头来，发现有一串串的小圆土丘覆盖在绿色的草地上。这些土丘一般都高 13~18 厘米，直径 25~35 厘米，大致是新月形，1~2 米远一个，排列得很整齐，有时也乱七八糟挤在一起，在小面积内覆盖了 50%~70%的草地，每个土堆上有明显从地下推出土来的洞口痕迹。可以想象，这些土堆的地面下，连成了一个多么复杂、横七竖八的洞道，它像“地道战”中的地道连在一起，形成了方圆几十米的“地下城”。

这是谁挖掘的呢？原来是新疆草原上分布很广泛的鼹形田鼠挖的。它属于啮齿目仓鼠科田鼠亚科的动物，由于新疆没有能在地下生活的鼹鼠和鼢鼠，鼹形田鼠便替代它们成了这里地下城的主人。

鼹形田鼠体型粗壮，长 12~13 厘米，尾很短，毛色棕黄，由于长期在黑暗中生活，眼睛很不发达，耳壳很短，但听觉、嗅觉极为发达较其它鼠类灵敏，是它在黑暗中活动和觅食的主要武器。由于它的爪不像鼢鼠那样强健，因此主要靠锐利的门齿挖掘洞穴，用脚爪和头顶配合，把挖下的土每隔一定距离就向上挖一个洞口推出洞外，形成了地面的土堆。往往一个洞群的几只鼹形田鼠一天能推出 20~30 堆土，除正在推土的洞口外，其他全部从里面堵死。地下城有着复杂的地下建筑，一般都有一个宽阔的主通道，类似一个城市宽阔的中央大街。主通道和许多挖在离地面十多厘米植物根系中的支道相连，这些支道类似城市与大街相连的小街和小巷。这们是鼹形田鼠用来寻找食物的生产地，也类似城市中的工业生产区。主洞道通向地下深处的主穴室和食物储藏室，主穴室是它们休息和生儿育女的地方，而收集来的草茎和昆虫等，都储存在储藏室内，以方便食用，这里相当于城市中的文化生活区和商业区。

鼹形田鼠的每个洞群，一般有一对鼹形田鼠和它们的幼仔生活，也常常有许多洞群连在一起，形成面积很广阔的地下城。不过，除非在繁殖季节，到成年的鼹形田鼠求偶时期，一般它们是老死不相往来。成年的雄鼠特别好斗，当偶尔有两只成年雄鼠在洞道中窄路相遇的

图 43 鼹形田鼠的土丘

时候，往往互不相让。它们体型虽小，但争斗也非常激烈，咬得你死我活，其中必有一只不是死就是伤。

由于鼹形田鼠在地下生活，加之洞口多已被土栓堵塞，更能防止肉食动物如猛禽和貂、鼬的袭击，也不易受到不良气候，如暴风雨雪、高温暑热的影响，生活舒适而安逸。因此，它的死亡率很低，其繁殖能力也相应很低。一般一年只繁殖2次，一窝2~5只幼仔，较一般鼠类少。鼹形田鼠虽然也吃土壤中的蚯蚓、金龟子幼虫等，但因主要以植物地下茎为食，有时也到地面上采食，它特别爱吃酸梅、苜蓿根等，对牧场破坏很大，有的地方每公顷推出2000~4000个小土丘，使草场破坏得十分严重，因此被列为新疆主要灭鼠对象之一。

半鼠半兔的鼠兔

在准噶尔盆地东部北塔山下的半荒漠草原上，有几位牧民赶着一辆马车在"收获"牧草，但他们既不用镰刀，又不用割草机，只是不时弯下腰去，在乱石间抱起一捆捆晒干了的优质牧草装在车上。不到半天，就满满地装了一车，有半吨以上。拉回去供自己的家畜越冬，真是方便。这些草是谁的？牧民怎么能随便装走呢？

原来这些干草的主人是一种野生动物，在某种意义上说，它们才是贼。因为这些草是从牛羊口中偷来的"赃物"，牧民不过是去索还罢了！这些"主人"长得很怪，它既像老鼠，又不是老鼠；既像兔子，又不是兔子；耳朵虽大，但不如兔子的长；身材虽小，不如兔子那样大，但比老鼠要大；没有尾巴，后腿长而前腿短，但又不如兔子那样会跳跃，体型在鼠和兔之间，因此它被命名为鼠兔。北塔山下的种类是褐斑鼠兔，它们也是另一种"地下城"的主人。

褐斑鼠兔，又名为帕氏鼠兔，属兔形目鼠兔科，成体400~500克重。灰黑色，喜群居，在高山脚下洪积堆的岩缝或低山丘陵的河谷两岸生活。它们利用岩石缝隙或松软土层挖掘洞穴，每个洞群有3~20个甚至高达50多个洞口，洞口直径4~9厘米。"地下城"的洞道离地面15~25厘米，洞道七弯八曲，长短不一，有的长达8米。每个洞群有1~3个较宽敞的主洞道，直通离地面60~80厘米深的穴室，在穴室附近，常常还挖有几个"仓库"和"厕所"。

图44 鼠兔采食

由于鼠兔终年常到地面活动，死亡率很高，因此，它的繁殖能力很强，每年可繁殖3次，每窝2~11个幼仔，多数则为5~7个，视当年草原牧草长得好坏而变化。刚生下的幼仔和一般仔鼠一样，全身发红而裸露，闭着眼睛，靠母乳哺育长大。褐斑鼠兔主要以禾本科、豆科及蒿类植物的茎叶为食，特别爱吃禾本科中营养最丰富

的狐茅，也就是酥油草。在春、夏季也喜欢吃蒿属植物的花和幼嫩茎叶。在冬春季节，除吃储存的干草外，也啃吃植物的秸秆和根茎。

在北塔山一带，褐斑鼠兔密度很大，每公顷有17~20个洞群，每个洞群有5~7只鼠兔。它们主要在白天活动，特别喜欢在晴朗无风的清晨和黄昏，成群出洞觅食。鼠兔警惕性很高，听觉很敏锐，视觉也很好。出洞前，它先将头探出洞外瞭望，确信无危险时才慢慢地爬出洞外，坐在洞口土丘或石头上观察、聆听，直到觉得“平安无事”才走到附近觅食，遇有危险，便立即跑到洞口，发出类似鸟的尖叫声以警告同类，稍停片刻窥视动静，很快钻入洞内。褐斑鼠兔不甚怕人，只要你一动不动，它能在离你2~3米处觅食，也有人认为这是它视觉较差所致，但高空飞过的猛禽它却看得很清楚。

在秋季，为了过冬，它们从地表处咬断优质牧草，摊在洞口附近晒干，然后衔到洞道仓库或在洞群附近石缝中储存。聪明的褐斑鼠兔，为了使牧草不致被风吹走，还搬来石块压住干草垛，有的干草垛可储存12千克的干牧草。在这一带的草原上，有的牧民不去打草，只要找到这些鼠兔的洞群分布区，每天就可收集到成车的优质干草，毫不费力，以备冬季饲喂牛羊。

新疆分布有9种鼠兔，除褐斑鼠兔外，在昆仑山和帕米尔高原还分布有大耳鼠兔、柯氏鼠兔、黑唇鼠兔，在喀喇昆仑山有藏鼠兔，阿尔泰山有高山鼠兔，在天山东部还有达乌里鼠兔，天山中西部还有新发现的伊犁鼠兔等。狼、狐、鼬是鼠兔地面上的敌人，多种猛禽则是它空中的敌人。

由于鼠兔争夺牛羊的饲草，在它们的活动区，对牧业危害很大，严重影响到畜群越冬。因此，也被列入新疆的主要灭鼠对象。

鼠兔的干燥粪便在中药中叫草灵脂，有通经、祛瘀的功效，主治月经失调、产后腹痛、跌打损伤及瘀血积滞等症。

长跑健将——高鼻羚羊

1978年的秋天，在博尔塔拉河畔的草原上，只见四五个蒙古族牧民，都骑着膘健的骏马在徘徊。其中有一匹马在飞速奔驰，它的前面有一只苍灰色形体略似绵羊的动物，也在跳跃式飞奔，显然，它是被追击者。追着，追着，这匹马渐渐地被那只动物拉得越来越远。另一位牧民又催马接着追了上去，追得越紧，那只动物跑得也越快，在广阔的草原上无规律地兜圈子。很快的，这匹马又不行了，第三匹马又接着追了上去，使那只动物没有喘息的机会……这样轮番追击了大半天，已接近黄昏，但那只动物还在继续奔跑，好像毫无倦意，得意洋洋地把几匹疲倦的马抛得越来越远，它那灰色的身影，终于消失在黄昏的暮色中。

这是一个我听到的真实的故事，这是一场速度与耐力的追击战。那只被追的动物，就是有名的赛加羚，也叫高鼻羚羊，因为它鼻腔膨大得很高，并向下延长，鼻孔长在最尖端，样子较为特殊。赛加羚有着极为持久奔跑的能力，而且会溜蹄跑，速度很快，常作跳跃式前进，时速最高可达72千米，能超过一般快马的速度，因此，被牧民称作草原“长跑健将”。当然那些即使接力追赶的骏马也不得不甘拜下风。不过，虽然它跑得快，但走起路来却像头骆驼那样一颠一摆，笨拙而难看。

高鼻羚羊属偶蹄目牛科，是草原上最珍贵的大型有蹄类动物之一，身长1~1.4米，肩高可达 75 厘米，体重 35~60 千克，雌性稍小。全身长有苍灰色的密毛，入冬后，毛色变为灰白。雌羚无角，雄羚在出生后 4~6 个月，才长出乳黄色半透明的双角，以后随年龄而增长，在角的基部突起环纹，可长到 25~30 厘米，这就是中国传统中药——名贵的羚羊角。羚羊喜欢群聚，常数只至二三十只在一起生活，在数量很多时，到秋冬季节能形成上千只的大群。

每年 12 月份前后是赛加羚羊的发情交配季节。这时，雄羚间展开激烈的争偶角斗，取胜的雄羚才能裹胁到数只至十余只与其交配。雌羚怀孕期约 5 个月，分娩期来临时，已到水草丰美的初夏，它们分散选择安全而僻静的草丛，它一般产仔两只，是中型食草动物的"繁殖英雄"。雌羚在舔干幼羚身上的羊水后，幼羚即能站立，2~3 小时就能行走，一周左右就可跟随母亲自如地奔跑，1 个月后，虽还吮吸母奶，但已学会啃食幼嫩青草。母羚虽无角，但后蹄强健有力，能保护幼羚免受狼害。赛加羚以半荒漠草原上的蒿属及禾本科植物等为食，喜在有泉水和河流的地区活动。在大中型食草动物中，它的繁殖能力最强，除多产双胎外，有的当年幼雌羚就能参加交配繁殖，第二年春就可产羔。赛加羚的寿命最长可达 12 年。

高鼻羚羊有一种特殊而有趣的生态现象，即在交配期过后，由于交配后的雄羚体能大为削弱，因暴风雪及狼害等原因，雄羚就会大批死亡，而雌羚死亡率则很低。这样，羚羊种群中的雄羚

图 45 追捕高鼻羚羊

比例只占到总数的 1/8~1/5。这种生态习性，有助于减轻草场压力，使怀孕的雌羚有足够的牧草越冬，保证了后代的顺利繁殖。

在世界上，高鼻羚羊仅分布于独联体吉尔吉斯斯坦和哈萨克斯坦的草原，中国以准噶尔盆地西部的博尔塔拉河流域为多。在 20 世纪 30 年代末，新疆曾一年收购到过 5 万对羚羊角，这相当于至少 25 万只羚羊的产品。可以想象，当时的准噶尔盆地羚羊何其繁多！时至今日，由于过度滥猎及人类生产活动影响，加之边境线高大铁丝网的阻隔，它在新疆已基本绝迹，只是偶尔有零散羚羊由国境西部和中蒙边境越界而来。野生羚羊绝迹，使中国从当时的羚角出口国，变成了羚角主要进口国。

赛甲羚在中国绝迹了，但在 20 世纪后半个世纪，苏联曾发展到 80~100 万只，每年有计划猎捕 30~50 万只。不用人工放牧有如此之大的收获，经济效益多高！这归功于伟大领袖列

宁。十月革命后，苏维埃颁布的第一个法令就是禁止捕杀赛加羚。那时苏联境内只剩下180只赛加羚，面临绝灭境地，法令下达后执行很严格，不到20年，赛加羚就发展到100万只，此后，才开始有计划捕猎。可惜苏联解体后因管理不善和传染病等原因，现在已下降到20~30万只，且偷猎现象很严重。

赛加羚肉似绵羊肉，毛皮也可利用，雄羚的角是清热解毒的特效中药，《名医别录》一书中记载，羚角能治"温毒热甚，惊梦狂越"。据中医治疗经验，对高烧无汗、四肢痉挛等症有特效。它也是"羚翘解毒丸"中不可少的成分，价值很高，国内零售价每千克达5000多元。中国已将赛加羚列为一级保护动物，亟待采取引进和保护的有效措施，以便发展起大的种群后合理利用。目前甘肃武威野生动物繁育场，1988年引进的10只赛加羚已发展到50只，雌雄各占一半。这是因人工饲养条件下食物丰富，雄羊死亡率低，又因近亲繁殖，幼仔成活率低所致。极需再引进新的雄羚，以复壮血统。

强盗艾虎

艾虎身材很小，细长而灵活，体长30~50厘米，不比黄鼠大多少，体重每只0.5~1千克，耳短而圆，雄大雌小，毛色米黄为主，与黑色相杂，毛密而长，长着一条不大的尾巴。它出入鼠洞，如同进入了自己的家，不但霸占了原来洞主人的"房屋"，还把原主人抓来当做自己的点心，吃饱喝足，就在主人的"床上"呼呼大睡。肚子饿了就再另找一家，照旧干它这行当。对老鼠来说，它是真正的极为凶残的"强盗"，但是它却是对人类非常有益的朋友。这就是草原上能深入到"地下城"活动的小型猛兽——艾虎。

艾虎又叫艾鼬，也有人叫它地狗，属食肉目鼬科，是黄鼠狼的近亲，在新疆分布较为普遍。它在草原和高山草甸与黄鼠、旱獭等混居，常侵占黄鼠、鼠兔和旱獭的洞穴居住，自己很少掘洞。它住的黄鼠洞直径10~12厘米，洞口很光滑，附近尸臭味很浓。艾虎一般单独活动，但在2~3月份发情期，则雌雄同居，这时常发生雄性之间非常激烈的争雌现象。雌艾虎在5月份初产仔，一窝多为8~10只幼仔，少时也有3~5只。小艾虎生下后靠哺乳喂大，两周后才能睁开眼睛，到6个星期后就能学会咬死幼黄鼠。因为在有小艾虎的洞穴中，常常会有一个很大的洞室，这是雌艾虎早已选好的地方，它把捕来的还未死去的幼黄鼠带到这里，教小艾虎捕猎和"破膛"食用，好像是它们的"练兵场"。

艾虎主要在夜间活动，白天也可遇到它在地上或进入鼠洞中捕捉各种鼠类，并主要以鼠类为食，有时也吃鸟和鸟卵及鱼、蛙、蝗虫等。艾虎对啮齿动物是残酷无情的，只要遇到，就毫不客气地咬住它的头，然后撕开它的毛皮吃掉内脏，并且喜欢啃吃头骨，直到最后剩下一张带着

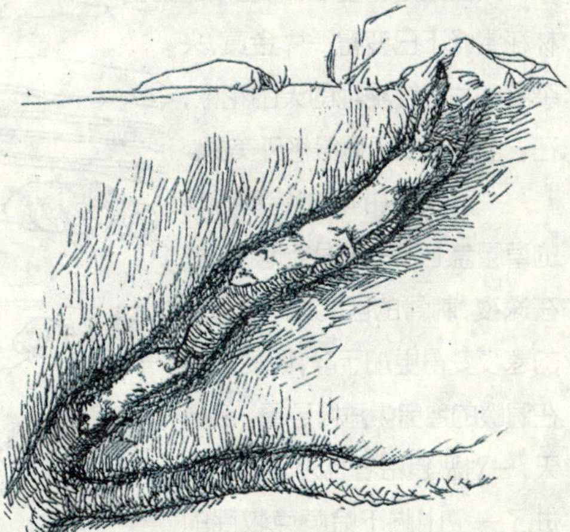

图46 艾虎入洞捕鼠

腿的鼠皮。就是吃饱的时候，它也喜欢以咬死老鼠为乐，游戏似的大量杀死它们。当艾虎进入旱獭洞穴的时候，它就得付出一定的代价才能杀死对手。因旱獭体壮力大，有着锐利的门齿，能进行激烈的反抗。此时，艾虎只好拿出它的看家本领：借肛门的臭腺放出恶臭，使旱獭昏迷而不能有效抵抗，此时，艾虎便猛扑过去，咬住比它重许多倍的庞然大物的头颅或气管，直到它死去才松口。

秋季，艾虎开始储备冬粮，常常将吃掉内脏的黄鼠整齐地码在洞穴里，有时多达 30~40 只，真像是艾虎的“肉联厂”或“冷冻仓库”。艾虎在黄鼠群落中活动时，常常先将半径为 100~150 米以内的鼠类全部消灭完，再转移到另一块地方。它们有时也会跑到居民住宅内捕捉家鼠。

艾虎的毛皮质量较佳，但因它大量消灭害鼠，对农牧业的益处远远超过了它的毛皮价值，是人类的益友，应大力加以保护。

凶残的狼

天山深处的金秋，河谷中的山杨林在雪峰下已变得一片金黄，夹杂着一片片红艳艳的天山花楸，在碧蓝的晴空下显得格外美丽。

一天，早来的秋雪给黄绿色的草原盖上了一床银色地毯。就在深夜，刺骨的西北风，使草原的寒夜变得更加宁静，促使人们在温暖的毡房中睡得更香。三更天，一对恶狼带着几只小狼崽闯进了一个山脚下哈萨克牧民的羊圈，守羊群的狗也不知到哪儿去了，圈中的羊吓得东跑西躲，在狭小的羊圈中乱转。雄狼和雌狼猛扑过去，个个咬住一只肥大的羊的喉管，不断吮吸着鲜血，但吸几口或是只吃一点肉就扔在一旁，又去咬住另一只。那些小狼崽也学习父母，试着去咬小羊的喉管。这样，一只只绵羊，有些还在喘气就被扔在一旁。恶狼尽情地肆虐，任意咬杀毫无抵抗能力的羊只，直到累了才挺着鼓胀的肚子跳出羊圈。第二天，牧民来赶羊群，只见圈中一片狼藉，到处是死羊，到处是一滩滩的血污。数一数，地下躺着不下 30~40 只，个别的还在喘气，其它活着的则挤在一个角落里，还在瑟瑟发抖。这样的惨剧，在草原牧区是极为常见的现象。

图 47 窜进羊圈的狼

狼属食肉目犬科，体型极像狼狗，是古北界的泛布种，为群栖动物。成体长 1~1.2 米，最重的可达 71 千克，一般在 30~40 千克。毛色以灰棕色为主，也有黑色、白色、灰黄等变种。常以毛色及其生境，分为山地森林带中的林狼和平原荒漠地带的滩狼。前者毛长密而色深，后者毛稀而色浅。通常，一对或一群狼有一定范围的活动地盘，方圆可达 10 千米以上，各狼群互不干扰

和侵犯。但在特殊情况下，也能用长嚎的声音召唤同类，可集成数十只以上的大群，以攻击强敌和觅食。

狼实行“一夫一妻”制。雌雄配对的狼，常选择山谷洞穴、露天穴为穴，或在浓密灌丛中掘成穴。在每年元月前后发情交配，怀孕期63~65天。春初，每窝产仔4~7只。狼崽10~12天才能睁开眼睛，吃母乳一个半月，以后开始吃父母带来的大量食物。再长大些，双亲便捕来还活着的动物，如小旱獭、黄鼠、雉鸡等，或是抛掷羊头，教小狼练习捕猎，直到小狼能单独捕食为止。这时，大狼便带着小狼出外活动，往往一次会杀死比它们能吃掉的多得多的羊只，性情极为凶残。幼狼3岁性成熟，寿命可达20年。

秋季是狼活动最猖獗的时候，一窝狼多为5~9只，有时往往多达8~12只，形成小型狼群，即雌雄老狼，当年的幼狼和前一年未成年的小狼也在一起出没。在食物缺乏的冬季，几窝狼会集结成大群，去攻击大型家畜和野生动物。狼相互之间有着联系的“语言”，常常坐在地上，仰天发出令人毛骨悚然的长嚎声，便会招来大批的狼群。在1960年初冬，哈巴河县附近还曾发生过四五十只狼围攻一辆熄火卡车的事件。但是，由于近些年来狼的数量不断地减少，已很难形成大群了。只在深山老林时有小群活动。在草原上，狼的主要捕食目标是野羊和家羊，森林中是马鹿、狍子，在高原上也攻击病饿伤残的野牦牛和野驴等。此外，人、驴、马、牛也常成为它们袭击的对象，就连骆驼也免不了被它们咬住脖颈，至于野兔、旱獭，各种鼠类、鸟类、蛙等则是它们常常捕食的点心。实在饿急了，它有时也吃些植物。此外，群狼性情极冷酷，还有吃被人打死的自己同类的习性。

别看狼是那样凶狠残忍，但它们对自己的儿女却非常温良。特别是母狼，护幼心极强，若将狼崽捕去，它便会跟踪追寻而至，极力设法营救，营救不成，便会进行凶猛的报复。印度曾多次出现过“狼孩”的故事。其中，1920年在一个狼穴中发现过叫卡玛拉、阿玛拉的两个女“狼孩”，都是狼叼走抚养了多年的人孩。这是只有在特定条件下，母狼慈性发作，把他们当自己的幼仔进行抚养的结果。

由于狼是极凶残的动物，是畜牧业最凶恶的敌害，仅巴音布鲁克草原，每年就被狼吃掉7000只羊，因此，长期以来狼被作为彻底消灭的对象。狼肉属热性，可食，但有时食者身上易长疮节。狼皮可以制裘，供出口，狼粪还是古代烽火台“狼烟”不可少的成分，狼“粪为烽烟，直上不斜”。更主要的是，在自然生态系统中，它能消灭害鼠，以保护草原，还起着促进野生动物进化，保护自然生态平衡的作用。例如，1925年在北美大峡谷以北的凯巴布高原上，由于用高额偿金动员人们完全消灭了鹿的天敌，主要是狼，致使鹿的数量猛增，超过了这个高原能承受的数量。结果，生态系统遭到破坏，食物极度缺乏，反而导致成千上万只的鹿当了“饿死鬼”。近些年来，在欧洲的一些自然保护区内，在狼灭绝后，又不得不再引入一定数量的狼，以维护保护区的生态平衡。在新疆，20世纪70年代狼在许多地方已绝迹，但在近些年又发展起来，在许多地区造成危害。2005年10月我在阿尔金山自然保护区对野骆驼进行考察时，狼群竟然跑到我们的营地附近长嚎，我也对着它们学狼叫，且能和我遥相互应，可见它的胆子之大。狼从未列入中国保护动物，为了保护牧业和野生动物，应捕杀一部分，以限制它的种群数量，但也要适当保护，使其不至于绝灭。

蛇的惨案

1979年5月初，一个炎热的日子，在塔里木盆地阿克苏到温宿县的沥青公路上，我见到悬崖下不到200米长的一段路面上，到处鲜血淋淋，横七竖八躺着至少有四五十条死蛇。有的有头无尾，有的有尾无头，有的拦腰扎成两段，这些蛇大部分身长60~100厘米。来往的行人看到这种情景，都感到非常惊奇。真是个“蛇的惨案”。这是怎么回事呢？

原来，公路西部是广阔的阿克苏河支流托什干河谷地。谷地中到处是沼泽和新开垦的稻田，自古以来，有名的作为皇帝贡品喷香四溢的阿克苏香稻就产在这里。喜欢在沼泽地生活的棋斑游蛇，就在这里生息，捕食蝌蚪、蛙、小鱼、昆虫等。到秋后，将要冬眠的蛇在多水的沼泽地找不到干燥的洞穴，便纷纷爬到公路东面的黄

图48 蛇的惨案

土陡崖的沟壑中，那里到处都有大大小小又深、又干燥、又温暖的洞穴。这些蛇为保暖，常不约而同地钻入同一洞穴，数十至数百条互相缠绕拥挤在一起，以度过漫长的冬季。这已成为它们世世代代遗传下来的生态本性。第二年春天，惊蛰过后，在适宜的温暖气候条件下，它们纷纷出洞，一条大沟壑中，许多洞穴里出来的蛇，会集成蛇的大军，浩浩荡荡，向西沿着沟谷爬去，使胆小的人见了心惊胆战。它们一出沟谷便成散射状，越过公路向河谷地带沼泽中爬行，以开始新一年的生活。可是，在经过公路时，正遇汽车高速驶来，惊愕的司机来不及刹车，只好硬着头皮从蛇群碾过，便造成了“蛇的惨案”。

蛇是爬行动物，在世界上约有2500种，中国有173种，而新疆的蛇类已知只有10种。在新疆的草原上生活的主要有草原蝰、蝮蛇、黄脊游蛇、花条蛇等，草原蝰分布于天山西部和阿尔泰山前山带，蝮蛇等分布于天山北麓和阿尔泰山。阿尔泰山森林中还分布有极北蝰毒蛇，它是冰河时期的孑遗动物。

草原蝰是一种管牙类毒蛇，属蛇目蝰科，身长 40 厘米左右，大部分为褐灰色。它是卵胎生，在春季出洞后不久即发情交尾，交尾时雌雄蛇身互相缠绕，腹部交接，时间长达 10 分钟至数小时。由于处于性兴奋状态，它们会像死去似的，一动不动，这时如要捕捉，就很容易用夹子夹住，装入布袋或铁笼，它们既不逃跑，也不反抗。因雄蛇有两个交接器，也叫半阴茎，有时可同时与两只雌蛇交尾。交尾后的雌蛇，精子可在其体内保存一年以上，受精卵在雌蛇体内发育为仔蛇，需 120~130 天。耗尽卵黄的仔蛇，重约 2 克，长 14~15 厘米，每胎 1~6 条，在 8 月上、中旬产出。产出的仔蛇，不像哺乳动物幼仔还需父母长期照顾，一旦离开母体，它立即四散奔走，自找出路谋生，但越冬时死亡率较高。生长中每年脱皮三四次，寿命 3~4 年。

草原蝰的主要食物是蝗虫，还有蜥蜴、蟾蜍、蜘蛛等，对保护草原有益。但是，由于它咬伤人、畜，在伊犁地区已造成很大危害。据钟文勤等研究统计，仅 1963~1967 年，5 年内被毒蛇咬死的牲畜总数达 24400 多头，其中马就有 5300 多匹；1964 年一年中，就被毒蛇咬死 6 人，可见其危害多么严重，真是“蛇引起的惨案”。100 年前，清代诗人洪亮吉曾描写过：“芒种不过雪不霏，伊犁河外草初肥。生驹步步行难稳，恐有蛇从鼻观飞”的诗句，这里所叙的蛇，就是指草原蝰无疑。草原蝰的危害性以春季最强，因它刚出蛰后，毒牙中毒液含量最多，毒性也最强，咬后易致对方于死地。草原蝰不像眼镜蛇那样好斗，一般不主动袭击人、畜，主要是在牲畜吃草时碰到它，才咬牲畜的吻部和蹄部。在尼勒克等地的草原上，草原蝰密度很高，在每公顷地面上可高达 21 条以上。

草原蝰特别喜欢在蝗虫多、鼠洞多、蒿草茂密的干草原活动。夏季常以废弃黄鼠洞为家，以避过正午的烈日和夜晚的寒冷。到冬季，在它们本性的促使下，不约而同地纷纷向东南向阳坡上多年固定的大洞穴爬去，和花脊游蛇、蝮蛇等其它蛇类团在一起，互相保暖，有时多达 200~300 条，共同越冬。草原蝰虽然能消灭蝗虫，但因它伤害人、畜，因此被当做消灭对象曾在伊犁遭大量捕杀。

蝮蛇分布于天山北麓，多岩石缝隙的低山带较多，喜欢在牧草茂密的灌丛带活动。它的主要食物是蜥蜴和老鼠，吃时先咬住老鼠放出毒液，待老鼠死亡后才慢慢吞食。当遇到敌害时，它先将尾部拼命摆动，还发出吱吱的声音，借以危吓对方。它的头部有着特殊的热敏器官，叫做“热测位器”，能感觉到 0.001℃的极微小温度变化，因此能在黑暗中寻找和追踪动物。响尾蛇导弹就是根据蛇的热追踪原理仿制的空对空导弹。

蛇的天敌不少，狐狸、乌龟、野猪、刺猬、鹰、猫头鹰等，都爱吃蛇，麝鼠也以蛇为敌，见到即咬死，但不怎么爱吃。

蛇类是经济价值较高的资源动物，蛇肉可食，肉极鲜美，细嫩可口，胜过鸡肉。以蛇做菜在中国两千年前就有记载。广州曾有个“蛇餐馆”，是有名的文学家郭沫若题词，食客可观赏玻璃柜中的大蟒和群蛇，同时品尝蛇餐美味。蛇皮还可做工艺品和乐器。蝮蛇、蝰蛇等可用于治疗风湿、半身不遂、疥癣、惊癫等，蛇配成的酒，具有祛风、活络、舒筋活血、祛寒痰、祛风祛湿、明目益肝、清热散寒的功效。蛇蜕可治疗小儿惊风、疗疮、疥癣等，蛇油可治冻疮、水火烫伤、皮肤皴裂。就是害人的蛇毒，也有很高的药用价值，每克价值高达数百元，可治神经病、风湿病等病症。蛇是自然生态系统中的重要组成部分，对人类益害兼有，应在保护的基础上合理地适当利用。

四爪陆龟

自乌鲁木齐西去 500 千米，即到赛里木湖。绕到湖西松树头，东望赛里木湖，只见碧波荡漾，雪峰朦胧，水天一色；西望果子沟，青山叠翠，云雾袅娜。清代宋伯鲁有诗赞曰："瀑泉飞下碧 a ，甘一重桥宛转通。苔磴冷吹松叶雨，石林香散药苗风。天垂陡壑苍寒外，雷辊阴崖惨淡中。欲访西征元代迹，涧花山果自青红。"出果子沟，便是前山黄土丘陵。这里海拔 700~1000 米，为蒿属半荒漠草原灰钙土带，平缓的山坡上，生长着覆盖度不大的茵陈蒿、哈什蒿、木地肤等，就在这一带的山洼地是四爪陆龟的家乡。

四爪陆龟当地叫旱龟，维吾尔语叫塔西帕卡，是爬行纲龟鳖目龟科爬行动物。龟在世界上有 211 种，中国只有 21 种，其中的 3 种陆龟中，仅此 1 种分布在北方干旱地区的伊犁谷地和霍城县北部。国外资料记载在帕米尔地区也有分布，但在中国境内还未发现。已捕到的四爪陆龟，最大雌体约 16 岁，体重不足一千克半，身长 17 厘米左右，背宽 15 厘米多，体高 8~9 厘米，还有个 1.5 厘米长的短尾巴。雄龟较小，体重不到雌龟一半，但尾巴细长，与雌龟有明显区别。陆龟背壳高而圆，是它预防敌害的盾牌，黄橄榄色的背甲由 35 片左右盾片组成，每个盾片中，可以清晰地分出一圈圈的环纹，从而可计算出它的年龄。它的腹甲为黑色，盾片边缘为鲜黄色，体壳花纹很美丽，但又很适于在当地的草原环境中隐蔽。四爪陆龟盖着鳞片的小脑袋上，长着一对能闭合的小眼睛。粗壮的四肢，像覆角质鳞瓦的圆柱，肢尖都有 4 个爪趾，这便是"四爪陆龟"名称的由来。它不同于其它大部分生活于水中的龟类，在爪趾间无蹼。陆龟在睡觉或遇到危险时，能迅速将头、尾和四肢都"龟缩"入壳甲之中。由于有了这个随时带在身上的盾牌保护，便养成了活动十分缓慢而迟钝的生活习性。

长期以来，四爪陆龟随季节形成了严格的规律生活。它除定时冬眠外，在炎热而干旱的夏季，在 7~8 月份还进入洞穴，度过几个星期的夏季憩息期。它的洞穴均"自力更生"挖成，上部呈拱形，下部平直，洞道大小可容陆龟自己转身，且有隐蔽洞和休眠洞之分。隐蔽洞很浅，多在草丛下面，深不到 20 厘米。休眠洞深 50~60 厘米，多打在向阳坡，陆龟在秋季进洞进行冬季休眠时，常返身将洞口用土堵塞。

图 49 四爪陆龟出蛰

寒冬过后，3 月中旬起，四爪陆龟陆续在冬眠中苏醒，从洞里爬了出来。出洞第一件大事就是交尾繁殖，到 4~5 月份达到高潮。往往雄龟苏醒较早，每当出现一只雌龟时，常有多只雄龟尾

追，为得到交配的权利，它们互相激烈挤斗。到5月底，气温已到20℃以上，雌龟便到向阳的黄土坡上，掘出10厘米深、13~14厘米宽的土坑，仅产下2~4枚卵，数量之少，在它的同族中十分罕见。卵白色，长椭圆形，平均重18~19克，比鸡蛋小。雌龟产下卵后，将土坑填平，弄得几乎和原先一样，才安心离去。在自然条件下，约60天后，幼龟即可孵出爬出洞来。但它在当年不吃不喝，有些甚至留在壳中，等来年才出来活动。幼龟生长较快，成龟生长较慢。雌龟12年，雄龟10年才能性成熟。龟是有名的长寿动物，海龟已有活300年的正式记录，但四爪陆龟的最长寿命还不清楚，估计不低于30年。

四爪陆龟为草食性动物，主要吃蒿类，也爱吃蒲公英、早熟禾、野葱等十多种植物。有时，也吃些昆虫及蜥蜴等，以调节它的胃口。在干渴时，便到低洼处去饮水。它在春季一出洞就开始取食，到5~6月份，达到最大食量。夏眠后，也还有一段觅食期，但活动量较小。

鼠、蛇和乌鸦是四爪陆龟的主要天敌，特别是3龄前的软甲幼龟，多被它们吞食。雕也会捕杀陆龟，由于龟壳太硬，无法下口，它便把龟抱到空中，扔向岩石，待龟壳碰破后啄食，真是个聪明的办法。

四爪陆龟是稀有而珍贵的资源动物。中国古代，乌龟与人们心目中存在的龙、凤、麒麟一道被称为“四灵”，可见其地位之高。龟肉可食，味鲜而营养价值高，有滋补作用。乌龟因耐饥饿，携带方便，在国外俗有“活罐头”之称，被海轮或旅行者带到途中食之。龟板更是重要的中药，可治妇科多种病症，及肾阴不足、遗精、咽干口燥、腰膝无力、眩晕、头痛等。它还在科学研究及文化教育上有重大价值。20世纪60年代初，霍城县的四爪陆龟数量还很多，且不怕人，常进入居民房屋中，一人一天可轻易捕获60多只。由于文化大革命以来乱捕，加之它的繁殖能力很低，现在的数量已不到以前的1/20，濒临绝灭的危险。四爪陆龟已被列为国家一级保护动物，1983年，在新疆大学生物系许役科教授对四爪陆龟研究及建议下，自治区在伊犁霍城县800平方千米的地区，建立了四爪陆龟保护区，严禁随意捕猎。在保护区管理站，还饲养了几十只不同年龄的陆龟，以供研究和游人观赏。

圆蛛和狼蛛

在房檐下、树枝间或草丛中，我们常常可看到大小不同，形状各异，并具一定几何图案的美丽蜘蛛网，轻轻地在微风中飘动。若有不谨慎的苍蝇、蚊子或其它昆虫撞到上面，网丝就会把它紧紧粘住，脱身不得。此时，隐藏并守候在网边阴暗角落里的八脚动物，根据网的震动，立即判明了它的位置，迅速爬到跟前，转过身来屁股对着它，从腹部的纺绩突喷出一根根新蛛丝，把它紧紧地捆裹起来，并用螯肢内的毒腺分泌毒液把它杀死，然后拉回“仓库”，再用中肠分泌的消化酶，注入它的体内。不久，小动物的机体化为液汁，蜘蛛便慢慢地用口器吸净，只剩下一张空壳扔在一旁。那破损的蛛网也很快修补好，和原先一样，依旧挂在那里。到黄昏时，这八脚怪物为了取食方便，干脆爬到网的中心，因为这时捕食它的鸟类多已休息，正是它的食物——蚊子和夜蛾活动的旺盛时期，取食更为方便。网织得最大最漂亮的蜘蛛，应首推大腹圆蛛，在房檐上看到的多半就是它。圆蛛在新疆已知有10种，南北疆都有分布。

蜘蛛的繁殖极为有趣，雄蛛像个瘦小子，当它向网上大而肥胖的雌蛛求爱的时候，往往是心惊胆战地站在远处，怕求婚不成，反被对方吃掉。如果雌蛛羞答答地轻轻摇动蛛网，表示愿意接受它的“爱情”的时候，雄蛛才勇敢地前去“亲热”一番，举行“婚礼”。蜘蛛交配很特殊，交配前，雄蛛先结一小网，将精液射在网上，再将精液吸入脚须上的交配器，在交配时，便将交配器插入雌蛛的受精囊中，注入精子。蜘蛛一生只交配一次，交配时间长达半小时以上。在农田中，可常常看到“新娘”背着“新郎”奔跑的情景。婚后，“新郎”也便完成了它的历史使命，若不迅速离开，整个躯体便会无代价地贡献给“情人”和自己的儿女，身不由已地为“新娘”所食，以作为繁殖后代的营养，而生儿育女的重担便完全落在“新娘”身上。蜘蛛这个生态习性与螳螂是十分相似的。

蜘蛛是节肢动物门蛛形纲蛛形目的一个大类群，不属于昆虫，它也有着十分庞大的家族，在新疆有119种以上，分属55属17科。它们绝大部分对人类有益，极少数对人类有害。蜘蛛捕食害虫大致可分为3种方式，一是织网候捕，二是跳跃扑捉，三是猛扑捕捉。狼蛛就属于第三种。

在天山的草原上，有时可遇到一种身材魁梧，样子十分凶恶的穴居狼蛛，据说它能捕食小鸟。当它发现草丛中有小鸟孵卵，便慢慢地向前爬去，其速度之慢使小鸟感觉不到危险已经来临，只是瞪着双眼静静地盯着这个灰黄色，长着6~7厘米长的8条长腿，全身是长毛的家伙。越是接近，狼蛛爬得越慢，距离只剩下50、40、30厘米……当恋巢的小鸟犹疑不决的时候，突然，狼蛛像恶狼一样闪电般猛扑过来，刚展翅想飞的小鸟则已起飞不及，狼蛛捉住小鸟立即就刺它一下，小鸟拼命地拍打双翅还想飞走，但刺心疼痛使它已不能自制，和紧抓着它的狼蛛一起在地上翻滚，很快就气息奄奄，伸直了腿躺在那儿，成了狼蛛的佳肴。原来狼蛛是用毒液致小鸟于死地的。穴居狼蛛咬伤人的事件也时有发生，它分布较广，在南北疆都可

图50 穴居狼蛛捕鸟

看到。在非洲和美洲，就常有狼蛛咬死人的事件发生。可见有些蜘蛛的毒性何等之强。

狼蛛属蛛形目狼蛛科的一个类群，在新疆已知有9种，它们大都是不织网的蜘蛛，主要在草原、荒漠、农田中爬行捕食，因腿长而奔跑速度很快，在水田中还会“爬水”和“潜水”。和其它蜘蛛一样，狼蛛一生只交配一次，大多数情况下，交配过后雄蛛被雌蛛所食。雌蛛腹中可连续产出2~5个卵囊，间隔20~30天，每个卵囊有50~60甚至上百个仔蛛爬出。幼蛛在脱皮6~9次后即可变成成蛛，继续繁殖。雌蛛寿命较长，有的可高达100多天。由于蜘蛛有着世代重叠的繁殖习性，因此从春到秋都可在田间地头看到大大小小蜘蛛和带卵囊的蜘蛛活动。

适应能力强是蜘蛛的又一特点，生态环境不同的地区都有不同的蜘蛛活动。因此，从海拔4000多米的高山冰雪带附近，海拔低于海平面的吐鲁番盆地中的沙漠和湖泊，都能找到它们的踪影。

蜘蛛是害虫的天敌，绝大部分种类是人类的益友，它们世世代代，帮助农民消灭农田害虫，有很大功劳。但在近代施用农药杀灭害虫的同时，蜘蛛也遭到灭顶之灾，结果，用农药灭虫的农田，以后就容易出现更严重的虫灾。为了利用蜘蛛灭虫，已研究出冬季地埂堆秸秆，少施或不施农药等保护蜘蛛的方法，收到了明显的生物防治效果，应大力推广使用。

草原功臣——蜣螂

新疆广阔的牧区草原上，每当牛马群经过以后，到处都留下一堆堆的粪便，盖住了绿色草地，或是污染了道路，使人恶心和讨厌。但是，一夜过后，第二天再到这里，往往只剩下一些零星的粪渣。那些牲畜的粪便到哪里去了呢？

仔细观察，就会看到地下有许多大小不等的洞穴，有时还可看到身披黑甲的“武士”，这原来就是辛勤清除粪便的清洁工——蜣螂，它还有许多名字，有人叫“逐臭之夫”，更多的人叫它铁甲将军、夜游将军，欧洲人则叫它西赛福斯——一个希腊神话被罚推巨石上山的苦命人儿。

蜣螂的俗名叫屎克螂，属鞘翅目金龟子科，它的同族，全世界有1.5万种，在新疆也有数十种，分布在全疆各地。它们身体大小差异很大，

图51 蜣螂滚粪球

最大的几乎有3厘米，最小的则只有1~2毫米。它们有的能钻进粪内，将粪吃掉或是破坏粪的结构，叫内育型蜣螂。可笑的是它们“入臭粪而不染”，爬出粪堆时背甲光亮如旧，展翅就飞。有的蜣螂在粪堆下或近旁挖掘坑道，然后将粪拖进洞内；还有的将粪切成小块，滚成球形，推到1~15米远的地方埋藏起来，以生儿育女。

蜣螂同类中间，最有趣的是能滚粪球的屎克螂，它体长约两厘米，头顶硬角，浑身披黑褐色甲胄。当它们在“恋爱”时，雄的便在粪里切出一个大粪球来当做“结婚的礼物”，招引雌的前来成婚，此后雄的在前面拉，雌的则倒栽葱似的用后腿推。这个粪球便是它们“爱情”的象征，也是它们生儿育女的摇篮，这就是人们常说的“屎壳螂推粪球”。它们齐心协力，能把比身体重几十倍，直径有它两个大的粪球，推过小土包，有时多次一同滚下“山”包，找到一个合适的安乐窝。有的“新娘”很懒，只是紧紧地爬在粪球上，让“新郎”推。“新郎”对“新娘”的关怀，则是无微不至，推粪球时自己常在粪上面，暴露在外，埋粪球时，也把危险留给自己，它在上面推，雌的在下面挖，因为在上面往往容易变成鸟类的点心。它们把粪球埋入地下，交配后的雌蜣螂产卵于粪球中才心安理得地离去，或把多余的粪球当做食粮。在推粪球过程中，有时会遇到“强盗”拦路打劫，两只雄蜣螂便苦斗一场，“新娘”则爬在粪球上“观战”，若“强盗”胜利了，便取代“新郎”，把粪球和新娘掠为己有，而“新娘”却任其摆布。

蜣螂白天很少活动，日落之后才从地下蜂拥而出，有时将整个粪堆盖住，只看到一个个发亮的昆虫背甲。它们为什么集中得这样快？这里有个奥秘：当前面蜣螂发现粪堆时，会自然地分泌出一种特殊的“聚集外激素”气体，靠风传播，其它蜣螂便会“闻风而至”。它们又为何对粪便如此感兴趣？原来，粪便就是它们必不可少的口粮，也是繁殖后代的摇篮。它们不同的种类对粪便的要求也有区别，不是“乱吃”，而是各有各的“口味”，有的专吃马粪，有的专吃羊粪，有的则只吃牛粪。它们分工协作，将草原上白天牲畜拉的粪便很快吃掉或转移到地下，不但清洁了草原，更重要的是加速了草原物质的循环，疏松了土壤，这是草原生态系统中不可缺少的环节。因此，蜣螂可以说是草原的功臣。但不知什么原因，在阿尔金山自然保护区的高原上，则没有吃牛粪的蜣螂，那一块块多年的干牛粪复盖在草原上，这也有利于以牛粪为主要燃料的藏族牧民的生活。

由于澳州大陆原来没有牛羊，有袋类动物却很多，所以只有吃袋鼠粪的蜣螂，而缺少吃牛、羊粪便的蜣螂。在欧洲人引入牛羊后，多年来因草地到处是牲畜粪便，自然风化又很慢，几亿堆牛粪覆盖着数百万亩草场，很不卫生，且影响牧草生长。为此，1978年澳大利亚从中国进口了大批吃牛粪的蜣螂在那儿大量繁殖，清洁了草原，已收到很明显的效果。

蜣螂的干燥成虫还可入中药，治惊痫癫狂、小儿惊风、大便秘结、痢疾等，外用治痔疮、疔疮肿毒等。

四、绿洲动物

在准噶尔盆地和塔里木盆地周围，洪积冲积扇群的中下部和扇缘带，是原始自然绿洲和人造绿洲的分布区。这些绿洲，有的像三角形，有的是扇形，还有的呈带状向盆地中心延伸而去。它们像一串绿色的宝石，嵌镶在盆地周围灰黄的戈壁沙漠边缘。这些绿洲是新疆工业和农业的精华地带，绝大部分城镇居于其中。这里由于人类活动的影响，有着它独特的绿洲生态系统和优越的生存环境。绿洲不仅是人类得以生息、繁衍的主要场所，而且也是各种野生动物赖以活动、繁殖的优良环境。

春天，枯黄的原野变成了绿色，杏、梨、桃花似锦，绿洲到处都呈现出欣欣向荣的景象。这时，归来的候鸟群有的从高空掠过，飞向更北方的家乡；有的落下来歇息，补充给养；有的“谈情说爱”，准备在这里“安家落户”，生儿育女。安家落户的主要有燕子、黄鹂、啄木鸟、戴胜、椋鸟、杜鹃等，还有尾随它们而来的鹰、隼、雕、鹞、猫头鹰等。有些在温暖地区越冬的蝙蝠，也回到了老家。在地下冬眠的刺猬、黄鼠等，也纷纷出洞，各种昆虫的卵已孵化，加入了大自然生存竞争的行列。

随着炎热而干燥的夏季到来，一些怕酷热的漂泊鸟如喜鹊等，迁往更凉爽的山区，生活在绿洲中的野生动物，则多已成家立业，携儿带女，利用这里丰富的食物来源，一天到晚忙忙碌碌，哺育和饲喂着幼雏。

当瓜果飘香、糜谷满仓的金秋季节到来时，绿洲中又到处是一片丰收景象。这时绿洲动物的儿女均已长大，能够独立生活，，经过一段时期养精蓄锐，候鸟便开始南迁，踏上它们一年一度的万里征途。常年居住在绿洲中的动物，这时也忙个不停，鼠类急急忙忙盗食谷物，向洞穴中储藏。要冬眠的黄鼠、刺猬也开始清理越冬卧室。麻雀、鸦类和下山的喜鹊也在萧瑟的秋风中拼命采食，力求把自己吃得更肥，以度过缺乏食物的漫长冬天。北来南去的灰鹤、大雁鸟各种候鸟群，也常在收割后的田野上啄食散落在地上的稻谷。

冬天到来的时候，绿洲中到处是一片银白世界。严寒和饥饿，迫使麻雀、鸦类、鸥、喜鹊等鸟类，向居民点集中，因为这里有较多的食物来源，且比较温暖。小家鼠、红尾沙鼠、灰仓鼠，也纷纷向居民房屋中迁移，因为屋中不但没有积雪和严寒，还有取之不尽的食物呢！

绿洲动物多数与人类有着较为密切的关系，麻雀、燕子、戴胜、蝙蝠等，喜欢在人类居住的建筑物上筑巢繁殖，有的简直是人类的亲密伙伴。仓鼠、小家鼠、褐家鼠等更是依靠人类住宅而生存、繁殖，才保存了极大的种群数量，成为鼠害的一种根源。绿洲中生存的各种野生动物，有的给人类带来了利益，也有的给人类带来传染病和灾难。

灭蚊能手——家燕

当桃红柳绿、百花争艳、春意盎然的时候，从南方归来的燕子，成群结队掠空而来，给人以清新、舒适和愉快的感觉。它们的叫声，好像告诉人们："春天来了！春天来了！"燕子的活动给戈壁沙漠中的绿洲增添了不少生机。最早来到的是雨燕，它们在3月下旬就可在乌鲁木齐地区出现，以后相继而来的是家燕、毛脚燕等，它们在3月底就到达了南疆喀什等地，4月底也在北疆各地出现，使新疆的春天变得更加美丽，生机勃勃。

燕子属雀形目燕科鸟类，在新疆有5种，即腹部白色、喉部红棕色，其他部位都是黑色而尾部分叉很深的家燕；喉部、腹部至尾羽都是白色，其他部位却是黑色而尾部只有微小分叉，但脚爪多长羽的毛脚燕；尾部有白斑的岩燕和无白斑的灰沙燕等。家燕、毛脚燕和人类关系非常密切，特别是家燕，很少到野外筑巢，它们都极不喜欢在森林地带活动。燕子的天敌是隼和某些猛禽。这些天敌在野外常常捕杀飞翔中的燕子，但在居民点附近则不敢大胆肆虐，这也可能是燕子喜欢接近人类的一个原因。

燕子各有其好：家燕最喜欢在村庄、小城镇的居民屋内，或房檐下能避风雨的梁上，或是河流上的桥下筑巢。毛脚燕成数十对，在近距离内筑巢于房檐下和墙角，或是山岩的凹洞中，它的巢几乎全部封闭，上部侧面只留一个小洞口。岩燕则在野外石壁上筑巢。它们一般都回到前一年的"老巢"，特别是家燕，前一年的幼燕也在归来的旅行中，"自由恋爱"结成情侣，双双飞到父母巢旁另建新居。在4~5天甚至10天的时间里，它们用唾液把潮湿的泥巴混以小草、头发、羽毛等，在梁上筑成直径7~10厘米，深8厘米左右的盘形巢。

家燕每年可孵两窝幼燕，每窝产卵四五枚，卵白色，上覆红褐色和灰白斑纹，卵有19毫米长，13毫米粗，雌雄家燕轮流孵化，3~5分钟就轮换一次，以让对方有机会捕食虫子充饥。14~16天，小家燕出世了，这时爱子的母亲怕孩子冻着，便不再离开而单独温暖雏燕，捕食任务全交给父亲。一家之主每天要飞回200次左右，将捕到的昆虫在口中揉成团，吐入雏燕食道和雌燕口中。8天以后，雏鸟毛长浓了，胃口也大了，母燕便也开始离巢捕食，共同饲喂幼雏，一天内双方共需飞回540~590次，带给孩子们大量的食物。20~22天后，雏燕便开始离巢学习飞翔，但它们不大会采食，父母仍对它们关怀不止，每一天还在飞翔中对雏燕"空中加油"喂食，

图52 家燕喂雏

当天返回巢中，第二天，幼燕们便已能独立生活，不再返回巢中。这时幼燕们便结群在河边草甸、湖泊沼泽沿岸、电线和电视天线上停留活动，耐心等待着它们的“弟妹”们出世。

一个半月后，待第二窝幼燕出飞，也能独立生活后，秋天已经来临，全“家”便离开巢穴，共同结成成百上千的大群，常与毛脚燕、灰沙燕等一起，开始南迁。10~11月份，有些燕群越过海拔5000多米的帕米尔高原，飞到印度、非洲、南亚等地越冬。

家燕善飞，从早到晚几乎整天都在空中飞翔，晴天在高空，阴天在低空，不知为谁辛苦为谁忙！原来，这是它们在捕食各种昆虫，晴天虫子飞得高，阴天因潮气而靠近地面。往往人在草地行走时，也有家燕跟着飞进，因为因人惊动而飞起的蚊子正是它们的好食物。有时在河旁或水池旁看到燕子掠过水面，甚至穿水面而过，误认为它在吃鱼，其实它不会吃鱼，那是它在饮水和洗澡，因它们不喜欢在水边停留。

所有的燕子都长着一张几乎与头一样宽阔的大嘴巴，极有利于在空中掠食蚊虫。它们只吃飞行中的双翅类、鳞翅类、甲虫等昆虫。一些较大的昆虫，如蝗虫、蜻蜓、蝴蝶等，它也吃。燕子特别喜欢吃飞翔中的蚊子，但却极少吃停留在灌木、草、墙壁上的昆虫。

燕子是消灭蚊子的能手，一只家燕在一个夏天可以消灭50~100万只蚊子、蚜虫和苍蝇等。一窝家燕，在一个繁殖季节能消灭20~40亩玉米地的虫子。也就是说，一窝燕子的灭虫能力相当于20~40个农民喷药治虫的效果。由于对人类的功劳实在太大，给人的生活环境增添了自然美，所以自古以来人们就把它看作可靠的朋友加以歌颂、赞扬，有“燕子来巢，吉祥之兆”之说。因此，有的农民专门在屋内或房檐下钉上巢板，门窗洞开，专供它们筑巢和出入，以家中有燕子为喜。有燕子的人家，蚊虫极少，也不易传染疾病。燕子是对人类有益无害的动物，可惜在近代人类活动中，大量施用农药，含毒的食物链使它们大批受毒，或是死亡，或是畸形。加上拆除古寺庙和旧房子，维修亭台楼阁，都使它们失去了赖以与人类为伴的“家”，而新建的高楼大厦则无它们筑巢的条件，只能在少数楼角凹处筑以不足以避风雨的泥巢，逼迫它们不得不远离居民点，到山野岩缝中生活。如果能在城市建筑设计中，考虑到这种适合中国国情的燕子生态上的重要因素，应该想方设法为燕子营巢提供一些方便，以帮助“老朋友”安家。

飞行健将——楼燕

1980年7月8日，当我来到阿尔泰山的喀纳斯湖北部的一座高山下，一步一步地向上攀登，穿过满山遍野的南西伯利亚原始针叶林带，踩过没膝的亚高山五花草甸和低矮的高山草甸，踏着终年冰冻风化而形成的花岗岩倒石堆，气喘吁吁地爬上海拔3200多米极为陡峭、岩石摇摇欲坠的冰川角峰时，放眼看去，群山似海，长满森林草原的条条山谷，郁郁葱葱，如同浪谷；盖着冰雪的层层山峰，银光闪闪，如同卷起的浪峰；星罗棋布的湖泊，像是破碎的浪珠，缀嵌其间。远处，中蒙边界的最高峰——友谊峰，如同晶莹透亮的一块白玉挂在天边。祖国山河一片壮丽的景色尽放眼底。角峰上，劲风萧瑟，使人难以站立。忽然，耳旁传来一阵尖利的“嗖嗖”的摩擦声呼啸而过。急忙望去，原来是几只雨燕在峰顶周围飞旋，并不时发出鸣叫声。那矫健的身影，使这沉静的山峰增添了不少活力。在这样高而终年积雪的山峰能有它们的踪迹，真不愧为鸟类的“飞行健将”。

雨燕又叫楼燕，在新疆还分布有它的亲姐妹白腰雨燕。雨燕也是人类在城镇中常见的朋友，它最喜欢在居民点的高大建筑物，特别是在古老的庙宇、亭台、楼阁的顶部及屋梁上筑巢，因此人们常叫它楼燕。

楼燕除喉部发白外，全身烟褐色，远看呈黑色，长有剪刀式尾巴，还有两把长而窄的镰刀形翅膀。其外形与家燕极为相似，所以被人们统称为燕子。实际上，它与家燕差别很大，家燕属雀形目，而雨燕和白腰雨燕则属雨燕目雨燕科，体型较其它燕子稍大。雨燕成鸟体重35克，体长17厘米。它们之间外形的最大区别是燕类的爪趾是对趾型，前三后一，而雨燕则是所有的四趾都向前，有很长的弯曲爪，适于攀援，能悬挂于垂直的壁上。因此，它绝不在地面上降落。黑雨燕比其它燕类更好动，飞行神速而不知疲倦，姿态轻盈而变化多样，善于翻飞和滑翔。它们从早到晚，整天几乎都在空中觅食或休息游玩，有时飞速高达每小时100千米，每昼夜可飞行1000千米，飞行能力实在惊人。

图53 楼燕

在每年4月初，雨燕就返回南疆，4月底在北疆各地出现。配对的雨燕，筑巢于人类难以攀援的高大建筑物房盖下，有时也抢夺麻雀的巢穴，把产了卵或已有雏鸟的麻雀赶走。在野外，它们则在树洞和岩壁上筑巢，它们在飞行中，衔到飘在空中的细叶、杨花絮、毛发、羽毛，用它口中分泌的唾液胶粘合成一个简单而结实的巢，像一个看不出来的小凹坑，内径7~8厘米，深2~3厘米。5月底产卵2~4枚，卵为白色，长1.5~1.7厘米。由雌燕孵卵，从不离巢，深怕蛋温下降，不能出雏，全靠雄燕捕虫饲喂。18天左右，雏雨燕就可出世，由双亲共同饲喂约35天。起初，每天要喂30多次，后来只喂4~6次，但食团则越来越大。

雨燕以飞行地的各种昆虫为食，用它几乎与头一样宽阔的口，将捕到的食物集中起来，用舌下分泌腺粘成小团，再咽下肚子，或用以饲喂雏鸟。据研究，一窝雨燕，在整个育雏期，可消灭各种害虫25万只，其中有蝗虫6500只，若每只蝗虫按5厘米算，头尾相接，可达3千米长。人们曾在育雏雨燕的嘴里一次数到过370只小虫。

李时珍在《本草纲目》中写道：“燕如雀而身长，口丰颔，布翅歧尾……春社来，秋社去，其来也，衔泥巢于屋宇之下；其去也，伏气蛰于窟穴之中。或谓其渡海者，谬谈也”。其实这种观点不谬，新疆北部地区8月份雨燕就开始南迁，10月中旬前后，它们越过帕米尔高原，飞向遥远的非洲、澳洲越冬，每年往返达上万千米。雨燕能消灭大量害虫，有益而无害，它和其它燕类一样，是人类的好朋友，特别应加以保护。可惜近些年来，因修新楼、拆旧楼，破坏了不少雨燕的巢穴，使人们千年来的朋友无家可归！我们的

小燕子多么希望现代建筑师们在设计新楼时能留给它们一席安家之地！

机灵的鹡鸰

燕子春来早。但是，还有一种比燕子来得更早的报春鸟，那就是鹡鸰。

当柳枝开始吐芽，红杏还在含苞待放，池塘的冰还未消融完，春意刚刚出现的时候，就在水塘边，田野间，渠沟中，或是居民门前的积雪垃圾堆中，甚至在大城市庭院中出现了身材瘦小而尾巴较长的鹡鸰。它们有的灰色，有的黄色，有的白色，成双成对跳来跳去，细长的尾巴一翘一翘，发出尖细的叫声，常在水池边觅食，因此，也被人叫做点水雀。它们有时在院落中或是牲畜圈旁，离人 2~3 米处觅食也不惊飞。若挥一下手，它只是飞落墙头，或是在牲畜栏木桩上，不多久又落了下来，好像它们和人类非常亲近似的。事实上，可以把它看作与人类关系的密切程度仅次于燕子和麻雀的鸟类。

鹡鸰主要活动除在南北疆的绿洲外，还广泛分布于沼泽、草原和森林带，连帕米尔高原和昆仑山海拔 3000 米以上的谷地草原中，也有它们活动的踪迹。鹡鸰属雀形目鹡鸰科，在新疆有 4 种，从颜色特征分为白鹡鸰、灰鹡鸰、黄头鹡鸰和黄鹡鸰。前 3 种在新疆大部分地区都可看到，黄鹡鸰则仅分布于新疆北部地区。

白鹡鸰在居民院落中最为常见，它比麻雀稍小，身材苗条，灰黑色，由于双颊为白色而又叫白脸鹡鸰。它在每年 3 月中旬就已出现，喜欢在人的住宅附近的堤坝、桥下、柴堆中、树洞中筑巢。巢为草茎建成，四壁蓬松似杯形，下部较宽阔，达 6~8 厘米，深 3 厘米左右，铺以家畜毛或棉花，小家庭建得非常舒适而暖和。4 月末

图 54 池水旁鹡鸰

或 5 月初，雌鸟产五六枚带浅褐色斑的灰白色卵，约 19 毫米 × 14 毫米大小，雌鸟孵卵 12~13 天，由雄鸟带给食物。出壳的雏鸟没有羽毛，只会向上张着大嘴要食物，靠双亲饲喂 12~14 天即可出巢，但它们还不会飞，只能奔跑逃避敌害，还需双亲补充饲喂 10~15 天，才能在父母带领下到处飞翔觅食。它们在水边、庭院、垃圾堆、菜园、房屋顶上，到处寻找各种虫子，并喜欢在牛背上捕食吸血的双翅类害虫如牛虻等，是黄牛的好帮手。虽然有时也吃点浆果、蔬菜和种子等换一下口味，但因能消灭大量叩头虫、步行虫、象呷等鞘翅目、双翅目及鳞翅目的害虫，可称得上是人类的好朋友。我们应该加以保护，特别是繁殖期不要破坏它的巢，不要惊动幼鸟。

益多害少的麻雀

麻雀是与人类相处最密切的野生鸟类，几乎所有的绿洲村庄，包括海拔 3000 多米的山间谷地居民点，甚至污染严重而其它鸟类不宜生活的工业城市，到处都有它的足迹，给人们

的生活增添了无限情趣和美的享受。李时珍在600年前写道："雀，短尾小鸟也。故字从小，从佳。佳，鸟之短尾也。栖宿檐瓦之间，驯近阶除之际，如宾客然，故曰瓦雀、宾雀，又谓之嘉宾也。"可是，在1958年的爱国卫生运动中，一开始就把它打入"四害"行列，被大批消灭，遭到"不白之冤"。以后，还是毛主席听了动物生态学家的意见，为它"平反"，把"苍蝇、蚊子、麻雀、老鼠"中的麻雀换为臭虫。实际上，在城市和林牧区麻雀是有益而几乎无害的。在农村，除秋收时啄食成熟的庄稼有害外，在其他时间则都有利于农业。不信，就请你看看它的生活习性吧！

新疆的鸟类中，以雀形目为最大的家族，已知有155种，其中雀科有38种，而麻雀却另属文鸟科。《本草纲目》中说："雀，处处有之。羽毛斑褐，颔嘴皆黑。头如颗蒜，目如擘椒。尾长二寸许，爪趾黄白色，跃而不步，其视惊瞿，其目夜盲，其卵有斑。"生动描写了它的特征和习性。新疆的麻雀有5种，即家麻雀、树麻雀、黑胸麻雀、黑顶麻雀及山麻雀，它们的体型大小差别不大，但毛色及习性略为有异。其中以家麻雀最接近人类，树麻雀次之。

家麻雀雄鸟头顶浅灰色，翅膀上有一条发亮的浅色条纹，喉、胸各具大黑斑，灰色脸颊。雌鸟棕褐色，没有黑斑。体重约25克，身长14厘米左右。

初夏，天气暖和，田野里的昆虫开始大量繁殖，南疆约在4月份，北疆约在5月份，麻雀的发情期也已来到。它们在树枝上，树丛下，马路旁，林带里，互相追逐嬉戏，或争雌殴斗，叽叽喳喳欢快地鸣叫不止，跳跃着前进。雄雀不时扑打着翅膀，围着雌雀转，有时闹得忘乎所以，竟跑到人的脚前也不害怕。配对成婚的麻雀"夫妻"，便在屋檐下、墙缝间，或在树洞中及岩石缝隙里共同筑巢。有时，它们还在鹫、鹭、鹳等大型鸟类的巢壁中，或抢夺燕子、啄木鸟等其它鸟

图55 麻雀喂雏

类的巢穴为巢。它们常在同一屋檐下，隔1~2米就有一个巢，进行群居。双方啄来稻、麦草茎、树皮纤维、羽毛、破布、毛发等，堆垫成中间有凹陷的窝。随巢的位置巢形不同，一般内径约10厘米，深5~6厘米，在树上的雀巢外径较大，有20~30厘米。雌鸟连续产卵，每天一枚，共产4~6枚为多，卵色白而带浅褐色斑点，长不到2.5厘米，粗1.5厘米，重3克左右，主要由雌雀孵化，有时雄雀也帮忙。12天左右，雏雀出世。这时，正赶上昆虫幼虫大量繁殖期，亲鸟便用它们饲喂雏雀，一天飞回200余次。雀雏胃口很大，一听到亲鸟回来，便爬到巢边，一只只张开

带黄色嘴环的大口，不停地用尖细的声音鸣叫，十分天真，充满了生命的活力。半个月后，雏雀羽毛丰满，学会飞翔离巢，亲鸟便又开始繁殖第二窝。

家雀的食物种类很多，它吃人们扔弃的各种食物，也在树林、草地、果园、花圃中吃草木种子及昆虫、花芽、浆果。在秋季，它们往往结成大群。在黄熟的泪科，稻、谷、糜等庄稼地里，盗吃穗上的种子，吃一颗，撒一地，破坏很大。但在繁殖季节里，它却以昆虫为主食，而雏鸟更全部以昆虫为食，以有害的鳞翅目昆虫幼虫最多，其次为蟋蟀、虫冬蜥、蝗虫、蝼蛄等。由于育雏时正是自然界害虫繁殖期，因此它还在农田生态系统中起着抑止虫害的作用。据有关生态专家研究，1996 年在从未发生过蝗灾的托克逊绿洲，蝗虫灾害造成农牧业巨大的损失，其原因与两年前大面积喷洒农药导致绿洲中麻雀全军覆灭有关！

喜近人类而居的麻雀，它的头号敌人却是人。特别是小孩，喜掏雀窝，则使其“全巢覆灭”。它自然界的敌人，主要为雀鹰、红隼和鼬科动物，爬到屋梁的蛇，也吃雏雀和其卵。

雀肉虽少，但却好吃，南方酒店常以它油炸佐酒。《本草纲目》中认为吃雀肉可“壮阳益气，暖腰膝，缩小便，治血崩带下”。此外，由于它是人类经常的同居者，很能适应在人类经济活动影响下剧烈变化着的生活条件，在严寒的冬季，甚至会钻进烟囱取暖。它还会随人类居住地的扩大，而向边远地带扩散，又能在现代化城市中生存，与人类关系十分亲密。麻雀除在农村益害兼有外，在城市及林牧区是完全有益的动物，因此在 2000 年被国家和其它雀类一起列为二级保护动物，禁止猎捕。

吉祥鸟喜鹊

“喜鹊喳喳叫，必有喜事来。”自古以来，人们把门口喜鹊“呷！呷”的叫声，当做报喜的信号，认为这一天不是有亲人或贵客临门，就会有幸运的事到来。在广大农村中，在结婚的新房里，或春节时，常剪上一对红喜鹊贴在窗户上，以示吉祥，兼有双喜临门之意。《本草纲目》中说：“鹊古文作舄，鹊鸣昔昔，故谓之鹊。鹊色驳杂，故谓之驳。灵能报喜，故谓之喜。性最恶湿，故谓之干。佛经谓之刍尼，小说谓之神女。”

喜鹊是人们心目中的宠儿，但是它在生活中的表现却使人失望。喜鹊是杂食性动物，喜欢在绿洲中的城市、农村附近活动，特别是秋、冬季节，常在垃圾堆中寻找人们丢弃的食物，坏肉、碎饼、烂菜，什么都吃，发霉腐烂也没关系。可恨的是，在初夏当鸟类繁殖的季节里，它爱欺负弱小的孵卵小鸟，吃掉它们的卵中刚孵化的雏鸟，而且心眼很坏，还把巢也破坏掉。秋季，它还盗食水果和农作物的种子，是个真正的强盗。不过，它在一年的大多数时间里，还是在做好事。它的主要食物是各种昆虫和昆虫幼虫，还有蜗牛、蜥蜴、蛙、毒蛇等，它若发现田地里有老鼠，便勇敢地冲过去，堵住老鼠的逃路，用长嘴巴猛啄。大点的老鼠，它单独对付不了，便叫来同伴一起围攻，可得一顿饱餐。因此，它的益处大于害处，特别是它分布在内地的近亲兄弟灰喜鹊，更是灭虫能手。一只灰喜鹊一年能吃掉松毛虫 1.5 万条，可保护松林免受虫害。

喜鹊属雀形目鸦科，具有金属绿光泽的黑色体羽和长尾，配以洁白的腹部和双翅，黑白相间，体态优美和谐，加上“呷！呷！呷”的叫声，虽不十分动听，但也还能入耳，这大概是它受到人们青睐的原因吧！

喜鹊怕炎热，每当夏天来临，野外食物丰富的时候，结成对的喜鹊便避开炎热的平原绿洲，飞到较为凉爽的山区谷地，在阔叶林和高大浓密的灌丛中筑巢。它用嘴衔来枯枝和草根，搭成一个较简陋的巢，内径20多厘米，外径40~50厘米，垫上苔藓、草茎、牛羊兽毛等。产卵2~5枚，灰褐色，由雌鸟孵化。一般不到20天即可孵化出壳，再由亲鸟共同饲喂20天左右，即能离巢飞出，由亲鸟带领学习觅食。秋季，山区开

图56 喜鹊捕鼠

始下雪，喜鹊便带着它们的儿女下山，到绿洲居民点附近活动，因那里有丰富的食物来源。

1978年，我在天山托木尔峰科学考察中，在南北坡都发现过全身羽毛均为白色的"白喜鹊"，非常稀奇。这是喜鹊的白化变种，它同已发现的白猴、白棕熊、白狼大概是同一原因。从生态学的观点来说，喜鹊对人类益大于害，又因它无论在山区或平原，均喜与人类接近，而且常在村庄附近活动，美化着人们居住的环境，丰富了人们的生活，对于它，我们也应给以保护。

借巢育雏的布谷鸟

长达半年的严冬刚刚过去，春天的阳光便染绿了大地。这时"布谷！布谷"那使人感到亲切而欢快的鸣声，就会从远处传来。这就是杜鹃的鸣声。在中国东南部，它叫的时候正是播种季节，当它越过了辽阔的大地来到新疆时，节气已经较晚，已至春末夏初的5月份，"布谷"声已经是"马后炮"了。

新疆的5月，戈壁绿洲中到处是一片葱绿，青青的麦苗在茁壮生长，一片片金黄的油菜花使绿洲披上了盛装。在已成浓荫的护田林带大树枝上，"谈情说爱"的杜鹃，不时发出另一种连续"哈哈哈哈……"欢快叫声。原来它们也选择了这个美好的季节"结婚"和繁殖后代。在婚期以外的其他时间里，杜鹃则不声不响地在农田中、草地上或是树丛中不停地飞舞，捕食各种昆虫。

但是，婚后的雌杜鹃则是只生儿不育女，由于它们只管"谈情说爱"、玩乐和"乱婚"，没有固定配偶，因此，也不建"新房"。夜晚只得蹲在大树枝头栖身。雌杜鹃要生蛋了怎么办？只好在其巢的主人不在的时候，偷偷地落到其它鸟的巢中去生，而且自己不愿孵蛋，便剥削其它鸟类的劳动，为它哺育儿女。它的这种特性，动物学上叫"巢寄生"。在这方面杜鹃则有着极为高超的本领：一是它生的蛋，颜色和大小与巢中的蛋极为相似，因而可"鱼目混珠"，为小主人接纳。二是它生蛋的速度极快。生蛋

前,在小鸟巢边观察,待小鸟出巢后,即潜入巢中,迅速生下一枚卵即很快飞走,而不为小主人发现。或是产在地下,再乘机潜入巢中。三是卵的孵化期很短,仅11天,常常是在巢主亲生儿女未出壳前已破壳而出。四是幼雏有着特殊的本领,出壳10~16小时后,它会用背部特有的凹坑,将其他卵或已出世的其它幼雏,全部一个个顶出巢外,以便独占巢主捕来的食物。辛苦而可怜的小鸟妈妈还不知道,它

图57 布谷鸟的小母亲

在哺养着杀害了自己亲生儿女的仇敌,并且继续捕食大量虫子饲喂它。小杜鹃因独占了全部食物,长得很快,4昼夜重量就增加4~5倍,20天后已长得比"奶娘"大许多倍。瘦小的奶娘仍不断向这个庞然大物贪得无厌的巨口中喂食,有时竟站在它的身上喂,时间长达一个月至一个半月,等它长硬了翅膀,这个"异姓儿"连声"谢谢"也不说,便远走高飞了。到头来,筋疲力尽的小母亲不知道"为谁辛苦,为谁忙!"只落得一场空。

杜鹃,俗名布谷鸟,属鹃形目杜鹃科,在新疆有大杜鹃、中杜鹃和小杜鹃3种。大杜鹃身长与鸽子相近,但体型消瘦,嘴细长,羽色雄体以褐灰为主,雌体以浅灰褐色为主,腹部和尾羽布满了暗色横斑。杜鹃的习性大同小异,它们往往能利用近百种鸟类如鹡鸰、鹨、苇莺、鸦、灰喜鹊等的巢产卵,每年雌杜鹃可产12~25枚卵,每巢一枚,也就是说要抢占12~25个其它鸟的巢,每隔1~2天产卵一枚。

杜鹃在生殖繁育上虽然很不"道德",但它却是人类最有益的朋友。因为它的食谱几乎全是昆虫,而且基本上都是害虫,一般鸟类不敢吃的松毛虫也成了它的佳肴。据研究,一只杜鹃幼鸟一天可吃蚱蜢、蛾子幼虫等140多只,大杜鹃在一个小时内可吃掉100多条松毛虫。虽然它危害一些食虫小鸟的繁殖,但由于它大量消灭害虫,带来的益处则远远超过了这种损失,对人类是非常有益的,应大力保护。

美丽的金黄鹂

在帕米尔高原,1981年的7月,当我们翻越几座海拔5000米的冰峰达坂,骑乘着"高原之舟"——牦牛,穿过湍急溪流,天空呈一线的高山峡谷,在冰川河水的隆隆声伴奏下,沿河而下,来到坐落在叶尔羌河上游,塔什库尔干县海拔2000多米的努什屯时,只见两侧陡峻的高山豁然开朗,露出了一尘不染湛蓝的天空,只有一丝丝轻纱般的烟云在半山腰缭绕。山谷小盆地中,到处长满了浓密的杏林,真是个杏树的世界!这时正值杏黄季节,棵棵挂满了金黄色的、橙红色的和乳黄色的杏子,压得树枝都低下了头。在树丛中,正在扬花的小麦,在山谷风中掀

起层层麦浪，好一片世外桃源！这里不愧是名副其实的杏花村，塔吉克语就叫努什屯。勤劳忠厚的塔吉克农民，世世代代就居住在这条山谷中生活，山谷中野杏满山遍野，自生自灭，大部分无人管理。我们正在欣赏和品尝酸甜的野杏时，忽然，传来一声短促而尖利刺耳的猫叫声，抬头急望，一对金黄色的大鸟一闪一闪，波浪式从面前穿梭而过，在绿色的树丛中显得异常艳丽，时而隐身于杏林之中与杏林融为一体。我们还没有看清是什么鸟，旁边经验丰富的向导说，这就是金黄鹂。

金黄鹂属雀形目黄鹂科，也叫黄莺。它是春天的名歌手，自古以来就为人们所歌颂："两只黄鹂鸣翠柳，一行白鹭上青天"。它是阔叶林动物区系的典型代表，主要分布在塔里木盆地西南部和吐鲁番盆地，天山南北其他绿洲中有时也可看到。顺着河谷，也可出现在海拔较高的山间谷地中。

黄鹂的身材比斑鸠略小，雄的通体呈金黄色，翼和尾呈黑色，眼睑处有宽阔黑纹，夹着透红的大眼，配以粉红色的嘴和铅蓝色的脚，十分华丽。雌鸟和幼鸟颜色稍暗。黄鹂喜欢唱歌，从春天到夏末，都能在浓荫下听到它们的歌声，清脆悠扬，美妙动听，富有东方音乐风格。雄黄鹂的叫声极似响亮的汽笛，在繁殖期还发出短促的类似猫的叫声，特别洪亮。幼黄鹂的鸣声则为连续而清脆的短音。

"映阶碧草自春色，隔叶黄鹂空好音"。唐代诗人杜甫的这两句诗，十分客观地描写了黄鹂的生态习性。由于它们喜欢在绿洲田边阔叶林中，特别是在树枝浓密的地方栖身，主要在树上觅食，很少落地，非常机警，所以平时很难看到它们的身影。

黄鹂成对在5月初来到新疆，常见它们雌雄双双戏逐，绕树飞舞，互相唱和，以后便在这些树林的大树顶部分枝杈上，建成一个吊床或摇篮式的巢，可随风摇摆，十分精巧。这是它们把3根以上的树枝用草茎、细树枝缠在一起，再采来树的韧皮、干草、兽皮、线头、蛛丝、麻屑等，将巢壁纺织得十分厚密而结实，外部还伪装上树皮和苔藓等，从下面不易发现。巢内垫以羽毛、毛发等松软物。雌黄鹂一窝产四五枚带玫瑰

图 58 一对金黄鹂

色斑点的浅粉色卵，约3厘米×2厘米大小，由雌鸟孵卵，雄鸟饲喂。偶尔，雄鸟代替过于劳累的雌鸟也孵化一会儿。13~15天后，幼黄鹂便破壳而出，由双亲用昆虫饲喂，不到半个月就可离巢。到夏末秋初，全家便开始向南方迁徙，在中国云南及印度、斯里兰卡、缅甸等国家越冬。

金黄鹂不但歌声美妙，更重要的是在自然生态系统中，它是多种害虫的主要天敌。黄鹂从春天到营巢繁殖期，主要以大型毛虫为食，而且吃的多为其它鸟类不敢袭击的毛虫，如蝶类、尺蠖类、天蛾类、天社蛾类的幼虫及甲虫等。据调

查，它的食物95%以上是害虫，只是秋季有时也吃点葡萄和桑葚等果实，但造成的危害甚轻。因此，金黄鹂也是最有益于人类的鸟类之一，算得上是人类消灭农林害虫的得力助手，它受到人类的歌颂是当之无愧的。

寒鸦成群

记得小时候，在故乡的甘肃张掖县城中，当严冬来临时，每天傍晚有数十万只乌鸦，有的大，有的小；有的全身乌黑，有的肚子灰白，成群结队纷纷从周围山地和田野飞往城中，整个黄昏"哇！哇"声不绝于耳。城中到处是大树和水池，乌鸦落下，高大的白杨树枝头个个弯了下来，特别是池塘边的棵棵大柳树像结满了黑色果实的果树，衬托着黄昏的霞光，倒映在池中刚结冻的绿水薄冰上，别有一番情趣！到晚上，调皮的孩子若在树下放一串鞭炮，"轰" 的一声，树上的乌鸦便在忽喇喇的震耳声中一起飞往别处。到第二天清晨，粗厉而嘶哑的鸦啼声和翅膀的拍击声把人们从睡梦中惊醒，它们又纷纷飞向四周郊外去觅食。鸦群在冬季向城市集中的原因，主要是城市气候较为温暖且敌害较少的缘故。

在新疆的农村和城市中，乌鸦虽不曾有上述壮观的情景，但这种集群现象在各地仍然存在，特别在海拔较高，接近草原带的农村居民点则常见到。李时珍在《本草纲目》中说："乌有四种：小而纯黑，小嘴反哺者，慈乌也；似慈乌而大嘴，腹下白，不反哺者，鸦乌也；似鸦乌而大，白顶者，燕乌也；似鸦乌而小，赤嘴穴居者，山乌也。山乌一名蜀乌，出西方。"这也算是世界上最早对鸦类的分类研究。

乌鸦是新疆典型的漂泊鸟，属雀形目鸦科、鸦属，在新疆的鸦科鸟类有15种，除地鸦、山鸦等外，体型色彩较接近的有4种乌鸦，它们全身均为具金属光泽的黑羽，远看都一样，但若仔细看，即可辨认出：那体型最大，重达1千克的是渡鸦；体型稍小，重约半千克的是小嘴乌鸦；与小嘴乌鸦很相似，但嘴基部裸露出灰白皮肤的是秃鼻乌鸦；与小嘴乌鸦近似，但嘴较粗大的

图59 越冬寒鸦群

是大嘴乌鸦。此外，还有一种体羽灰色，仅头、背、翼、尾为黑色，重仅 200~300 克的寒鸦。它们都是人类居民点的经常伴随者，均为杂食性，但因能消灭大量的害虫，鸦类在生态系统中的作用却远远比它们的名声好得多。因它们有的爱吃动物尸体，往往被人们当做死亡和晦气的象征，而非常厌恶它们。因此，也常常无辜送命，特别是渡鸦，长着粗大的嘴巴，显得更加丑，但它的寿命则出乎人们预料，在国外曾有被人养活了 70 年的纪录。

寒鸦是居民点的经常居住者，特别是冬季，常和小嘴乌鸦、秃鼻乌鸦等一起在城镇大树上栖息。春季，配对的寒鸦喜欢在高大石质建筑物、大树、树洞或河谷沿岸绝壁及山崖上共同建巢，也常在十多米高的银白杨或杨树林里大树上修筑巢群。它们常常数十上百对在一起筑巢，形成一个群落，这样十分有利于共同预防猛禽侵害。有时，你在空中可看到数十只寒鸦，勇敢地共同追击企图前来袭击的苍鹰。寒鸦的巢用细树枝建成，铺垫了羽毛、破布、兽皮、纸等。通常一窝产卵 7 枚，为带浅褐斑点的蓝绿色，35 毫米 × 25 毫米大小，由雌鸦孵卵，18~20 天幼雏就可出壳，再由双亲喂 1 个月左右才能出飞，出飞后初期阶段仍需父母补饲。步行虫、象鼻虫、金龟子、甲虫、叩头虫、吉丁虫及双翅类昆虫都是寒鸦的食物，它也爱吃蜥蜴、蛙等软体动物及农作物种子等，基本属于益鸟。秋季，它们便结成成百上千只的大群，常和秃鼻乌鸦、小嘴乌鸦在一起漂泊。此外，渡鸦喜欢吃尸肉，小嘴乌鸦也喜欢吃鼠类，而秃鼻乌鸦则对昆虫有嗜好，但都是杂食性鸟类。在昆仑山，渡鸦还常常是恶狼的帮凶，当一只体型高大的野牦牛或是藏野驴受伤时，便有狼群跟踪而至。这时，狡猾的渡鸦也会三三两两飞来，狼咬牛、驴腹部，而渡鸦啄瞎它的眼睛，两者密切配合置被害者于死地。

乌鸦有一种特殊的习性，当听到一只乌鸦的警叫声，鸦群便会大声惊叫着一哄而散。科学家们便用录音机录下它们的“语言”，播放它们的警叫声，以驱散机场跑道和庄稼地里的鸦群，或播放集群的啾啾声，以招引鸦群飞来，消灭果园的害虫，此举已取得了明显效果。

鸦类虽然在春季挖食播下的种子，夏季破坏其它小鸟的巢，秋季盗食玉米等粮食作物及蔬菜等，但因能大量消灭害虫及害鼠，仍可看作益鸟而应加以保护，特别在林牧区更为重要。只可惜 20 世纪后半期因大量使用有毒农药，大批乌鸦被成群毒死，使其种群数量大为下降，应采取措施保护。

鸦肉虽味不佳，但可入口，且可入药，《本草纲目》中说，肉主治“瘦病、咳嗽、骨蒸劳疾”，“经脉不通”、“虚劳瘵疾”等，胆可点“风眼红烂”等。

“凤凰”的厄运

被人们当做“百鸟之王”的凤凰，只是人们想象中的鸟类，实际并不存在。不过，它的形象来源却是一种产在南方的长尾巴光彩夺目的雉鸡。要不然，你把凤凰与公鸡比一比，除尾巴长短差别大以外，身体是多么相像。凤凰有两条很长的美丽尾巴，而雄雉鸡也有两条美丽的长尾羽。古装戏中的武将穆桂英头上插的那对长翎，就是它的尾部羽毛，只不过没有画中凤凰的尾羽那样宽大罢了。雉的名字是怎样来的呢?《本草纲目》中写道：“雉飞若失，一往而堕，故字从矢……汉吕太后名雉，高祖改雉为野鸡，其实鸡类也。”又说：“雉，理也。雉有文理也……雉类甚多，亦各以形色为辨耳。”“雉南北皆有之，形大如鸡，而斑色翼。雄者文采而尾长，雌者文暗而尾短。其性好斗，其鸣曰鹰，其交不再，其卵褐色。”

这里有必要谈谈形态较为近似的孔雀。解放初期，曾有人在吐鲁番盆地看到过孔雀，据估计，这可能是人们从内地带来走失的。因为孔雀是亚热带森林动物，不适宜在平原灌丛草地中生活。至于有人说孔雀河是因那里古代多孔雀而起名，这完全是无稽之谈。“孔雀”是维吾尔语“皮匠”的谐音。因古时该河旁住有皮匠而得名，后来干脆就用汉字“孔雀”来代替“皮匠”了。

雉鸡属鸡形目雉科，一般也叫山鸡、野鸡等，中国是雉类种数最多的国家，有19种为中国特有，如血雉、红胸角雉、黄腹角雉、棕尾虹雉、绿尾虹雉等，其中环颈雉分布最广，在全国就有19个亚种，新疆有准噶尔、塔里木、莎车3个亚种，它们体型比家鸡略小，但尾巴很长。雄鸡羽色非常华丽，颈部大都有一圈白色羽毛，在金属绿色的颈部非常明显，像戴了一个项圈，尾羽长而有横斑。雌鸡羽色较暗，大多为褐或棕黄色，杂似蓝色斑，尾羽短。准噶尔亚种上体以铜红色为主，背部紫红带绿；塔里木亚种头部青铜绿色，上背淡橙色，下背和腰橄榄黄色，胸紫铜红色；莎车亚种上体橙红色，胸部白项圈，不完整或缺失，翅上覆白羽，胸部大多为暗绿色。

环颈雉主要生活在平原绿洲中，在河滩次生林、灌丛、芦苇、沼泽地带较多，矮树灌丛和芦苇多的人造绿洲中也有分布。它善跑而不善飞，也不远飞，一般每次只飞100米之遥，有时成对，有时呈小群活动。在春季发情季节，常可听到雄鸡“咕！咕”的短促鸣声，有时两只雄雉鸡相遇，便争偶相斗，难解难分。环颈雉在高草灌丛中筑巢，每窝产卵12~15枚，色泽像鸡蛋，但比鸡蛋小一些。雌雉孵化20天左右，雏鸡出壳后，由雌雉像母鸡带小鸡一样，教它们觅食与防止敌害。

雉的食性很杂，吃各种植物的种子、果实、

图60 环颈雉一家觅食

嫩叶、幼芽，也吃各种昆虫及其幼虫。在农业区，它利害兼有，特别在夏天，能大量消灭田间害虫，如蝼蛄、蝗虫、金龟子、天牛、螟虫、尺蠖等，但在春天播种季节则会刨出作物种子和庄稼幼苗，危害农作物。

近些年来，由于使用农药播种，喷洒农药消灭害虫，使环颈雉种群数量剧降，例如艾比湖畔农五师 82 团场，20 世纪 60 年代之前的秋冬，人们常到芦苇丛中打猎，每至必获，丰收而归。自该地建成农场后，开始大量施用农药时，就在附近几个泉边发现被毒死的环颈雉有几百只，这是因它们吃了有毒农作物种子而口渴，饮水后致死。如今，这一带已较难见到它们。环颈雉的天敌也很多，狼、狐、鹰、隼、雕甚至牧羊狗都把它当做佳肴。目前，人类的影响和天敌，已使环颈雉遭到几乎全军覆灭的厄运，在野外已难见到。

环颈雉是重要的资源动物，成鸟重达 1 千克以上，其肉味美可口，但比鸡肉粗。羽毛可作装饰品。雉鸡也可做中药治病。《本草纲目》说它的肉可“补中，益气力，止泻痢，除蚁瘘”，脑治冻疮，屎治“久疟”等。对于现有的雉鸡，因数量很少，已列为新疆保护动物。因它较易繁殖，目前已人工大量养殖，以供利用。在野外应严格禁猎，以恢复它们的种群数量。

铁甲兵——椋鸟

在准噶尔盆地南缘的天山脚下，早晨的太阳照射着针茅草原，在微风吹拂下，闪耀着金黄发亮的波浪，因而被地理学家称为“亮光草原”。这里，数十成百或上千只的椋鸟群，有的在空中飞翔，有的跟随在牛羊群的后面，啄食蝗虫。椋鸟们在蝗群中，即使已吃得很饱，再也吃不下，但也紧追不放，总是将蝗虫一只只啄死而后快。1981 年春天，昌吉回族自治州的自然保护工作者，经多年观察，挑选了距天山山脚两千米的地方，栽种了灌木丛，扎上了篱笆，用奇形怪状的石头垒起了一座座假山，附近还设置了放水槽，用以招引椋鸟消灭蝗害。由于这儿有充足的食物、水源和居住条件，数千只椋鸟纷纷飞来安家落户，生活得很舒适而不愿离去。在短短两三个月里，将周围 3000 公顷草场和旱地上的蝗虫消灭了 96%，使每平方米 38.5 头的蝗虫密度减少至 1.3 头。因此，人们给它一个美名，叫“灭蝗铁甲兵”。

椋鸟属雀形目椋鸟科，在新疆有两个种：一种分布于北疆，体羽具有明显粉色和黑色杂斑的粉红椋鸟，另一种是全疆都有分布的体羽黑色杂有白斑的紫翅椋鸟。紫翅椋鸟又叫黑八，在新疆有不同的亚种，南疆的头顶发金属光绿色，背部呈紫色光，而在北疆的亚种光辉色彩恰恰相反。椋鸟比燕子大而比斑鸠小，它们有的飞往印度等南亚一带越冬，有的在塔里木盆地南部绿洲越冬，每年 4~5 月份即向北迁飞，也有少数椋鸟，冬季仍留在准噶尔盆地南部越冬。

紫翅椋鸟很喜欢在村庄和小城镇及其附近活动，它们嘈杂的叫声成为这儿乡村自然音乐的组成部分，有时鸣叫声非常响亮甚至会模仿母鸡产蛋的咯咯声和马驹的嘶鸣声。在巴音布鲁克草原，它们随着牛羊群，啄食牲畜惊飞的虫子，有时落在牲畜背上相伴为友。

粉红椋鸟主要在草原带大群活动，多在山岩石洞和高的河岸裂缝及灌丛中筑巢。紫翅椋鸟则主要在树洞、倒塌土房、河岸裂缝中及老树上建巢，它们更喜欢挂在树上的人造巢箱，也喜欢利用旧巢。巢中铺着柔软的草茎和鸟羽，每窝产五六枚甚至8枚天蓝色卵，由雌雄亲鸟交替共同孵卵，约半个月幼鸟即可出壳，由双亲捕捉虫子饲喂，一昼夜可飞回150~250次。在幼鸟出飞后便又产下第二窝卵，第二窝幼鸟离巢后亲鸟还要饲喂一个时期。此后，它们便聚集成大群，数十或成百只，甚至数千只黑压压的一大片，在田野、河谷、草甸、刈草场觅食，有时落在大树和电线上。

椋鸟以各种金龟子、步行虫、象鼻虫、叩头虫、夜蛾、鳞翅目幼虫等害虫为食，其中蝗虫占有很大比例。一只椋鸟一天可吃200克左右害虫，为自己本身重量的2~3倍，虽然在秋天有时吃些葡萄、瓜子、沙枣及浆果，但数量极少。椋鸟的确是农、林、牧业的主要益鸟。

鸢、苍鹰等猛禽是椋鸟的主要敌害，椋鸟对付它有一种特殊的办法。当它们发现苍鹰飞来时，便集群起飞，在苍鹰身下转圈子。由于苍鹰不能垂直下落捕食它们，加之苍鹰对密集的椋鸟群不易下手，椋鸟从而可逃过这种猛禽的追捕。

椋鸟对人类十分有益，应大力保护。在牧区有水源的地带修建岩石建筑堆，以供招引椋鸟群筑巢，这个方法在新疆许多地方已推广应用，效果颇佳。在农业区，更要注意保护建有椋鸟巢群的大树和林带，保护椋鸟繁殖，以维护绿洲农业生态系统的稳定。

黑夜哨兵——猫头鹰

静悄悄的深夜，当人们正在熟睡的时候，突然传来一阵凄厉的叫声，不禁会使人毛骨悚然。这是一种猫头鹰的尖叫声，由于声音实在难听，加之它喜欢隐居于人迹罕至的老坟地大古树上，在中国民间，迷信的人常把它的叫声视作不吉利的象征。《本草纲目》中也说："钩鹆，其状似鸱有角，夜飞昼伏，入城城空，入室室空，常在一处则无害，若闻其声如哭声，宜速去之。"这是过去加在猫头鹰头上的莫虚有罪名。实际上，猫头鹰是对人类有益而几乎无害的禽类。在美

图61 椋鸟群灭蝗

国，人们反而把能听到猫头鹰叫声视为吉兆，对它的来临非常欢迎。哈利·波特的故事中，猫头鹰不就是一名十分称职的信使吗?!

猫头鹰又叫鸮，属鸮形目鸱鸮科，为夜行性猛禽，世界上有200余种，在新疆已发现有12种，最大的雕鸮，身长可达50厘米，最小的

是纵纹腹小鸮则只有十多厘米长。鹰、隼、雕等猛禽，都在白天消灭地面活动的黄鼠、沙鼠等鼠类，夜晚休息。而猫头鹰则在晚上消灭夜间出来活动的田鼠、小家鼠等，白天休息。猫头鹰为了适应夜晚出来活动，都长有像猫一样向前看的眼睛，又大又圆，白天瞳孔合为一条缝，夜晚瞳孔放大，看东西很清楚，但它最突出的则是敏锐的听觉。大部分猫头鹰的眼部多少都有围绕眼圈向外辐射的成排羽毛，形成像猫头一样的面部。这些叫面部会颌的羽毛，能将微弱的音响送入它特大的耳孔，这是猫头鹰在完全黑暗中收集声音、判断老鼠位置的绝妙武器，并在老鼠奔跑中也能用对趾形的利爪准确捉住它。猫头鹰的羽毛非常柔软，飞行时毫无声音，这极有利于从空中俯冲下来捕捉老鼠时，不易被老鼠发现逃掉。鸮的体色多为带斑纹的灰褐色，当它缩着头站在枯树桩上时，其"面盘"像个切断的树干断面，身体极像一段枯树，若不注意，很难发现它。羽色发白的雪鸮则喜欢在多雪的山林中活动，有利于隐蔽。

猫头鹰喜欢在树林茂密的农田地带活动，它们大多在老树的树洞、岩隙、古屋之隅筑巢，有时也强占利用其它鸟的巢穴，尤其是小鸮更爱接近人类住宅，因住宅里往往也有较多的鼠类。它们的卵多为白色，每窝1~7枚，孵卵期约1个月。幼仔出壳后，仍需父母饲喂1个月，便可离巢跟随父母学习捕食。猫头鹰很会吃，它将老鼠撕碎吞下后，通过胃部消化，就像其它猛禽一样能将皮骨吐出。猫头鹰除主食鼠类以外，有时也吃少量的小鸟、青蛙、蟾蜍、蜥蜴、蛇、金龟子、蝼蛄及其它昆虫。

在新疆不同的生态环境中，有适应性各异的鸮类分布：绿洲农田地带多长耳鸮、短耳鸮，草原上多雕鸮，山地森林中鸟林鸮和雪鸮则较常见，而远在准噶尔盆地的沙漠中古河道旁，也有纵纹腹小鸮等一些鸮类活动的痕迹。

猫头鹰是农民的朋友。据研究，一只长耳鸮一年可吃田鼠1000只左右，而一只鼠一年吃掉粮食不下半千克，还糟踏半千克以上的粮食，因此，一只猫头鹰一年可保护一吨以上的粮食。鸮类虽然能引起某些疾病，但它在大量消灭老鼠，

图62 猫头鹰捕鼠

保护农牧业生态环境中起着巨大作用。猫头鹰都已列入中国保护动物，我们应大力保护它，让这些夜晚的"哨兵"多多繁殖，为我们除害吧！

悬巢建筑师——攀雀

中医有一种治疗关节炎的特殊方法，既不用贴药膏，也不吃药打针，而是利用"云雀窝"，

把它包扎在疼痛的膝盖上，极为柔软而温暖，治病具有神效。“云雀窝”指的是什么？它是从什么地方采集的呢？

在阿尔泰山下，沿额尔齐斯河河谷广泛分布着杨、柳、桦三种乔木组成的河谷绿洲阔叶混交林带。这里是多种鸟兽的天堂，天空中鹰、鸢在盘旋，树林中狼、狐、兔出没，河面上成群野鸭嬉戏，河水中红鱼、鲟鱼、狗鱼闪着银光。就在河面上不高处，在随风飘荡的桦、柳树枝上，常常“结”着梨形的“硕果”，它直径在10~15厘米，近前仔细看，原来在侧面还有个小洞口。有小鸟进进出出这些巢，这些小鸟就叫攀雀。因为它能以各种姿势紧紧地攀挂在纤细的树枝上，眼望着浩浩荡荡的河水，还有那垂向河流中间细树枝上的巢，真使人可望而不可及。只有当河床冻结的冬季，人们才能“摘”到这些“果实”。

攀雀属雀形目攀雀科，俗称云雀。其实，它与草原中歌声美妙的云雀是完全不同的两种鸟类。攀雀体型很小，体长不到10厘米，体重不到10克，长着颜色很淡的麻灰色羽毛，平淡而极不显眼。但是它却有一手好手艺：它在河岸的草地上，一次一次飞来飞去，用嘴衔来驼绒或山羊绒——一种极细而长的毛，有时“货”源不足，也叼来一些一般的长羊毛，在河面的垂枝上精心编织窝巢，设计十分巧妙，以便为自己未来的小宝宝安排一个极为舒适的“家”。这种挂在细树枝上的窝，下面是滔滔的河水，看起来很“悬”，实际上却很安全，因为食肉动物难以“光顾”。由于河面风大，为了能抵御寒冷，它的巢壁厚达2厘米，且极紧密，风雨不透。这样的窝，需成千上万根绒毛才能编成，不知耗费了小主人的多少时间和心血！

攀雀雌雄成对，夏季在额尔齐斯河、塔里木河沿岸的巴楚等地繁殖，主要以昆虫及其幼虫和虫卵为食，也吃少量种子等。在新疆数量不多，也是对人类十分有益的鸟类，应予以保护。

图63 攀雀建巢

不是老鼠变的蝙蝠

在新疆绝大部分居民点，夏天的傍晚，屋檐前、院内、路灯下，甚至在剧院大厅内都能看到像小鸟的怪物，在空中上下飞舞。它们忽左忽右，忽上忽下，到处兜圈子，它能急速变换飞行的方向和速度，在黑暗中永不碰壁，好像在表演绝技。这些“怪物”就是蝙蝠。蝙蝠若除去像翅膀一样的前翼，其头部和身体的形状和毛色与老鼠极为相似。过去传说它是老鼠变的，这纯属无稽之谈。

蝙蝠是翼手目蝙蝠科的哺乳动物，《本草纲目》中也称它为“天鼠、夜燕”。它在世界上有近1000个种和亚种，分属19科174属，在地球上多达数百亿，是人类的10多倍，种类之多占世界动物总数的1/4，近些年还不断有新种发现。已知中国有蝙蝠80种，新疆只有11种，它们大部分是古北界的广布种，有体型最小的伏翼，体型较大的北方棕蝠、宽耳蝠、大耳蝠等。伏翼体重只有4~5克，展开两翼也只有7~8厘米，而在中国南部的狐蝠，两翅展开可达70厘米。蝙蝠相貌丑陋不堪，形态奇特，它的翅膀是特别延长的前肢与后肢及尾部的皮膜构成，一旦挂破，便不能飞。白天，它们倒挂隐藏在居民点的屋檐内，古塔、旧屋的裂缝里，树洞或山洞中，到晚上才出来觅食，在黄昏和拂晓时活动最为频繁。

新疆的蝙蝠主要以大量的夜蛾、甲虫、蚊虫等为食。怪不得在城市路灯下常有蝙蝠飞翔，因为昆虫有趋光性，在路灯下飞舞着大量的蝙蝠食物。蝙蝠主要捕食蚊蚋、蝇、蛾等，一只重8克的蝙蝠每小时能吃500只昆虫，一晚上的食量相当于体重的一半，可消灭害虫数百至数千只。国内外还有专门吃水果、鱼甚至吸血的蝙蝠，但在新疆还未发现。

蝙蝠的繁殖习性与众不同。秋季，它们成群在空中飞舞追逐，进行交配。它们的婚姻是一夫一妻或一妻多夫的乱婚制。交配后，精子在雌蝠体内度过漫长的冬天，天暖有蚊虫时，卵子才受精发育，怀孕期两个半月。春末夏初，母蝠寻找安全的阴暗巢穴产仔，每胎一仔。临产时，母蝠将尾部翼膜极度向腹面弯曲，以使“宝宝”安全出世在它的怀中，然后咬断脐带，吃掉胎盘，不断用舌头舔干“宝宝”身上的羊水。聪明的“宝宝”一睁开眼睛，就用四肢上的勾爪紧紧抓住母蝠身体，用嘴衔着母蝠的乳头，由母蝠带着飞翔、觅食。待幼蝠长大些后，母蝠便不带幼蝠觅食，有时一个大洞中的幼仔几十或成百只集中在一起倒挂在壁上，只留下几个大蝙蝠像保姆一样照看小家伙们，好像是一个“幼儿园”。当然哺乳还是由它们自己的亲生母亲来哺养，各自的母亲都能找到自己的孩子而不会出错。一个月后，它们就能学会飞翔。秋末，蝙蝠迁往温暖的南方，有的迁往温暖潮湿的深山洞中冬眠越冬。冬眠的蝙蝠体温降至2℃~3℃，每5分钟才呼吸一次，新陈代谢活动降得很低，这有利于它度过漫长而无食物的冬季。蝙蝠虽小，但寿命长达15~25年。

有人做过试验，将蝙蝠放在布满细铁丝的迷宫似的黑屋内，让它连续飞翔6个小时，还不曾碰到任何一根铁丝。它为什么有这样高超的飞行技艺呢？原来，蝙蝠能发出两种声波，一种是口腔发出的好像老鼠的“吱！吱”声，人类能听到，另一种是从鼻孔周围褶皱膜发出的、人类听不到的高频率尖蹄声。在飞行中，它不断地发出这种超声波，由向前的一对大耳壳接收反射回来的声波，再判断前面的物体特征及位置，以便捕食虫子，回避电线、墙壁等，而不是用眼睛看。不过，有时它也发生误差。据报道，国外常发生蝙蝠钻进女性蓬松的高发髻中的现象，这可能是纤细的发丝干扰了超声波反射的缘故。人们利用类似蝙蝠的这种特征，发明了雷达，在仿生学上有极大的实践意义和军事价值。

蝙蝠是人类的好朋友。某国的潮湿地区由于疟疾猖獗，便建造了许多可供数万只蝙蝠居住的蝙蝠塔，专供蝙蝠栖居。结果，此举使疟蚊数量剧降，疟疾病的流行也得到了控制。蝙蝠除了有直接消灭害虫的功劳外，它的粪便还是中药中的“夜明砂”，《本草纲目》中称“天鼠屎”，可“消积、活血、明目，主治目生翳障、夜盲、小儿疳积、惊风”等症。由此可以说“蝙蝠，蝙蝠，为人类造福。”怪不得中国古代建筑物上，或是春节年画上常画有蝙蝠，它还有“福”的谐音而为人们崇拜。即使只从生态学角度，我

图 64 蝙蝠夜行

们也应努力保护蝙蝠。城市改建后现代化建筑已无蝙蝠安家的地方，建议建筑设计部门应该考虑到这个生态问题。

成灾的老鼠

1970年秋，伊犁谷地农业区发生了严重鼠害。以小家鼠为主的害鼠像泛滥的潮水，向四面扩散，危害小麦、玉米、油菜、瓜果和蔬菜等农作物，它们吃果树花芽，啃果树根部树皮，使农牧业和园艺受到极大损失。到秋末大雪来临的时候，老鼠们纷纷向温暖的居民点转移。有的农村小屋中，平均每平方米地板下，或每立方米禾秸中，有老鼠达数十只，有时多到人们即使闭着眼睛拿棒子向地下打，也能打死只老鼠。可见数量之多。治蝗灭鼠机构根据当前的情况，计划来年春天采取大规模灭鼠措施。可是到第二年春天，不知什么原因，老鼠都神话般地销声匿迹，不知去向了。

在中国新疆北部的鼠害最为严重，其特点是种类多，数量大，分布广。在近代史上，已知天山北麓大规模鼠害曾发生过 3 次，伊犁盆地两次。1922 年发生鼠害时，玛纳斯等地的庄稼被老鼠吃得净光，许多农民不得不靠挖掘野菜、草根过日子。在鼠害地区，曾有 4 个农民在 3 天之内从鼠洞挖出了 900 千克粮食，其中一个鼠洞就挖出粮食 15 千克。

造成新疆鼠害的老鼠均属啮齿目仓鼠科、鼠科和跳鼠科 3 科的 14 种啮齿动物，其中以鼠科的小家鼠危害最大。小家鼠是人类住宅内最常见的动物，在新疆几乎有居民点的地方都有小家鼠栖居。它体型甚小，长仅 6~9 厘米，重仅十几克，细尾巴还没有身体长，背部毛色棕灰，腹部白色或灰白色。小家鼠有着惊人的适应能力，可以说“海、陆、空”适应能力俱全，它能短距离游泳，会在地下钻洞，更会爬树、上墙，技艺高强。使人吃惊的是，它从十多米的楼上掉下来也安然无恙，真是不打伞的“伞”兵。由于它有强有力的啃咬器官和良好的钻爬能力，很易进入建筑物，也能进入货物包装箱，乘机到外地旅游、安家。它对巢的选择也很不严格，只要有足够的食物，到处都可以居住和繁殖。它常常在麦秸、书堆、破衣堆、地板、墙壁中，用柔软物质垫巢。在野外，它们在草堆下或地下 20~30 厘米处，挖洞为穴，并留下两三个洞口。

小家鼠的繁殖能力极强，幼仔生下后 60~75 天，体重仅 12 克左右时就已性成熟，即能进行交配繁殖，怀孕 20 天左右，每胎产仔 4~14 只不等。在房屋中，小家鼠可以全年繁殖。如果它不死亡，平均按每胎六七仔计算，一对怀孕小家鼠一年就可繁殖到 3200 只以上，这是一个多么惊人数字！

小家鼠除在住宅中生活外，也在田园、草地、砾石荒漠中生活，有在春季从住宅区向田野迁移，秋季向住宅区迁移的习性。新开垦的绿洲可以使它们的数量大增。小家鼠除毁坏农作物，盗食粮食、咬坏家具外，还是许多病菌的携带者和传播者。因此，它和所有的鼠类一样，都是人类的大敌。

新疆的害鼠除小家鼠以外，还有红尾沙鼠、灰仓鼠、大沙鼠、草原兔尾鼠等。在欧洲，旅鼠有着 3~5 年规律的数量变化，种群数量庞大时，进行大规模向南群体迁徙，并有投海自杀的现象。在准噶尔盆地，20 世纪末也曾多次发生过数万只草原兔尾鼠集群，浩浩荡荡，越过草原、荒漠，扬起漫天尘土，最后集体跳入水库自杀的奇怪现象。但因自然界的复杂生态关系及生物本身繁殖上的复杂反馈作用，虽经多年研究，新疆鼠害的发生规律还未能摸清，这有待于进一步进行研究，以利于人们控制鼠害。中国科学院马勇等，新疆流行病研究所王思博、杨赣源等，对新疆的啮齿动物进行了系统研究，并撰写了专著。

图 65 害鼠盗粮

狼、猫、狐狸及多种鼬科兽类，猫头鹰、鹰、隼、雕、鸦、鹊、蛇、刺猬等，都是老鼠的天敌。要消灭鼠害，我们必须首先保护这些动物，以控制鼠类的数量，但还要辅助以人工灭鼠的方法，才能有效控制。

刺毛球——刺猬

你看到过獴与蛇紧张搏斗的情景吗？只见瘦小的獴，一遇到眼镜蛇，便蓬松了全身的毛发，身体一下粗壮了许多，在眼镜蛇周围灵巧地跳来跳去，使毒蛇无法下口。即使毒蛇咬上它，也往往只是一口针毛，万一咬了皮肉，也毫不在乎，因它有着特殊的体内抗毒原体，不易中毒。但是獴却能看准了毒蛇的头颅，只要瞄准一口，就会致使人望而生畏的毒蛇死于非命，那条拼命挣扎的毒蛇，即使用比獴长数倍的蛇身缠住了獴，也无济于事，不久就会全身松软，呜乎哀哉！獴蛇之斗，獴总是胜利者。

无独有偶，在新疆戈壁沙漠的绿洲中也有一种会制服毒蛇的能手，这就是刺猬，也叫大耳猬，属食虫目猬科。它全身长满了中空而坚硬，褐白相间的针刺，刺长 2~3 厘米。背部棕灰或褐灰色，腹部灰白色，它的嘴巴很尖，耳朵很大，长 4~5 厘米。头侧长着两只明亮的小眼睛。腿较短，尾巴只有 2~3 厘米，身长 20 多厘米，一般重约 250 克。刺猬遇到危险时，便将腹部肌肉迅速收缩，头尾合向腹部，全身便成了一个圆形的刺毛球，背刺向不同方向交叉排列着，使敌害无从下口，这是它最拿手的自卫本领。

刺猬非常喜欢吃蛇，它有制服毒蛇的独特本领。当刺猬遇见蝰蛇时，便主动发动进攻。只见它从后面猛扑过去，蝰蛇猛不防被咬了一口，疼痛难当，便回过头来反击，这时在它面前的却是一个圆刺毛球。蝰蛇围着这个毛球转，既不能缠绕，又无从下口，悻悻之余，只得忍痛离去。这时，用小眼偷看的刺猬发现蛇已经离去，便舒展开身体，悄悄跟上，又猛地一口，当蝰蛇转过身来时，面对着的依然是一个刺毛球……这样反复多次，几个回合后，毒蛇已无力反扑，行动迟缓，刺猬便猛扑过去咬住其头部，当做一餐佳肴。在搏斗中，若刺猬偶尔被毒蛇咬着，它也有着本能的抗毒能力，只要毒液不多，它仍然能照常活动。

刺猬虽然有着极优良的刺球盾牌当武器，借以防身，但在它的天敌狐狸面前却无能为力。觅食的狐狸找到刺猬的时候，面对着这个刺毛球，当然也无法下口，可是狡猾的狐狸会采取另一种攻势：将尿撒在"球"下，强烈的狐狸臊臭味，使刺猬难以忍耐，便撒腿就跑。这时狐狸便猛扑过去，把它掀翻在地，在它腹部最薄弱的地方，使劲地咬上一口，使刺猬再也缩不成"球"了，倒刺也保不住它的命了！

刺猬身上的针刺还有一个妙用。当刺猬在秋季垫穴，往洞中搬运树枝的时候，或是觅食遇到很多皮软的小果实时，它便把刺伸展开在地下一滚，就在脊背扎满了许多树叶或果实，运回洞口后便用劲一抖，"货物"便纷纷落地，它再从容不迫地衔入洞中，效率提高了许多倍。真是个聪明的动物！

大耳猬是荒漠半荒漠地带绿洲中的典型动物，分布于塔里木盆地周围，吐鲁番、哈密、准噶尔盆地南部的农田、庄园和砾石荒漠中，喜欢住在坟地、废弃房屋、坎儿井口的土堆、田埂及土堆下人迹罕至的地方。刺猬在每年4~5月份出蛰后，即开始发情，并交配繁殖，每年1胎，每胎2~10仔。幼仔生下后软弱而盲目，眼睛耳孔都闭着，不到7厘米长，非常好玩。黄色的皮肤上一层纯白色的短刺，若用手轻轻按一下，就会缩进柔软的脊背中。在母乳哺育下，半个月后睁眼，一个月后即可随父母出洞觅食，一个半月后就可离巢，晚秋便能独立生活。

10月份刺猬便进入冬眠期。在巢穴中，冬眠的刺猬体温从35℃左右降到17℃~18℃，甚至到5℃~8℃，柔软的上腭紧贴着会咽软骨，几乎不呼吸，少消耗热量，一直得到第二年春天。

大耳猬为夜间活动的动物，主要在菜园、芦苇滩、灌丛及村庄篱笆周围一带活动，黄昏时出来，一直到次日早晨都在觅食。它是杂食性动物，甲虫、金龟子、蜜蜂、蟋蟀以及各种昆虫、老鼠、蛇、蜥蜴、青蛙、蚯蚓等，它都爱吃，也吃少量植物性食物。它特别喜吃西瓜和甜瓜。它还能吃强毒性的昆虫，如芫青类的甲虫，而不会中毒。在找不到食物时，它也能忍受长期饥饿。

刺猬的习性很古怪，高兴的时候发出一种"呼哧、呼哧"的特殊喘声，很像火车放气声。在发脾气时便打起响鼻，好像是轻轻的敲鼓声，同

图66 刺猬与蝰蛇

时全身还不住地颤抖，好像人气极了发抖一样。它有时也在夜晚钻入居民厨房中觅食，常常在走习惯的房屋中每夜必至，捕食家鼠、昆虫等，对人类有益。

刺猬肉可食，皮可做中药。《本草纲目》说："主治五痔阴蚀、下血赤白、五色血汗不止、阴肿、痛引腰背"，"腹痛疝积"，"反胃吐食，小儿惊啼"，它是一种经济动物资源。由于它能消灭大量害虫和老鼠，所以是有益动物，但有时也盗食蔬菜、瓜果，有少量危害。大耳猬在新疆数量不多，应予以保护。

偷瓜贼——狗獾

新中国成立以前，新疆农村的耕地都非常分散，星星点点分布在原始绿洲之中。在西瓜快要成熟的季节，瓜农就得守候在地边，一是怕人偷摘，二是怕獾盗食。鲁迅的小说《故乡》一文，生动地描写了獾偷瓜的情景，使人读了如临其境。

獾，也叫狗獾，四川称天狗。李时珍说："貒，狗獾也，二种相似而略殊。狗獾似小狗而肥，尖喙短足，短尾深毛，褐色。皮可为裘领。亦食虫蚁瓜果。"它与南方分布的猪獾有别。

狗獾属食肉目鼬科，身体较肥大，吻尖而尾短，体重10~12千克，身长半米以上，尾仅12~13厘米长，背毛黑棕色掺杂白色，侧身色浅，下颊到腹部及四肢为棕黑色。它头部有3条明显的白色纵纹：两颊自口角到头后各一条，中间一条自鼻尖到头顶，其间夹两条黑棕色宽带。不大不小的耳朵边沿也呈白色，头部显得华丽，而性情较为凶猛。它前后肢都粗短而有力，爪趾很尖，适于挖掘洞穴。它的鼻尖突出，嗅觉灵敏。在腹部有鼬科动物共有的臭腺，老远就可嗅到它的一股臭味，这也是它保护自己抵御食肉兽的一种有力工具。

在准噶尔盆地周围和塔里木盆地西南部绿洲，都有狗獾分布。它本是典型的阔叶林动物，但在新疆，除分布在平原和河谷绿洲的胡杨、苦杨林中外，还广泛分布在湖滨草甸沼泽和红柳沙包地带，在古老而僻静的坟园中，也常发现它的踪迹。它一般喜欢选择隐蔽而很干燥的地方挖掘洞穴。最初，先挖一两个洞口，但由于多年重复利用，每年都挖洞口，使老狗獾的洞常很复杂，有好几个入洞口，还有一些支洞和死洞，穴室变成了1~2米深的地下坑道网。狗獾虽臭，却很爱清洁，每年冬眠前它都要清扫和翻新一次洞穴，在穴室中铺垫上新鲜的干草和树叶。它从不在洞内大小便，而在洞外离洞口不远的"厕所"中便溺。那是它挖出的一些小土坑，从那里面的粪便可以容易辨别出狗獾的食性。

狗獾的冬眠期很长，6~7个月。它在4月份出洞后，直到7月份，都可交配繁殖。雌獾怀孕期长达11~12个月，这期间有一段是受精卵没有发育的潜伏期，每两年产仔獾2~6只，以三四只为多。幼仔第34天睁眼，哺乳两个月后，幼獾就能随雌獾出洞觅食。到秋季，獾仔们吃得滚瓜溜圆，9月份便和雌獾一起在打扫干净的洞中冬眠。幼獾第二年性成熟，寿命10~12年。

獾为杂食性，能吃各种各样的食物，荤的有鼠、蛙、蜥蜴、蛇、昆虫及其幼虫、蚯蚓、兽尸等；素的有植物果实、浆果及根茎，还爱偷盗农作物，吃玉米、豆类等，它特别爱偷吃田里种的西瓜、甜瓜。狗獾活动隐蔽，只在夜晚才出洞觅食，在草地挖掘昆虫、蚯蚓，植物根茎的地方常留下它长漏斗形的足迹。它也常掘毁枯树桩，以找寻昆虫及其幼虫。

獾皮可制成褥垫，毛可做刷子和画笔，肉可

食,能“补中益气,宜人。小儿疳瘦,杀蛔虫”,脂肪可供医药和工业上使用。獾是一种经济价值不很高的资源动物,由于人类经济活动不断扩大,在新疆的数量越来越少,应适当保护,防止其灭绝。

图 67 狗獾

吃羊的野猪

在塔城、阿勒泰的边防站上,往往可以见到一种有趣的动物,那就是猪。猪有什么趣味呢?

原来,驻守在国防线上的边防战士为了改善生活,从内地运来约克夏等优良家猪饲养,由于饲料不够,而森林及河谷草地上有的是鲜嫩的猪饲料。于是,战士们把猪赶出去放养,这些家猪习惯了流浪生活,早晨把它们赶出去就不再管,傍晚都一个个跑了回来。母猪生小崽了,有意思的是生下的小猪形态及体色与母猪有异:嘴长而毛色杂。等这些小猪长大后,其性情粗野而不易管教,长得既不像家猪,也不像野猪,放出去有时还赶不回来。但是,可喜的是这些猪不易生病,冬季不怕严寒,身体比它们的母亲要强壮得多,成了适于边防站饲养的“新种猪”。

它们是怎样来的呢?原来,这一带还生活着野猪,当家猪在野外吃食发情时,森林中的公野猪便跑来交配,无意中得到了杂交种。本来,家猪就是野猪驯养进化选育而来的,这样就使家猪得到了新的血液,进行了复壮,使家猪增强了抗病抗寒的本领。

野猪属偶蹄目猪科。体毛棕黑色,成年公猪大的体长可达 2 米,体重达 250 千克,像头小牛。公野猪口中露出 10~20 厘米长的一对獠牙,棕黑色的鬃毛很长,面貌十分凶恶,母野猪较小。它们和家猪在形态上有很大区别:由于经常用鼻子拱草地觅食,它的头颈很长,几乎占了身长的 1/3,而家猪才占体长的 1/9;野猪身瘦腿长,家猪滚圆肥胖,腿较短。此外,由于家猪只吃素,而野猪却荤素“并举”,肠子与身长比例为 9∶1,只有家猪的 1/2 长,而家猪为 16∶1;它的一胎猪仔数也少,多为 4~6 头,最多 10 头,而家猪为 6~15 头,最多有达 34 头的纪录。

野猪是杂食性,不但吃嫩草、草茎、芦苇、木贼根茎、树干、浆果、坚果,也吃鸟卵、昆虫、蠕虫及鼠类、蝗虫、烂鱼和尸肉。它最爱吃蛇,连毒蛇也不怕,凡是野猪经常活动的地方,蛇被消灭得一干二净。但它也很坏,在春季食物缺乏时,牧场上的羊群下了羊羔,它便嗅踪而至,在深夜到羊圈中偷吃羊羔。塔里木盆地的绿洲边缘牧场,就常有这种怪事发生。在准噶尔盆地和塔克拉玛干沙漠中部和田河旁，连大绵羊它也敢吃。在2005年有报道说，在天山牧场发生过野猪群一次盗食了3只大绵羊的事件。为了觅食，野猪还爱拱翻草地，无论是山地草场还是平原绿洲，常把一片片的草地拱得乱七八糟，深翻一二十厘米，挖植物根茎、蚯蚓、昆虫幼虫吃。野猪对农田危害很大，它爱拱食玉米、马铃薯、燕麦等作物，常给农民造成很大损失。

无论在山地森林还是绿洲沼泽，野猪都常成群活动，有时多则十几只，从没有像东北有几十只的大群出现，多为一头母猪带一群小猪，或是公猪单独活动。在繁殖期，则有公猪跟入母子猪群中。它们白天隐藏在树木浓密的灌丛下巢穴、山洞或是浓密的芦苇丛中及红柳林下，在早晨、黄昏和晚上出来觅食，吃饱喝足后，又钻进巢穴大睡其觉，像家猪一样懒。在一个地区找不

图68 野猪盗羊

到食物后，它便向其他地区迁移。夏季，在绿洲沼泽中，野猪常在泥水中洗“水浴”，而在山地森林中的野猪，则喜欢“沙浴”。它躺在河边沙地晒太阳，常常在松树干上擦痒时粘上松脂，又在晒太阳时粘上沙子，反复多次，常使野猪身上“穿”上了“盔甲”，刀枪难入。加之野猪报复性很强，因此，打野猪时要特别小心，对野猪群只能打尾猪，不能打领头猪，这是猎人总结的经验。否则整个猪群会向你围攻，致你于死地。

野猪年产一胎，当年11月至翌年1月是发情期，为争雌猪，雄猪之间也常发生残酷殴斗。母猪怀孕112~140天，4~5月份产仔，初产小猪身上多花条纹，3周左右离穴。这时仍需母猪哺育一个多月，仔猪才能逐渐自己觅食，到第二年性成熟，寿命20年左右。

在新疆，野猪分布较广，北疆的绿洲如艾比湖湖畔、玛纳斯湖湖畔、乌伦古湖湖畔和河流沿岸，天山北麓的泉水溢出带，均有野猪分布。南

疆的塔里木盆地周围多芦苇的沼泽及僻静的胡杨林带中，也都是野猪活动的好地方。此外，它还分布在天山和阿尔泰山山区森林带的山谷里。由于农垦及人们捕猎，现在平原区野猪数量下降极快，许多以前常能捕获到的地方几乎已绝迹。但在山区森林带还有一定数量，并已对畜牧业造成危害。

野猪中间也出现猪瘟现象。1961 年，在温宿县曾发生一次大猪瘟，死了大批野猪。自此以后，就很少出现野猪盗吃庄稼的现象，解除了以往民兵“护秋”的繁重劳动。事后，人们多次在该地芦苇中巢穴里发现了成群死亡的野猪尸体。

雪豹、棕熊、狼和猞猁，以前还有新疆虎，都是野猪的主要天敌。

野猪是重要的资源动物，产肉量高，蛋白质含量比家猪高，小野猪肉更鲜嫩好吃，野猪皮很结实，可以制革，猪鬃也可制造毛刷。《本草纲目》中说，野猪肉主治“癫痫，补肌肤，益五脏，令人虚肥”，脂“令妇人多乳”，胆主治“恶热毒气”，也可药用。因此，野猪是一种有用的动物，可适当保护，合理猎取。在天山野猪成灾的地方，应捕杀一部分利用，以降低种群数量。在苏联，已成功地将野猪重新驯化为家猪，中国也在利用野猪与家猪杂交，以改良猪肉品质。

消失的新疆虎

1979 年 2 月，在印度新德里召开的国际老虎保护会议上，宣布世界上 11 个老虎亚种中，已有 3 种绝灭，其中就包括新疆虎。李时珍曰：“虎，山兽之君也。状如猫而大如牛，黄质黑章，锯牙钩爪，须健而尖，舌大如掌（生倒刺），项短鼻 № 夜视，一目放光，一目看物。声吼如雷，风从而生，百兽震恐。”

还在 20 世纪初，塔里木河和孔雀河的下游，还是浩浩荡荡的大河，瑞典地理学家斯文·赫定对此有详细的记述。这一带布满了湖泊和沼泽，河流两岸是茂密的芦苇和郁郁葱葱的胡杨林、红柳林，世世代代生活在这里的罗布人，将巨大的胡杨树掏空，做成独木舟，也叫做“卡盆”，在河流和湖泊上漂泊，以渔猎为生。这儿也是新疆虎的家乡，它们出没于胡杨林和芦苇丛中，以塔里木马鹿、野猪、鹅喉羚、塔里木兔等为食，特别是野猪，当时数量很多，老虎采用潜伏或是追捕的方法就很容易捕到。新疆虎有时也跑到阿尔金山北坡和天山南坡的山谷，在树林苇丛中活动。

新疆虎常单独生活，在丛林中有许多比较固定的活动道路，白天在密林草丛中休息，早晚出来捕食。它不会爬树，但善于游泳，因而在河流沼泽地带，它活动自如，还能衔着小野猪游泳过河。只有在生殖期，新疆虎才成对生活，由于平原区没有高山岩洞，它们只好在平原森林的浓密草丛中为穴。每年 1 胎，或 1~2 年 1 胎，怀孕期 98~110 天，一般每胎生仔 2~4 只，春夏之交产仔，由双亲共同哺育幼虎。7~8 个月后，仔虎即会跟随母虎捕食，寿命 20~30 年。

罗布人除捕鱼和捕猎水禽及其它野生动物外，老虎也是他们猎捕的对象。他们没有先进的武器，便在虎道上埋设带齿的铁具。老虎被夹住后，便拼命挣扎，没有锐利武器的罗布庄猎手，只能远远盯着，若老虎挣脱链子，他们便远远在后再追踪，由于脚爪带铁，行动不便，老虎极难捕到食物，只能喝点水充饥。一个多星期后，老虎便饿得气息奄奄，半死不活，毫无反抗的力气。这时，猎人才敢冲上前来杀死它，剥下虎皮，取食其肉。至于虎骨，他们并不知其妙用，当做

图 69 新疆虎狩猎

废物抛弃。1980 年 92 岁的罗布庄老猎人塔依尔，还能生动描述他年轻时杀死一只雌虎和一只小虎的情景。俄国探险家普热瓦尔斯基 1887 年在塔里木盆地考察时写过这样的日记："塔里木河的老虎像我们的伏尔加河的狼一样多！"可见当年塔里木河一带的虎数量很大！据他记载，当时在阿尔泰山、伊犁及玛纳斯也发现过老虎。

新疆虎的消失是迅速的。据了解，在 20 世纪 30 年代还曾有人捕到过它，但是由于近代在塔里木河上游开垦农田，兴修水利，使河水改道，导致下游水源枯竭，湖泊缩小或干涸，芦苇、胡杨林干枯或死亡，使它的生存环境极度恶化。加之人类活动范围扩大，又用现代化武器捕猎，至 1949 年新疆和平解放时，数量已极少。据传，在 1951 年军垦战士在阿克苏胡杨林区垦荒时还见过一只。1962 年，新疆地质一队在阿尔金山某山沟中，一名工程师和一名工人共同遇到过一只正吃藏野驴的老虎，看来这是塔里木虎残存的最后记录。新疆虎是食肉目猫科动物，它的毛色和体型与孟加拉虎较为接近，体型较小，体重仅 100 多千克，只及东北虎的一半左右，因此，前人也称它为孟加拉虎，也有人把它列入里海虎。它是一种通体淡黄褐色、全身布满横斑纹的大型食肉猛兽，头顶也有一个"王"字形明显花纹。它若还存在于世，以其体型和勇猛，自然是新疆的"动物之王"了。新疆虎在学术上和经济上有很大价值，虎皮是贵重的装饰性毛皮，可做衣、褥、椅垫，或在墙上悬挂。虎须、虎鞭、虎血、内脏都是重要的中药，虎骨酒可祛风、强筋骨、定痛、镇惊，主治筋骨不利、足膝痿弱无力，步履艰难、挛急疼痛、惊风癫痫等症。但为保护新疆虎，这种药酒已停止生产。新疆虎都列为中国一级保护动物，严禁猎杀。

新疆虎的灭绝，是中国乃至世界动物资源及科学研究的巨大损失。

庄稼的忠实卫士——塔里木蟾蜍

世界第二洼地——低于海平面 154 米的吐鲁番盆地，正笼罩在炎夏的热流之中。绵延近百千米的火焰山，犹如一条火龙，自东向西，横贯盆地。中生代的紫、红、赭色为主的沙页岩，因百万年的风吹日晒，像露出的龙脊骨，重峦叠嶂，在烈日照耀下，红光灼灼，紫烟缭绕，远远望去，真似满山焰火。山下，在寸草不生的砾石戈壁滩上，或"日晒胶泥卷"的红胶泥土戈壁中，令人窒息的热浪，一阵阵扑面而来，使人喘不过气。正如唐代大诗人岑参描述的那样，这里竟是"火云满山凝未开，飞鸟千里不敢来"的境地。但是在山下不远的绿洲中，则是另一番景色：绿树成林，瓜果飘香，沉甸甸的白高粱低下了头，翡翠般的葡萄挂满了架。在火焰山脚底下的洞中，300 多条坎儿井里，就生活着一种形状难看而又能变化身体的怪物，不过它不是阻挡唐僧取经的妖怪，而是确确实实活在世上的一种动物——塔里木蟾蜍。一到秋末它就从农田蜂拥而来，进入洞中，火焰山下成了它们越冬休眠的绝好处所。

塔里木蟾蜍又叫癞蛤蟆、癞瓜子，分南北疆两个亚种，此外在帕米尔高原，还分布有帕米尔蟾蜍，它们都是新疆农田生物群落中的主要两栖动物，属两栖纲无尾目蟾蜍科，背部为带绿的土黄色，上布许多黑褐色斑块，腹部色浅，成体身长 5~6 厘米，重 20 克左右，雌蟾稍大。它是蟾蜍中的"中等个"，因南美的大蟾蜍重达 1 千克，而古巴的矮蟾蜍才只有几克重。由于蟾蜍的繁殖离不开水，所以绿洲中的沼泽地带和有水池涝坝的地区，它的数量较多。

春天，当积雪融化，低洼地区出现了一片片的池沼时，也正是蟾蜍繁殖的季节。性成熟的蟾蜍，在黄昏后纷纷向池沼里集中。特别是在 5~6 月份宁静的夜晚，如果你到池沼边，就会听到它

图 70 蟾蜍吃蝼蛄

们寻偶的大合唱:“咯!咯!”好似一个雄壮的交响乐队，清脆而微带颤音，高低远近不同的鸣声，不绝于耳。打开手电筒照照，你会看到水边的雄蟾蜍正鼓胀着腭下嗉囊鸣唱，附近不会鸣叫的雌蟾蜍游了过去，只见几只雄蟾立即跳过去，只有那跳得最快最远的才能“捷足先登”，成为“新郎”。有几只雄蟾抱在一起，抢夺那只“新娘”，互相用后腿踢蹬，争得不可开交。也有身材瘦小的雄蟾已经爬在身材魁梧肥胖的雌蟾背上，用前肢紧紧地搂着雌蟾的腋下，“抱对”成婚。如果捉住它们，用手把它们分开，会感到非常困难。原来，雄蟾在发情搂住雌蟾时，爪上的“婚垫”也已变色，在性兴奋中，本能地紧紧扣住雌蟾不松手，时间可长达数小时至两天之久。遇危险时，便由“夫人”背着“丈夫”潜入水中。当雌蟾在游动中排卵时，雄蟾也同时排出精液，精子在水中游动使卵受精。雌蟾排卵时，同时排出胶状卵带把卵连在一起，带上有两三排卵，好像一条透明而均匀布满黑圆点的胶带，直径约3毫米，在水中草下飘动。这可以避免单个卵被小鸟和其它动物吃掉。卵直径1~1.5毫米，每对蟾蜍可产卵3000~5000粒。产完卵后的蟾蜍，便离开这一年一度繁殖中必不可少的水塘，回到农田中生活，耐心等待来年的这几天新婚“佳期”。

受精卵在适宜的温度下不到一个星期，就自然孵化出了黑色小蝌蚪，它们摇动着尾巴游泳，形似小鱼，非常活泼可爱，与它的父母形状完全是两样。它本能地会逃避敌害，水面一有动静，就立即潜向深水中。它们用鳃呼吸，靠吃水草、微生物长大，20~30天后，当水塘快干涸时，它们都长出了四肢，变得会用肺呼吸，常爬到水边，露出头来休息。当然，它的皮肤和其它两栖类动物一样，也有一定的呼吸功能。此后它逐渐脱去尾巴，变成了陆上蹦蹦跳跳的动物。在这之前，若水塘过早干涸，那就会使它们“全军覆没”。

由于皮肤湿润而柔嫩，蟾蜍十分害怕炎热和干燥，白天就钻到鼠洞或土堆、墙根裂缝里休息，夜晚才出来觅食。每只蟾蜍有自己数十平方米面积的“狩猎”地段，一般不到处乱窜。因此，夏季在一定地段每晚都能遇到同一只蟾蜍活动。在冬季，蟾蜍在墙边、地埂边的洞穴、裂隙、淤泥及坎儿井中冬眠。冬眠处的温度不能低于0℃，否则就会冻死。它的寿命很长，曾有一只蛤蟆在动物爱好者手中活了26年。

蟾蜍是农作物害虫的天敌，每夜在庄稼地里要吃数以百计的甲虫、地老虎、蛞蝓、蝼蛄、蚊、蝇、蝇蛆及其它昆虫幼虫等。它用灵巧的翻卷式舌头捕到害虫，然后慢慢吞下。当它看到地面上的蝼蛄时，便猛地扑去咬住它的头或尾部，然后迅速吞下大半部分，头便伏在原地休息片刻，分泌出大量消化液，其后再抬起头来，伸颈扬背，将几乎与它身长差不多的大蝼蛄全部吞进腹内。一只6厘米长的蟾蜍，一会儿就可吞下两三条5厘米多长的蝼蛄，胃口真好!蟾蜍消灭害虫的本领，要远远胜过它那衣着漂亮的同族兄弟青蛙，消灭害虫的数量是青蛙的好几倍。因此，蟾蜍是庄稼的忠实卫士，在农业生态系统中占有很高的地位。

蟾蜍在受伤或被捉的时候，会从耳后腺和满身的疣粒里，分泌出粘糊糊的白色毒汁，气味腥臭，用以自卫，使吃它的敌人不敢下口。这种毒汁就是医药上常用的蟾酥，它虽有毒性，但只要不进入口中和伤口，就无妨碍。蟾蜍有强心、镇痛、抗毒、止血、散肿等功效，对治疗胃病、小儿疳

积、慢性心脏衰弱和各种疔、痔、恶疮等无名肿毒，效果显著。蟾酥还有强心、升压、兴奋呼吸、抗炎、麻醉、抗癌、利尿等作用。在20世纪70年代，中国每年出口蟾酥约1500千克，可换回外汇300多万美元。蟾蜍的干燥体和胆均可入药，肉也可食。鲜体剥皮去内脏及头也可食用，味美而营养丰富。《本草纲目》中也指出，蟾蜍本身可治多种疾病，如："小儿脐疮、发背肿毒、附骨坏疮、破伤风病、折伤接骨、大肠痔疾"。我在7~8岁时曾活吞过十多只蝌蚪。那时我身上长了疮，红肿难忍，母亲叫我到野外水池中捕捉来十多只刚孵化出不久的黑色小蝌蚪，用清水养了2~3个小时，然后加糖叫我一口喝下。那时我胆子很大。第二天我身上的疮果然全部消失了，十分神奇！因此，蟾蜍是一种对人类十分有益的资源动物。但这些年因受人类经济活动影响，特别是大量使用有毒农药，使它的数量大为下降。应防治水源污染，并注意保护繁殖它们的水源地，使其能大量繁育，为农业和人类服务。

飞贼蝗虫

据记载，中国的历史上曾发生过大规模的蝗虫灾害共800多次。其中，新疆玛纳斯河和开都河流域发生的蝗灾，不但使农业受到严重损失，而且给畜牧业也带来很大危害，甚至连博斯腾湖芦苇的叶子，也曾被它们吃光过。这在旧中国是最使各族农牧民痛心的事情。新中国建立后，经过多年的努力防治，如今蝗虫灾害已经基本上被控制，但不同地区仍不断发生。自治区还专门成立了治蝗机构，为彻底消灭蝗害进行着长期不懈的斗争。

蝗虫属直翅目蝗科昆虫，世界上共有4500多种，中国有800种，新疆有170多种，其中能够大规模迁飞的主要是亚洲飞蝗。与此同时，在山区草原和山前半荒漠草原，是土蝗集中分布的地区，主要有意大利蝗、西伯利亚蝗、戟绒蝗、

图71 蝗虫成灾

雏蝗等。这些飞蝗从海拔4300米的高山区至平原地区都能活动。

在新疆，5月中旬正是风和日丽的春天，这时在草滩地带土壤中越冬的蝗卵开始化为蝗蝻，纷纷爬出地面，以嫩草的幼芽为食，约过一个星期脱皮一次，就长大许多。5月底至6月初，蝗虫的密度已很高，在它们2~3龄时是消灭它们的最有利时期。可采用人工扑打、赶入灭蝗沟毒杀、鸡吃、喷药等方法，将虫害消灭在发生地带。

若不消灭它们，随着蝗虫长大，原有的草地已不足它们食用，蝗蝻便蹦跳着向四周扩散，在山谷河滩地的则向山坡扩散，随着种的不同经过3~5次脱皮，蝗蝻若虫便成了成虫。蝗虫脱皮

时很有趣：它先将有力的后腿攀紧植物茎叶，然后从颈部破裂，先露出头来，不到一小时便可脱出。有的蝗虫会返身吃掉脱下的壳体，这既可灭迹，又丰富了自身的蛋白质，有利于自身生长。蝗虫成虫具有很强的飞翔能力，在吃光了原产地的牧草、庄稼后，若遇到适宜的天气，便不约而同地纷纷飞起，向别处转移。在国外，沙漠蝗有着一次飞行2400千米的纪录，可从北非沙漠飞到英国，飞翔能力实在惊人。蝗虫在新疆一年可以繁殖两三次。到秋季，留在原地没飞走的雌蝗，在与雄蝗交尾后便选择滩地中不干不湿的草地，用尾尖掘成一个小深坑，将尾部插入穴中，产出越冬的卵块，再用后腿刨土盖严。卵块由胶质包裹，不易腐烂损坏。每个卵块有数百个卵，繁殖力极强。

天山和阿尔泰山不少地区已推行牧鸡灭蝗的方法，小鸡在布满蝗虫的草地上追食蝗虫，个个长得又肥又重，生长得很快。这不但消灭了害虫，抑制了蝗灾，又养大了鸡群，真是一举两得。这样生产的鸡叫生态鸡或绿色食品，肉味鲜美，在市场上价格较高但极受欢迎。在历史上，中国蝗灾地区饥民也常将蝗虫晒干磨成粉食用。蝗虫若用油炸也很好吃，目前也已成为大城市高级宾馆餐桌上的佳肴。

吸血鬼草蜱子

南方水田中干活的农民，最怕蚂蟥叮咬，而在干旱荒漠中，却也有像蚂蟥一样使人害怕的小动物。

一支跋涉在塔克拉玛干沙漠边缘的考察队，正当在烈日下干渴和疲劳折磨着他们的时候，面前正好出现了一片因缺水而长得干旱的胡杨林，还有一些绿叶遮阴。看到绿色的树木，人们感到好像凉爽了一些，纷纷跑到树阴下休息，有的干脆就躺在树下的干沙地上，好不惬意！可是没过多久，就有人喊叫着跳了起来。这不会有其他原因，在这里作怪的必定是草蜱子。不信，你看看脚下四周，不正有几只棕褐色似臭虫大小的小东西，正向自己飞速爬来，而喊叫的那人腿上，一只草蜱子已将吻部和头深深地伸入他的皮肤毛孔中，吮吸着血液。若抓住它往外拉，劲小了揪不动，劲使大了，虽虫子的身体已拉掉，但它的头却断在皮肤中，奇痒难忍！这小家伙在世界上分布很广，2001年我在穿越北非撒哈拉沙漠腹地时，也经常与它打交道，曾一次烧死过100多个。

草蜱子又叫亚东璃眼蜱，属蜘蛛纲蜱螨亚纲蜱螨目，黄棕或暗棕褐色，体长7~8毫米，平均体重0.25克，体型介于蚂蚁和蜘蛛之间，头、胸小，腹部大而呈椭圆形，较扁平，六节肢奔跑甚速。其吮吸口器尤为特殊，它有在吸血时连头也可不要的本能。蜱螨也是一个巨大的家族，在世界上有6目284科，1950年发现有1万种，到1970年就已达到5万种，估计现有50~100万种。它们大多对人类有害，农田害虫棉红蜘蛛就是它的族员。目前，已知中国有硬蜱101个种（亚种），新疆流行病研究所于心等对新疆的蜱类进行了系统研究，撰写了《新疆蜱类志》，记载了新疆有蜱类45种（亚种），有危害畜禽的蜱类达十余种，其中硬蜱10种，软蜱3种。硬蜱类除亚东璃眼蜱外，还有血红扇头蜱、吐伦扁头蜱、白纹璃眼蜱、边缘矩头蜱、瓦氏盲蜱等。软蜱类以波斯锐缘蜱即鸡虱子分布最广，危害家禽最严重。它白天藏在阴暗角落，夜间爬出来咬鸡、鸭、鹅等禽类，并且能进入房中咬人、吸血，它的毒性很强，被咬后易出现很大的肿块，奇痒而疼痛难忍，且易化脓，甚至可使人发烧并发其他病症，实在可恶。更危险的它是蜱媒出血热的传播媒介和贮存宿主，它通过卵和叮咬人、畜，也传播 Q 热立克次氏体“不明热”，使人发高热和伴有寒战、多汗、头昏、咽部红肿等，家畜则表现为羔羊摆腰病。

草蜱子在新疆广泛分布在塔里木盆地和准噶尔盆地沙漠地带，主要在地面上活动，有的也爬到树或灌木枝头，遇有动物从下面经过，会从空而降。它和夜间吸血的软蜱不一样，大白天就很活跃，爬行速度不比蚂蚁慢多少。它有很敏锐的嗅觉器官，也可能是有热追踪导向能力，能闻到人和动物的气味，追踪而来。你若改变位置，它会马上改变方向，直向你的脚下爬去，无论骆驼、马、牛、驴、羊等家畜，还是野骆驼、野驴、野羊、狼、狐、野兔、刺猬等野生动物都不放过。皮肤细嫩的人，它当然更感兴趣，它的假头一接触皮肤，便用螯肢切开，随即插入口下器吸血，且咬得狠，拔也拔不出来，只有用烟头烫它的屁股，才能使它收敛一些，自觉拔出吻来。若不受干扰，它在动物身上要吸血 2~3 天，才从披毛中爬出来，寻找也吸饱血的异性血蜱交配。但未吸血的草蜱子则对性交毫无兴趣，无论雄雌，绝不交配。交配后的雌蜱，便离开动物体到地下寻找适宜的地方产卵，一个多星期，产完卵后逐渐在 1 个月内死去。在自然条件下，卵孵化成 3 对肢的幼蜱，积极活动，寻食血液，吸血后静卧脱皮，脱变为 4 对节肢的若蜱，若蜱还要吸血脱皮，最后才变为成蜱。蜱在生长过程中极能耐饥，不吃东西可活两个多月，有的也可活 1 年以上。

这种蜱属三宿主类，也就是一生要吸血 3 次，3 月中旬在家畜身上发生，4~7 月份寄生数量最多，9 月份仍有活动，当年的成虫在野外过冬。它吸血十分残忍，可吸食自身体重 5~6 倍的血液，吸饱血后最重的雌体可达两克多，雄体较小。蜱的繁殖能力很强，雌蜱可产卵 4700~25000 粒，若没吸饱血，则只产 600~4000 粒。蜱的产卵期有好多天，分期分批产卵，每次最多产 800~900 粒。雌蜱生命周期约两年。

草蜱子对畜牧业和野生动物危害很大，如有的塔里木兔身上多达数十只，致使动物体质减弱甚至死亡。由于草蜱子是蜱媒出血热的传播媒介和贮存宿主，它也是野外工作人员和牧民的大敌。当春、夏在沙漠边缘和胡杨林中工作或旅游时，注意不要过分依恋美丽的风景，不要长时间地在一个地方停留，要多注意地面，看有无草蜱子追来。天气虽热但必须穿长裤，而且要扎紧裤脚，用袜子盖上，以防草蜱子袭击。

图 72 野兔耳上寄生的草蜱子

对蜱类的防治，有药剂防治、清除畜舍、杀鼠塞穴等方法进行消灭。

五、荒漠动物

新疆的荒漠，按形成特点分为石漠、砾漠、沙漠、土漠、盐漠和高山寒漠，戈壁主要指砾漠，有的也指平坦的土漠甚至盐漠而言。由于新疆特殊的地理位置和自然条件，南疆的塔里木盆地和北疆的准噶尔盆地等，形成了大面积的干旱荒漠地带，其中，仅沙漠面积就占 42 万平方千米。

在塔里木盆地 34 万平方千米的塔克拉玛干大沙漠，2005 年被中国《国家地理》杂志评为中国十大最美沙漠的亚军，在它的周围，由于车尔臣河、孔雀河、塔里木河及其支流和田河、叶尔羌河等流过，形成了条条绿色长城和走廊，生长着胡杨、灰杨、红柳、白刺等耐干旱的荒漠植物，就成了荒漠中野生动物的避护所。

在准噶尔盆地的古尔班通古特沙漠，由于温润西风气流能从西部山口进入，年降水量在 100~200 毫米，多种类型的沙丘上，生长着稀疏的梭梭、红柳、三芒草、沙拐枣等，形成固定或半固定沙丘，这里有种群数量较多的野生动物生活。

塔里盆地周围极端干旱的山地，以及吐哈盆地中的低山丘陵，这里岩石嶙峋，怪石林立，极少有植被生长，在终年的强风吹蚀下，迎风坡的岩石被吹出了各种各样奇形怪状的风蚀洞、石林或是风棱石，景色十分美丽，成为旅游者向往之地。这种石漠上野生动物也不多见。在部分风力强盛的第四季沉积物上，则吹蚀出了奇形怪状的雅丹地貌，如乌尔禾魔鬼城，罗布泊西北部的白龙堆、东北部的三垅沙，在 2005 年中国《国家地理》杂志选美比赛中，首推为中国三大最美的雅丹地貌。这里的动物和石漠一样少。

在南北疆两大盆地周围的洪积冲积扇中上部，是山前倾斜平原，多为砾石覆盖，也就是砾质戈壁，或叫砾漠。由于强烈的日光照射，砾石面上形成了特殊的棕褐色荒漠漆皮，在阳光下闪闪发光。一到正午，由于光的折射作用，远望似水波荡漾，如同大海，是荒漠中又一特殊景色。在砾漠上，有些地方几乎不长一棵草，有的只长一些十分稀疏的石梭梭、优若藜、猪毛菜、麻黄等。这里生活的野生动物不多。

在洪积冲积扇下部和沙漠边缘的洪积平原，分布有广阔无垠较平坦的土漠，即土戈壁。这里生长的干旱荒漠植物，有叶小而有刺的琵琶柴、骆驼刺、白刺、苏枸杞、霸王等，还有叶片退化的麻黄、梭梭、红柳，以及叶片多汁的猪毛菜、胖姑娘、合头草等，大多长得低而稀疏。这里生活着一定数量的野生动物。

两大盆地中部的湖滨和扇缘洼池中，以及干涸的湖盆中，常常是碱壳遍地，植被极为稀疏的盐漠。这里有的盐壳厚度达 30~40 厘米，仅生长着极能耐盐碱的植物，它们多冠以“盐”字，如盐穗木、盐节木、盐爪爪、盐梭梭、盐节草、盐生草等，味咸而多汁，植物细胞渗透压极高。这些地方动物相对较少。

最能适应荒漠地带生活的大型兽类是野骆驼，还有体型小的沙狐、荒漠猫、塔里木兔、兔狲、跳鼠、沙鼠等；鸟类有沙雀、漠雀、沙鸡、石鸡、地鸦等。此外，尚有沙蟒、花条蛇及数量较多的甲虫等昆虫，而蜥蜴目的爬行动物，在戈壁沙漠中有较多的种类和数量分布，在特别干旱无水的地段，更是它们的乐园，举步即遇，数量可观。这些动物中，不少是世界上只在新疆分布的特有种。

由于一些绿洲伸延至荒漠之中，加上人类活动的影响，迫使某些草原动物也转移到荒漠和半荒漠地带生活。如野马、野驴、鹅喉羚等，从而丰富了荒漠地带的动物种类。

在荒漠地带生活的动物，它们都有耐干旱炎热，忍饥耐渴，适于粗食的特点，以适应恶劣的环境。下面，先从最适于干旱环境生活的——野骆驼谈起。

沙漠之舟——野骆驼

浩瀚的塔克拉玛干大沙漠，以浮尘天气居多，但是由于剧烈的气候变化，也常会遇到大的风暴。有一天，一支考察队在沙漠深处缓慢地前进，天气又闷又热，太阳晒得人汗流浃背，又没有一丝儿风。多亏大家骑着的是骆驼，要不双脚在灼人的沙丘上行走，进一步，退半步，不知要付出多大的代价！突然，天际出现了一片黄里透黑的云，渐渐地越来越大，当有人还在庆幸有云彩能遮住烈日的时候，坐骑却已预感到什么，再也不愿老实地行走。经验丰富的向导急忙叫大家停下，选一块平坦的地方，把骆驼围成一圈卧下，迅速把行李卸下放在中间，人挤在其中。这时，那片乌云已翻滚着到了人们头顶，上边黄，下边黑，遮住了半边天。霎时，天昏地暗，沙子扑面而来，打得人生疼且喘不过气来。刚才还是晴空万里的天，现在已变成了伸手不见五指的黑夜。大家包着头，听着呼呼的风声和沙子打在木箱上的响声，队员们只得耐心等待。不知过了多久，像是哪里失火了一样，天突然变成了暗红色，但又黑了下来，反复几次，红色逐渐变黄，天逐渐变亮，风势也逐渐变小，最后终于停止了。但是到处是灰蒙蒙的，天上的太阳仅隐隐地露出了轮廓，大家低头看，腿都埋在沙子里，不远处的那座小沙丘也向前移动了好几米。队员们不由得从心里感谢这群任劳负重的骆驼，要不是它们的帮助，不

图 73 野骆驼与狼

知风暴要把人刮到哪里去了。

野骆驼属偶蹄目，骆驼科中体型最大的食草动物，也叫双峰驼或真驼。原定名为双峰驼，是林奈给家骆驼的定名，1878 年普热瓦尔斯基在罗布泊地区发现野双峰驼后，定名为亚种应用到现在。考虑到它已是完全不同的新种和分布区，现我将它定名为罗布泊野驼。在世界上，骆驼科仅有 5 种，有分布于南美洲体型小的原驼、羊驼和骆马，及北非体型较大的单峰驼。目前，单峰驼的野生种在 600 年前早已消失。新疆塔里木盆地中部及东部与甘肃、青海交接地带，蒙古国与中国新疆、甘肃边境地区，是世界上仅存的野生双峰驼 4 个分布区。塔里木的野骆驼，东起玉门关，西至和田河，北起鄯善库姆塔格，南至阿尔金山北麓，以罗布泊为中心，在周围无人区，自然条件极为恶劣的戈壁、盐漠和沙漠地带生活。对于野骆驼，《本草纲目》中早有记载："野驼，今唯西北有云。家驼，则此中人家畜养生息者，入药不及野驼。""驼状如马，其头似羊，长项垂耳，脚有三节，背有两肉峰如鞍形。"野驼较家驼瘦高，四肢较长，蹄较小，颈细长，毛短，且为单一的淡棕色，驼峰圆锥形，小而尖，坚实硬挺。鼻孔大而头小，颅较长，特别是牙齿因食粗食而长得粗壮不齐，形态上两者已有着明显区别。成年雄驼肩高 1.8~1.9 米，体长 3~4 米，重达 1.5 吨，雌驼也在 1 吨以上。

野骆驼是典型的沙漠动物，仅分布在中亚，极能耐干旱荒漠环境，故又有沙漠"苦行僧"之称。由于它的血液有抗脱水的特殊功能，红血球能蓄存数倍的水分，加之三房胃旁有 20~30 个小囊，能贮清水 3 升多，可 20 多天不喝水也能照常活动。它耐饥力很强，由于背上长有能储存脂肪的双峰，只要吃点地上的盐土，一个多月不吃草也可照旧奔走。它不怕风沙，因它长有双重的眼睑和睫毛保护眼睛，鼻孔长，有可活动的瓣膜，能在起风沙时关闭、阻挡和过滤沙子进入鼻腔。野骆驼能喝很浓的苦咸水，也爱吃盐生植物，如多汁多刺的盐穗木、盐爪爪，其他如胡杨、红柳、野生沙枣的树叶、胖姑娘、雅葱等，也是它经常吃的食物，而多刺的骆驼刺、多汁的猪毛菜更是它的佳肴。野骆驼嗅觉极灵敏，可嗅出 1500 米远的水源，它又能预感到大风暴的来临。它的肉垫状的四蹄很大，前蹄大于后蹄，适于沙地行走而不下陷。腹部和腿部有 7 块胼胝体，便于长时间卧地休息。由于它老是抬着高贵的头，在受惊奔跑时，若遇到下坡，就显得非常笨拙，常常摔跟头。因此，它多在平坦的戈壁沙漠和山区宽阔的谷地生活，绝不爬陡峻的高山。

野骆驼多结成数峰或十余峰的小群生活，一般 14~16 峰的驼群较多，偶尔也可看到数群一起的 70~80 峰的大群。在繁殖期，每个小群由一峰成年雄驼和一些雌驼及未成年仔驼组成，一般仔驼比雌驼数量稍多，但两岁性成熟的雄仔驼便被逐出群外。每年 12 月份出现争雌的现象，第二年 3 月初春是野驼的发情高峰期。它们口吐白沫，雄驼间争斗十分激烈，互相踢咬，往往双方伤痕累累，鲜血淋淋，失败者惨痛离去，有的甚至重伤致死；胜利者成为群驼之首，可与该群的全部雌驼交配。它常常将裹胁到的自己的"妻妾"全部赶入只有一条出路的山谷，自己守在谷口，可怜的雌驼们只得靠山谷中的干草充饥，雄驼则可不吃不喝。这一阶段它的任务就是交配，以"传宗接代"。1~2 个月后，直到全部"妻妾"都怀上了它的儿女后才扬长而去。雌驼怀孕期为 378 天左右，多为 1 仔，第二年早春产仔，哺乳和生育周期为两年，寿命为

20~25年。

在罗布泊一带的戈壁、阿奇克谷地及阿尔金山北麓荒漠中，野驼群常有较固定的休息地、采食地和饮水源，来回奔走，便在盐壳或沙地上形成宽 30~40 厘米、深 10~20 厘米的“驼道”。在塔克拉玛干沙漠中部的野驼，10 月份前后由南部迁徙至尉犁一带塔里木河南岸干涸的古河道活动，第二年 3 月份返回，每年有周期性迁徙的习性，除有固定的饮水源外，则无固定采食地。在冬季每隔一星期，可观察到它们去饮一次水。由于人类枪杀，致使野骆驼警惕性很高，看到人或是在下风处嗅到人的气味，远在 1~2 千米外就飞奔而去。可笑的是它长得高，看得远，习惯注意 200~300 米以外，甚至数千米的物体，但对数十米处潜伏的危险则常不留意，这就容易被隐蔽得极好的偷猎者在近处枪杀。野骆驼受惊后可连续飞奔数小时不停，每小时可奔 70 千米左右，没有哪匹骏马可与它匹敌。在它经常活动的地方，当发现有人被惊走后，当年再不返回原地。

野骆驼的主要天敌是狼。当它与狼相遇，一是积极防御，向更为荒凉无水源的沙漠或盐漠中跑去，引得追踪的恶狼进退维谷，有时落得驼肉吃不上，反搭上自己的命。二是勇猛进攻。它会用有力的后蹄踢断狼的骨头，又会把胃里的食物连同胃液一股脑儿向狼猛喷过去，往往喷得狼晕头转向，看不清东西，狼狈逃窜。当仔驼相互斗架的时候，雌驼也常用此法将它们分开。

家驼是古代野驼驯化而成。骆驼肉可吃，似牛肉但较粗糙，且微带咸味，在 10~11 月份最肥。驼乳和驼峰是补品，营养价值很高，一峰成驼的脂肪约 200 千克。据捕猎过野骆驼的老猎人说，在炎热的夏季到缺水地区工作，若吃了驼脂会不觉得口渴，且易使人发胖。驼毛绒细轻而软，可做优良的纺织品和轻而暖的棉衣。骆驼的寿命一般为 30 年。

100 年以前，世界上残存野骆驼不下万余峰，由于人类的捕杀及经济活动区域扩大，近年来数量急速下降。据中科院生态地理研究所谷景和、高兴宜等研究，20 世纪 80 年代新疆的野骆驼还有 2500~3000 只，我和联合国环境规划署官司员 John Hare 博士合作，在 1995~1999 年 6 次进入罗布泊等 4 个分布区考察估算，罗布泊北部戛顺戈壁有 60~80 峰，罗布泊东部阿奇谷地和阿尔金山北麓有 280~340 峰，塔克拉玛干沙漠中有 40~60 峰，加上中蒙边境分布区的 350~400 峰，总数仅剩 730~880 峰。已成为比大熊猫还少的珍稀动物。野骆驼被定为巴音郭楞蒙古自治州的州兽，是中国一级保护动物，但因偷猎屡禁不止及近些年人类经济活动迅速扩大，侵占野骆驼生存地盘严重，加之狼害加重，其数量明显在减少，应采取积极措施进行保护。2000 年，在联合国 GEF（野生动物保护组织）的支持下，已建立了 7.8 万平方千米的罗布泊野骆驼国家自然保护区，保护了世界上近 3/5 的野骆驼。

动物明星——野马

1890 年前后，德国大商号的马戏团中出现了新演员，它就是 1876 年才被公开向世界报道，在新疆准噶尔盆地发现的野马。由于当时是以俄国的普热瓦尔斯基命名，所以国外也叫普氏野马。因为那时欧洲学术界早已认为世界上的野生马已全部绝灭，而准噶尔野马的发现便轰动了世界，成了头号新闻。于是，相继有“探险家”不惜重金，来到阿尔泰山东段和北塔山将军戈壁一带，在野马下驹季节，用骑马接力穷追的办法捕捉小野马，德国商人曾一次捕到了83匹野马驹，但带回去时只剩下一半，其它的在运输途中均已死亡。这些马驹有的卖到动物园，有的带到马戏团进行训练。野马在欧洲巡回展出，又一次引起了轰动，从此，野马便成了野生动物中的“明星”。

其实，野马早已被中国劳动人民所认识，并加以记载，《本草纲目》中写道：“野马似家马而小，出塞外……取其皮为裘。食其肉，云如家马肉，但落地不沾沙耳。”尔雅云：“骄如马，一角，不角者，骐也。”山海经云：“北海有兽，状如马，色青，名曰騊駼。此皆野马类也。”时至今日，由于它是动物进化的代表，加之在自然界已经绝灭，可以看作是比大熊猫还要珍贵的动物。

5000万年前，新疆许多地方还是郁郁葱葱的森林，现代体格高大的家马和蒙古野马的祖先——始祖马，竟像狐狸般大小，就在这茂密的林间生活。当时它的蹄子还是四趾。在漫长的地质历史变化中，森林面积逐渐缩小，始祖马不得不到草原上生活，成为草原古马。它的身材越来越大，侧趾逐渐退化，到3600万年前，已出现单趾的野马，以后进化为现代的野马。马的进化，是达尔文“用进废退”学说的典型例证。

野马属奇蹄目马科，又叫普氏野马，此定名有殖民地味道，科学的定名应为准噶尔野马，因准噶尔盆地是它的原产地，但因此前世界上仅剩此一种野马，叫它野马即可。它肩高1.24~1.4米，体长两米左右。毛浅棕褐色，腹部和腿部色较浅，蹄部和尾鬃黑色。头大颈短，蹄

图74 将军戈壁上的蒙古野马

小口阔而圆，耳短，不到17厘米，身材极粗壮。尾鬃膨松而粗大，从尾根1/3处着生，拖至蹄部。野马区别于家马的明显特点是：额部和颈部鬃短而直立，无长鬃毛，体型较小，毛色单一。

野马多为10~20匹一群，主要在准噶尔盆地的东部和蒙古西部的半荒漠草原上活动，每群

由一匹成年威武的公马和若干匹母马和小马组成。它们吃禾本科、豆科、菊科、藜科的植物，如芦苇、芨芨、蒿子、梭梭等，早晚到泉水地和溪流中饮水。冬季，在大雪封地时，会用前蹄扒开积雪觅食枯草和苔藓地衣充饥，并吃雪解渴。

每年的元月前后，野马开始发情，性成熟的小公马被“头领”早已逐出群外，但同时也会有其它壮年公马前来争夺“宝座”，与“头领”搏斗，或用嘴咬，或用脚踢，失败者仓皇逃去，胜利者便居于“头领”的地位，占有该群的全部公马的“妻室”。若争斗不分胜负，就会造成马群分裂，两匹公马各带一部分母马和它们的仔马分道而去。交配后母马怀胎 11 个月，到第二年天气暖和的 5 月前后，母马离群，选择极为荒凉而比较安全的地带生驹，多为 1 匹。当母马舔干小驹身上的羊水后，小马驹便能站立起来，1 个小时后就会跟着母亲奔跑，回到群中。这时，公马便承担了保护马群，抵御狼害的“任务”。马群的头领非常自私而残暴，一但它发现群中有别的公马交配生下的马驹，会毫不客气地咬死，但对自己的亲生儿女，则会倍加爱护。

野马警惕性很高，性情凶猛，由于眼睛长在头上部两侧，在低头吃草时也能看到四周而且还不时抬起头来，看得很远，以防狼等天敌侵害。在几千米外发现有人，野马就迅速离去。野马后蹄非常有力，遇到狼群时，公马能踢断狼的下巴骨，致其以死命。在食物缺乏的冬季，为了防止狼群侵袭，它们也集合成大群活动。野马奔跑能力很强，时速可达 60 千米，寿命可达 20~30 年。

目前，欧美各国动物园中还饲养着 900 多匹野马的八九代后裔。由于人类的滥捕和生产活动的干扰，野生野马已绝迹。1947 年在蒙古国曾捕到 1 匹，复壮了家饲野马的品种。1966 年 6 月 30 日，匈牙利卡萨波博士又在蒙古国西部发现过 8 匹一群的野马群，自此以后，国内外多次考察再未发现过它们。20 世纪 80 年代初，传说在北塔山和卡拉麦里山有蹄类自然保护区还有野马存在，美国科学家用遥感方法判测，认为该地区还有 7 匹野马。但从 1975~1991 年，中国组织了多次考察，我也曾参加和组织过 3 次野马考察，从目击者介绍推断，当时可能幸存数匹野生野马，但考察队未能见到。野马是中国一级保护动物，20 世纪 80 年代初，北京动物园已从美国用藏野驴交换来一对野马，它们可说是祖辈周游了地球一圈，100 年后又重回故乡的。1985 年国际野马保护协会从德意志民主共和国和英国赠送了 16 匹野马给中国，已由林业部门在吉木萨尔县境内建立了野马繁育中心，进行野外回归大自然驯化试验。至 2005 年，种群已扩大到 2408 匹，并创造了世界各国野马繁殖成活率最高的纪录。因为这里是它们最初生活的故乡，环境十分适应。2000 年起，该站进行野化放养训练，目前已有两群 34 匹野马在野外自由生活，并在野外生了马驹，试验十分成功。今后，野马的野外种群将会不断扩大。

善奔跑的野驴

在 20 世纪 80 年代，当动物考察队在准噶尔盆地东部工作时，常常会得到人们发现野马的报告。1985 年 10 月，我带的考察队到提供线索的地方搜寻。这里多为平缓的残蚀低山丘陵，或是面积不大的平坦戈壁，长着稀疏的梭梭、琵琶柴、红柳、艾蒿等，丘间洼地或季节性流水的小溪旁绿草如茵。当车子翻越一个不高的山坡后，果然远远看到宽阔的谷地中，有一群浅棕色的大型动物，它们一动不动，抬头警惕地看着我们，当吉普车离它们数百米时才扬长而去，身后扬起一阵尘土。考察车立即加油穷追，在平坦的土质谷地中，扬起的尘土如同一条巨大的“黄龙”追着前面的“小龙”。开始，两者保持着较远的距离，但渐渐地距离越来越近，只隔数十米了，考察队员清楚地观察到，原来是一群野驴，大家非常失望。

为什么人们常把野驴认作野马呢?原来，它们本来就同属于奇蹄目马科的动物，且与野马、家马同属，而与家驴不同属。野驴身材大小、体型、毛色与野马较为相近，在远处难以分辨。但到近处仔细观察，它们还是有着明显的区别：野驴不及野马粗壮，耳朵显然比野马长，四肢细长，蹄窄而高，形似骡子。野驴毛色虽然也是棕褐色，但色很浅，且脖颈下和腹部几乎呈白色，背部有一条明显的黑褐色脊纹，非常美丽。更明显的区别是野驴颈背的鬃，色浅而少，尾部上半段毛短而光滑，下半段才有不长的尾鬃，尾巴短小，不及野马粗大。这里的野驴叫亚洲野驴，也曾叫蒙古野驴，与藏野驴分属两个种。它一般身高约1.25米，长1.75~2米，比家驴大。《本草纲目》中也提到过野驴，非常概括而形象：“驴，长颊广额，磔耳修尾，夜鸣应更，性善驮负……辽东出野驴，似驴而色驳，鬃尾大，骨骼大。”这说明东北在古代也有野驴分布。

亚洲野驴分布在准噶尔盆地和东疆地区，也叫骞驴，与分布在阿尔金山、昆仑山的西藏野驴相比，亚洲野驴毛色淡而发灰，西藏野驴棕色较深，体型较大。

亚洲野驴的生活习性与野马相近，主要吃荒漠中的梭梭、盐节草、沙拐枣、骆驼刺、三芒草、艾蒿等，及湿地上的芦苇和禾本科植物，喜欢在远离人烟的戈壁、沙地等荒漠和半荒漠地带，有泉水、溪流或洪水泥滩的地带生活。亚洲野驴的繁殖习性也和野马接近，但嫉妒性不如野马强烈，“一夫多妻”制不及野马严格，在“情斗”中也常有被逐出群的“驴光棍”，它性格孤僻逗人好笑。在北塔山一带，也曾出现过公驴跑到牧场的母马群圈中去，与其交配产驹的现象，其后代体格强壮而性情较野。亚洲野驴在

图 75 驴光棍

每年6~7月份交配，怀孕期360天左右。

每年5月份，当沙漠中4~5米高的大梭梭树已绿，沙丘顶上的红柳丛变为粉红色，迎风坡上沙拐枣也挂起了一串串红色、淡绿或黄色的带翅果实，鼠尾草一根根高竖在沙丘上，一丛丛开满黄花的分枝雅葱、开满红花的木旋花把古尔班通古特沙漠点缀成野生沙漠动植物园。在这美丽的自然公园里，俊秀的小野驴一头头出世了，它们在自己母亲细心照料下，在繁花似锦

的环境中，尽情玩耍，生长得很快。小野驴很易驯化，在莫索湾有人将捕到的小野驴驯养，长大后教它拉车挽力很大，只是性格较粗暴而倔强。有一位农场职工捕到一头小野驴，从小用牛奶喂大。它非常驯服，和主人有深厚的感情，经常跟在主人身后到处跑，形影不离。一岁后，主人可以随便骑乘，让它驮重物，但是其他人骑乘或往它身上放东西，它便又跳又蹦，拼命要把背上的“包袱”扔掉。

值得一提的是新疆著名动物摄影家冯刚先生，对亚洲野驴进行了长期拍摄和观察研究，他的作品得到人们称赞，因此有人给他冠以“野驴之父”的称号。

野驴是一种珍贵的资源动物，其肉丰美，胜过马肉，俗有“天上的龙肉，地下的驴肉”之说。200 多年前，清代纪昀就写道：“山珍人馔只寻常，处处深林是猎场。若与分明评次第，野骡风味胜黄羊。”他还写道：“野骡乩成群，肉颇腴嫩。”20 世纪 50 年代以前，准噶尔盆地亚洲野驴数量还很多，东起北塔山，西到克拉玛依均有分布。1958 年以后，因过度捕猎和人类经济活动的影响，数量已迅速下降。如在盆地中部的莫索湾一带，有一猎手在 1958~1965 年就猎杀野驴 84 头，现在这儿已几乎见不到野驴的踪迹了。在卡拉麦里山保护区，目前只有 2000 余头，因此，亚洲野驴已列入中国一级保护动物，严禁捕杀。

鹅喉羚的大军

中国第三大最美沙漠——古尔班通古特沙漠的秋天，梭梭、红柳、沙拐枣有点变黄的时候，萧瑟的秋风早已吹干了角果藜、盐生草、猪毛菜、刺藜等草本植物的茎叶，一阵狂风过处，它们卷起浑圆的身躯在沙丘间滚动着，不时挤进新的伙伴，越滚越大，像许多黄褐色大小不等的圆球，随风飘动，大的直径可达 2 米。它们直到遇见高大的灌木丛被牢牢挂住时，才能停下脚步，这就是风滚草。在借风力滚动中，它们已撒下千百万颗细小种子，为来年繁殖做好了准备。这时，在农垦区北部沙漠中只见一大片黄乎乎的动物，踏着飞扬的沙尘而来，足有 600~700 只。它们拥挤着，翻越一座座高大的沙丘，跳过一丛丛低矮的灌木，这支宠大的队伍，好像在沙海里掀起了一片黄褐色向前翻滚的浪涛，白色的臀部像点点波浪中的泡沫，什么也挡不住它们的前进。波浪过处，大地也为之震动着。它们在顺风跑的时候，与风滚草为伴，真有千军万马之势，场面异常壮观。这是 20 世纪 60 年代以前，准噶尔盆地鹅喉羚一年一度的集群大迁徙。

鹅喉羚也叫羚羊，或长尾黄羊，人们一般叫它黄羊，实则与分布在内蒙古的真正的黄羊有别。鹅喉羚属偶蹄目牛科，是中等体型的动物，成羊体重 20~40 千克，身长 1~1.2 米，肩高 70 多厘米。体瘦，四肢细长，长有 15~18 厘米的细长尾巴。雄羚长有一对 30 多厘米长的黑褐色角，从头顶徐徐向后上方分歧伸出，近末端向上弯转，角上有一圈圈显著的环棱，数量随年龄增加，最多达 17 条。鹅喉羚脖颈细而长，颈下有甲状腺肿物，故此命名。它的头、颈、背及四肢前面均为棕褐色，腹面由喉部到尾基和四肢后面均为白色，尾黑褐色。一到冬天，它的毛色变得较为浅淡，呈沙棕色，适于在无雪的荒漠中隐蔽。

在北疆，秋季集群的羚羊，从多雪而寒冷的准噶尔盆地北部逐渐迁往较为暖和的南部越冬。这种集群有利于防止狼群的攻击，也给它们在冬季选择“对象”提供了条件，以免“近亲结婚”，有利于“优生”。在内蒙古的蒙古黄羊，“婚前”则有“男女隔离”的“习俗”，交配季节到来前，雄羊数百只集中在一起，形成“雄羊团”，到交配季节，才与雌羊合群配对。每年12月份至第二年1月份，是鹅喉羚的发情期，在越冬地，雄羊间常争偶角斗，非常激烈，但并不主动伤害对方，仅仅是赶走“情敌”争得“妻室”而已。当春风吹过了准噶尔盆地，绿色的大地由南向北扩张的时候，鹅喉羚群也逐渐随着“绿”向北迁徙，并逐渐分群，至6月份前后，雌羚便选择隐蔽而水草丰盛的地带分娩，产仔一两只。一星期内，幼羚便能像母亲一样奔跑，逃避敌害，并逐渐学习采食。生育后的鹅喉羚带着幼仔逐渐结成数只至十余只的小群活动，直到秋季再结成大群。在塔里木盆地，由于生活环境较为恶劣，鹅喉羚分布密度较小，很难见到较大的集群，但在20世纪60年代初还可见到200余只的大群迁徙。

鹅喉羚是典型的荒漠和半荒漠动物，在新疆分布很广，平坦的砾石荒漠、起伏的梭梭、红柳沙地、盐碱滩、稀疏的胡杨林中均有它们活动的身影。在准噶尔盆地、塔里木盆地和阿尔金山有不同的3个亚种分布。它们主要以荒漠中的猪毛菜属、雅葱属、蒿属及禾木科、藜科植物为食，喜在有泉水和河、湖的地带活动。雪豹、狼和豺群是它们的主要天敌。

利用鹅喉羚的特性，在无月色的黑夜捕猎是很有趣的。黄昏过后，驾驶一辆越野车，在平坦的戈壁滩上奔驰，当前面出现羚羊的身影时，立即打开聚光灯，将一道强烈的白光射向它们，在茫茫的黑夜里好像一把利剑直刺过去。那一小群鹅喉羚不知是吓昏了头，还是好奇，站在原地，那许多发着绿光的眼睛一动不动。当汽车快要碰上它们时才恍然大悟，但是只沿着灯指的方向奔跑，而不敢转弯跑向黑暗

图76 鹅喉羚群迁徙

地带，生怕两侧都是万丈深渊，这样便可将它们一只只射死，从容不迫地“全歼”。这是以前允许捕猎时的真实场景。

鹅喉羚是主要狩猎资源，肉瘦味鲜，远比北山羊和盘羊肉好吃。皮可制裘，其黑褐色的角，药效虽不及赛加羚角，但加倍服用也有同效，已开始被用作代用品。在20世纪50年代，新疆的鹅喉羚估计不少于数十万只，由于人们过度

捕猎，特别是1960年以来的大肆滥猎，加之农垦区和牧区的扩大，使鹅喉羚的数量迅速下降。在克拉玛依、和布克赛尔、精河，塔里木盆地中的温宿、且末一带原来数量较多，但近些年来已很难遇到。鹅喉羚已列入中国二级保护动物，禁止盲目捕猎。但在种群数量扩大后，可以有计划有组织地合理利用。

塔里木兔

在塔克拉玛干沙漠中西部，麻扎塔格山自西向东，切断了沙漠，在自南而北流向塔里木河的和田河旁，突然分成两个分岔而消失。两个山头一红一白，犹如一条爬在沙漠中长着红白二头的红色巨龙，渴饮着和田河的甘泉。这里四周是莽莽的沙海，沙丘起伏，一条条互相平行的沙垄，恰似滔滔黄浪，远远消失在地平线上，而高耸入云的天山、昆仑山的雪峰，到这里也已沉没在地平线之下，但从昆仑山流下来的和田河水，则滋润了这里的干沙，由南向北穿过沙漠，形成了一条绿色走廊。沿岸胡杨林立，苇草丛生，成为塔克拉玛干沙漠中部野生动物的乐园。在草丛间，最常看到的就是塔里木盆地的特有动物塔里木兔。

野兔属兔形目兔科，世界上有50种，中国有9种，在新疆就有4种：雪兔分布于阿尔泰山；草兔也叫蒙古兔，分布于准噶尔盆地、天山和帕米尔高原；塔里木盆地中只分布有塔里木兔；昆仑山和阿尔金山则分布有灰尾兔也叫高原兔。它们各自占据一定范围的地盘，除在分布区交接地带同时出现两种外，一般“互不干扰”。这是同类动物在不同地区种的替代现象，是一种动物地理规律。

塔里木兔维吾尔语叫恰什干，是新疆塔里木盆地的特有种，为体型较小而毛色较浅的一种野兔。成年塔里木兔，每只体重1.5~2千克，体长40厘米左右。它和其它兔子一样，上唇开裂，还有一对视野不重叠的大眼，有时正面近处的物体不易看清，因而有兔子撞在树干或猎人腿上，以至出现《守株待兔》的故事也不足为奇。它耳朵很长，约10厘米；听泡较其它兔子发达；前腿短而后腿长，且强健有力，适于跳跃。夏毛毛色背部沙褐，体侧沙黄，腹部全白。冬季毛色更浅，背部变为沙棕色，与冬季沙漠中的景色更加协调，十分有利于隐蔽。

图77 塔里木兔

塔里木兔是南疆塔里木盆地荒漠中的典型栖居动物，主要在盆地绿洲和各种不同类型沙漠中活动，特别是在叶尔羌河、和田河、塔里木河沿岸胡杨林及红柳为主的沙丘地带，数量最

多。它们多单只活动，有时也有数只的小群。塔里木兔食性很广，除许多种草类及灌木嫩树枝外，也盗食各种农田青苗及瓜类。它“酷爱”清洁，常常坐在地上，用两只前爪“洗脸”，修饰面颊和体毛，但却也有把嘴贴在肛门上吃自己粪便的坏习惯。其实，这是一种特别的粪便，它含有 56%助消化菌类及 25%纯蛋白，是被一层薄膜包着的软粪球。塔里木兔由于天敌众多，死亡率很高，为保持种群的繁衍，便用很高的繁殖率来弥补。可以说，体型像它这样大的野生动物中，兔子的繁殖能力可算为最强。塔里木兔没有固定的配偶，在发情期，雄兔间也有激烈的争偶现象。雌兔一般年产 2~4 胎，每胎 2~5 仔，兔奶的营养是家兔的 5 倍，因而仔兔长得很快，出生一周就会啃食嫩草，且当年产的仔兔秋季就能交配繁殖。这也与当年气候条件和食物丰盛程度有关。所以在生存环境条件好的地区，塔里木兔数量增长很快。

塔里木兔虽然很懦弱，但也有一套自卫的本领：它有着极为强健有力的四肢，能迅速奔跑，一跳就是 5 米，以逃避敌害。每跑一段距离后能稍稍休息进行观察，判断“敌情”，以决定再跑的方向或是隐蔽。它长有大而长的耳朵，会前后转动 180°，能听到四周很远地方的细微声音，及早发现“敌情”。它善于隐蔽，加上它的保护色，能潜伏在灌木丛中一动不动，加之它没有汗腺，只在足掌上有，这时把足掌藏在身下就不易被敌害发现。此外，它还会游泳，以渡过小河和溪流。在敌害追急时，它还会“潜水”，抓住一株植物，身体隐没于水中，只露出鼻尖呼吸，能隐蔽很久。

俗话说“狡兔有三窟”。实际上除雪兔不挖洞穴外，其它几种都会挖洞，一般在繁殖期有较固定的繁殖洞穴，但在其他时候并不止三窟，有时随意在灌木丛或浓密树林下的草丛中，挖一浅穴，以便过夜。在冬季降雪后，它们则有在回洞穴前兜圈子隐蔽自己足印的习惯，使尾随而来的追捕者迷失踪迹。“兔子不吃窝边草”，此话倒不假。它们留下窝边草，有助于隐蔽洞穴。有的狡兔在紧急时也会和鹰拼死搏斗。当它在空旷的草地上，发现有鹰俯冲下来时，便急忙抱起一块石头或土块，翻身躺在地上，使猛禽利爪不易抓住它，甚至还会用强有力的后腿蹬鹰的胸脯，致使鹰心脏受伤致死。若附近有树林或岩穴，它更能迅速钻入隐藏起来。

野兔是很重要的经济狩猎兽类，肉质鲜美，高蛋白，低脂肪，营养价值丰富，是野味佳品。兔皮可制裘，毛皮柔软而浓密，但易掉毛。因它们啃食灌木及果树根部树皮、蔬菜等，对园艺、林业带来很大危害。由于塔里木兔是特有种，因而被列入中国二级保护动物。禁止乱捕杀，但应根据当地实际状况，得到批准后有计划合理利用，防止数量太多，造成危害。

两爪蹦走的跳鼠

夏季最炎热的日子里，在戈壁荒原中行车的司机们，为了躲避白天干热的侵袭，往往喜欢早晚开车。当夜幕降临的时候，打开车灯，在黄昏的余光中行驶，既凉爽，又舒适。奇怪的是，在车灯照着的路面上，常常会出现不停跳动的白色影子从公路上穿过。有的在强光刺激下活蹦乱跳，也有的愣在原地，常常被汽车压死。若仔细观察，它们长着细长的后腿和尾巴，会像袋鼠一样双足奔跳，非常迅速。原来它们都是一些跳鼠，白天在洞里休息，晚上才出来活动，使寂静的戈壁之夜变得热闹起来。

图 78 公路上的跳鼠

适于夜晚活动，寻找食物，发现并逃避敌害。它的触须很长，达 10 厘米，与身体相比，真是个“美髯公”。

毛脚跳鼠很能适应荒漠的气候环境条件，喜欢在干燥的沙丘上挖洞，洞长 4~5 米，有的甚至达 10 米，深约 1 米。跳鼠在这样深的地下洞道中生活，当然可以避过白天地面的暑热。洞口为圆形，但常以沙堵塞，形状可以很明显地与其它鼠类的扁形洞口相区别。春季，当植物发芽时，冬眠的跳鼠便开始出洞活动，互相追逐，寻找配偶并交配，5 月份前后产仔 2~5 只。它与其它鼠类不同，跳鼠每年只生一胎，繁殖率较低。

跳鼠食性较广，主要以梭梭、花棒、沙蒿、白刺等植物的枝叶、花序、果实为食，被风吹蚀露出的根茎，它也可以充饥，沙拐枣、梭梭的种子是它喜吃的点心。有时它们也捕捉昆虫，以补充蛋白质。跳鼠从来不喝水，从植物中得到的水分就可供身体的需要，因此，它们能在十分干旱而无地表水的地区生存。

初秋，荒漠植物种子多已成熟，为了度过严冬，跳鼠也积极取食，在体内储备了大量的脂肪，到秋末前便早已入洞冬眠。

跳鼠的天敌主要是夜间活动的沙狐、赤狐、荒漠猫、猫头鹰、沙蟒等，鼬科动物也能入洞中捕食跳鼠。

跳鼠危害治沙植物，在农田附近也常危害庄稼，但因数量少，繁殖慢，未见它造成大的灾害。

跳鼠属啮齿目跳鼠科，在新疆有 11 种，分布较广的有毛脚跳鼠、长耳跳鼠、羽尾跳鼠、五趾跳鼠、小五趾跳鼠等。

毛脚跳鼠在南北疆的石质戈壁，及有固定或半固定沙丘的沙漠及盐土荒漠中最为常见，在胡杨林和农田附近也可见到。它有 3 个以上的亚种，分布在塔里木和准噶尔盆地的不同地区。毛脚跳鼠体型较大，身长 10~14 厘米，重 70~90 克，背毛灰棕色，腹毛白色，前肢短小，只在采食和挖掘洞穴时使用，后腿很长，仅长有毛绒绒的三趾后足就有 6~7 厘米。它后腿肌肉非常发达，奔跑十分有力，快速奔跑时，一下能跳 40~50 厘米高，2~3 米远的距离，有身长的 10~20 倍。跳鼠长有一条近 20 厘米长，尖端长有蓬松长毛的细长尾巴，可平衡身体，奔跳时在空中挥舞自如，当舵使用，既能控制奔跳方向，又可作急转弯的平衡器，直竖地面，增加弹跳力量，站下时还可用它来稳定身体。跳鼠长有一双突出而贼亮的大眼睛和一对宽阔的大耳朵，很

沙漠盗贼——大沙鼠

春天播种季节到来的时候，准噶尔盆地中莫索湾治沙站，为了防止流沙，人工大面积播种了梭梭种子。但是两三天后再去察看，许多种沟都被翻动，成行的梭梭种子一颗不剩地丢失了。种子哪儿去了呢?经过仔细观察，原来是沙鼠在作怪。这些小家伙大白天就一只只从黑暗的洞里爬出来，两只又大、又圆、又亮的贼眼看看周围，觉得没有什么危险时，便大大方方跑到播种梭梭的沟中，沿种沟翻开沙土，仔细寻找种子。真是个聪明而大胆的盗贼!

新疆的荒漠地带有7种沙鼠，其中，大沙鼠、红尾沙鼠、子午沙鼠、短耳沙鼠分布较为广泛，而分布在博格达山南坡山麓带的吐鲁番沙鼠则是新疆的特有种。沙鼠均属啮齿目仓鼠科沙鼠亚科荒漠动物，其中极为典型的则是大沙鼠。

大沙鼠体长超过15厘米，体重在130克左右。眼大，耳短小，它的尾巴很粗且大，像身体一样长。后足掌长有密毛，很适于白天在高温的沙面上行走，并会站立起来采食，并不怕烫脚。它的体毛为淡黄色，远看和沙地一色，若是隐身不动，就很难被发现。

大沙鼠的天敌很多，地上的狐狸等食肉兽，天上的鹰、雕等猛禽，几乎都是它的敌人，甚至沙蟒、乌鸦也把它当做美餐。除了钻地洞外，它再无任何自卫能力。为了使它的种族繁衍，便拼命地进行繁殖，忙得连严寒的冬天也不冬眠休息。当初春沙漠中的植物还未泛青的时候，它们便急急忙忙寻找对象，交尾成婚，修整洞穴，准备迎接鼠仔们降生。等到荒漠植物出现绿叶时，仔鼠出世了，丰富的食物使雌鼠奶水充足，仔鼠

图79 大沙鼠上树

生长得很快，不到两个月就能独立生活，并能“嫁男娶女”，“成家立业”，这时雌鼠又怀了第二胎。就这样，大沙鼠每年可产3胎，每胎可生5~7个仔鼠。若不是天敌的淘汰，到秋末它将有多么庞大的家族!

大沙鼠喜欢群居生活，许多家族常挤在一块地方，这有助于发现天敌时互相报警，以逃避敌害侵袭。它们爱在灌木丛生的固定和半固定

沙丘地带挖掘洞穴，一对大沙鼠有鼠洞八九个，最多可达30个，每个洞口外都有排出的沙土，堆成大小不等的沙丘。当遇到敌害时便急忙跑到洞口，双足直立在地面，发出类似小鸟的尖细叫声，以通知同类，当敌害接近时才钻入洞中。

大沙鼠以梭梭树枝、猪毛菜、沙拐枣、骆驼刺、锦鸡儿等植物的柔软部分为食，更喜欢食用荒漠植物的种子。它特别爱吃10年以上老梭梭树的绿叶，能沿树干爬到两米多高的树枝上，咬断30多厘米长的枝条，拖进洞中慢慢享用。它每年有两次储粮期，第一次在仲夏，以备夏季暑热期植被焦枯时食用，另一次在秋季，以备越冬之用。一个洞群有时可储存多达100千克的食物。由于它们偷懒，与“兔子不吃窝边草”相反，喜就近取食，往往在洞群密集的地方，梭梭树顶个个被剃了“光头”，十分难看。

为了生活，沙鼠经常迁移，夏季多栖居于较平坦而食物丰富的沙地，入冬前则选择背风向阳坡地筑洞，贮藏大量草籽和枝叶过冬。

大沙鼠和它的同宗兄弟一样，都是有害动物。在沙漠中，秋季它们几乎吃掉所有的梭梭种子，使老梭梭林不能更新，在它们数量多的地方，严重破坏了治沙植物，造成地表高低不平，使流沙再起。在农场附近，大沙鼠还啃食桃、杏等果树苗木，秋季偷盗农作物。有人曾在一个沙鼠洞中挖出35千克多小麦，可见它是应该消灭的主要鼠类。

灭鼠功臣——沙狐

提起狐狸，你一定会联想起“狡猾”二字，也许还会想到《聊斋志异》中，在蒲松龄笔下变成助人为乐的美女的狐狸精，特别是“娇娜”一文中的狐狸家族，更使人看了入神……

狐狸有许多种，新疆有分布在森林、草原和绿洲中的赤狐，有生活在草原、荒漠中的沙狐，有昆仑山、阿尔金山高山地带的藏狐。按体型比较，以赤狐最大，体长大于70厘米，毛色红棕为主，可算是老大哥。藏狐身材中等，背毛棕褐色为主，以沙狐最小。

沙狐，同它的同族兄弟一样，都属食肉目犬科兽类，体长50~60厘米，尾长25~35厘米，体重2~3千克。它毛长而柔软，夏毛近淡红色，冬季淡棕色，耳背和四肢外侧灰棕色，鼻周、腹面和四肢内侧为白色，尾末端灰黑色，外貌不及赤狐华丽。它四肢短，尾粗大，耳尖，吻部有长须，既是测量洞口宽窄的尺子，也是辨别食物的感官。

开阔的草原及半荒漠草原，还有沙漠边缘地带，是沙狐喜爱活动的地方。它平时无固定的住所，是个“流浪汉”，走到哪里，吃住到哪里，多在旱獭的废弃洞、红柳包、胡杨树下的洞中栖居，白天蜷缩在洞中抱尾而眠，夜晚出来活动。它的听觉、嗅觉极为发达，生性多疑，性格狡猾。它行动极为敏捷，神出鬼没，虽有众多的天敌，如天空中的金雕、猎隼、胡兀鹫，地面上的棕熊、雪豹、狼和猞猁，还有人类的捕猎，但仍保持着自己家族的繁荣。

在严冬季节，当西伯利亚寒风呼啸而来，不断吹来鹅毛大雪覆盖大地的时候，正是荒原上沙狐寻找配偶“谈情说爱”，开始建立小家庭的日子。黄昏后，动情的雌狐便坐在沙土丘上，头向空中扬起，整夜吠叫“呜——”音细而长，近似小狗的吠叫，以引诱雄狐。远在数千米之外的雄狐回答的叫声，短促而更为性急，若几只雄狐同时集聚到雌狐身边，便会互相争斗，在雪地里跟随雌狐奔跑滚打。争斗得胜的雄狐便与雌狐结成伴侣，兴奋地一起在雪地中翻滚，尽情玩乐，把深厚松软的雪地当做“洞房”，以度“蜜月”。它们共同在雪下寻找不冬眠的沙鼠当做美餐，一起采摘干枯的野果充饥。

“蜜月”过后，沙狐便为小宝宝的出世忙碌起来，在人迹罕至的地方寻找或挖掘洞穴。当怀胎两个月的雌狐生下来狐崽的时候，正值冬眠的黄鼠、跳鼠等出蛰的日子，雌狐便有了充足的营养，以哺狐崽。狐狸每年只生 1 胎，一般每胎 3~5 仔，在食物丰富的年份，可多达 10 余仔。当狐崽长到会吃食物的时候，地面上也便出现了黄鼠、沙鼠等鼠类的幼仔，好像是大自然专门为它们准备的可口点心。这时，狐父狐母也更为忙碌，捕捉更多的鼠类，以饲喂胃口越来越大的仔狐。等仔狐再大一些，狐父狐母便捕来还活着的鼠类，供幼狐玩耍，并教它们扑捉。狐父狐母白天有时带它们到洞口玩耍，好奇的狐崽们逗弄灌木、小草或飞虫，或互相追逐扑打，无形中就锻炼了自己生存的能力。再大些后，父母便带它们出去学习捕猎、采食，并防御来自天上和地面天敌的袭击。当秋季来临，幼狐们能够独立生活时，这个狐狸“家庭”便随之解体，老狐将幼狐一一逐出，各自寻找生路。狐狸的寿命 10~12 年。

狐狸食性很杂，除以鼠类为家常便饭外，也捕捉兔子、鸟类，以改善生活，采点野果和嫩草，以补充维生素和糖类之不足。实在不行，蜥蜴、蛇、蛙，甚至昆虫也可充饥，运气好时，它还可在死水塘中抓几条鱼吃。狐狸捕鼠十分有趣，常常猛地一跳，头向下扎去，一只老鼠就会被紧紧咬在口中。它还会储藏吃不完的食物，用前爪在灌丛中刨坑放好，再用嘴仔细把土掩上，以防其它狐狸偷吃。虽然沙狐食性很杂，可吃的东西种类很多，但在一些遭灾的年份它们

图 80 沙狐崽在洞口玩耍

也难免遭到厄运。

20世纪70年代末期出现严重的“倒春寒”或是其他什么原因，使准噶尔盆地中部的鼠类几乎绝迹，连鸟类也很少见到。善于隐蔽的沙狐竟一反常态，在大白天跑了出来，见人也不逃跑。人们很容易就可围捕到一只，剖开肚子才发现它胃中全是草。原来是生态食物链的连锁反应，饥饿导致它们出现这种反常习性。此外，由于用残毒强的毒剂灭鼠，也使狐狸大量被毒死。曾在灭鼠地区捡到许多只死沙狐，解剖它们的胃中都有十余只死鼠。

狐狸是有益的兽类，除偶尔为饥寒所迫，冒险窃食家禽外，它在自然生态系统中有着很重要的作用。它们是草原和农田的卫士。有些地区，由于过度猎捕狐狸而导致鼠害加重，其例不胜枚举。狐狸皮可制较贵重的裘皮，经济价值很高，因此它又是资源动物。我们对它应以保护为主，适当狩猎，使它保持一定的种群数量，永远为人类服务。由于其数量减少很快，目前已被列入新疆的保护动物。

玛　瑙

这里谈的不是形同翡翠的玛瑙宝石，而是生活在新疆荒漠地带的野生动物兔狲。兔狲也有人叫羊猞猁，俗名又叫玛瑙。它是食肉目猫科小型夜行性兽类，体型大小似家猫，体长60厘米左右，重2~3千克，拖着20多厘米长的粗尾，身体粗壮而短，强健的四肢奔跑甚速。它耳短且宽圆，耳尖有长毛尖，生于头的两侧，与猫相比，耳间距很大，好像搭拉在两旁。其长棕灰色毛的头上，有许多黑色斑点，而颈与体背及四肢则为褐棕黄色，上面均匀分布着10条左右不甚明显的黑色横纹，在尾巴上也有六七条黑色横列细环，喉和前胸深

图81 兔狲捕鼠

栗褐色，腹面白色。它长有和猫一样的能伸缩的利爪趾，善于攀登和奔跑。

兔狲分布于准噶尔盆地和塔里木盆地周围，喜欢在荒漠、半荒漠草原和砾质戈壁地带活动，胡杨林中、低山丘陵也可见到。它一般单独栖居，住在岩石裂缝里、石块下面，或挤进红柳沙包下的兔子洞穴，或是借住在草原上的旱獭洞穴中。它主要在夜晚才出来觅食，以晨昏活动最为频繁，而在荒无人烟的沙漠深处，有时白天也出来活动。

爱捉老鼠是猫的本性，兔狲也和猫一样，尤其喜欢捕捉老鼠、沙鼠、跳鼠等，各种野禽和兔子也往往被当做它的点心。在草原上，它甚至能捕食和自身差不多大小，但要重一倍多的旱獭。当野外食物缺乏时，饥饿会迫使它大胆潜入居民点的房屋附近，捕捉家鼠充饥，有时甚至盗食家禽。

早春二月正是兔狲的动情交配期。为了求爱，在半夜三更，它们就“夜猫子乱叫”那样，发出比猫叫声更为尖利、粗野而刺耳的高亢嗥叫声，在荒野地里传得很远。若是同时出现几只雄兔狲，那叫声就更为热闹，成为悠扬顿挫的大合奏，同时也就会出现十分激烈的争偶决斗，获胜的一方才有资格与雌兔狲交配。兔狲实行“临时夫妻”制，短暂的“蜜月”过后，便各奔东西。4~5月份，当冬眠的鼠类在地面上大量出现时，雌兔狲也到了临产期，一般每胎生三四仔，有时多达6仔，由雌兔狲单独哺育抚养。这时，它还得把幼仔隐蔽好，因它们的“爸爸”若寻到它们，就会毫不客气地把它们当做老鼠一样吃掉。为了喂饱幼仔，育仔期雌兔狲特别辛苦，需比平常更大量地捕杀鼠类。

狼、猞猁、狐狸及金雕等是兔狲的主要敌人。

兔狲毛厚而密，是猫科动物中较贵重的毛皮兽。它是啮齿动物的天敌，能大量消灭害鼠，是人类的好朋友，已列为中国二级保护动物。目前在新疆数量已很少，应大力保护。

红腿石鸡

7月下旬的一天，我们头顶着烈日，乘车在青河一带的低山残蚀丘陵地带，沿着黑色长龙似的公路蜿蜒前进。在一个小山脚下的草地上，突然出现一大群不大不小的鸟，足有20~30只，其中两只大的跟在后面横穿公路。我们立即停车，只听得“咯咯！咯咯”连续不断的叫声，它们不慌不忙地向山上爬去。我们急忙跳下车，提着枪追去，想靠近一些再打。可是不久就发现我们这些身材高大的人，远不是这群短腿的小家伙的对手，眼看着距离越拉越远，只得举枪射击，“轰”的一声，可惜！只有一只扑打着翅膀滚下坡来，其它的不是展翅而去，就是更快地奔向山顶，等我们接近山顶时，只听得对面山头大鸡召唤失散小鸡的咯咯声，不得不扫兴而归。捡起那只死鸡一看，它非常漂亮，长着红艳艳的双爪和短嘴，煞是醒目。红眼圈包着棕褐色的眼睛，黑色的额贯于眼后，延长到胸前，恰似一条领环。眉纹白色，头至下颈蓝灰色，头后、肩间和胸侧葡萄灰色，下背、腰和尾橄榄灰色，翅羽浅棕。

这就是石鸡，也叫红腿石鸡或红嘴石鸡，俗名嘎哒鸡。属鸡形目雉科，是雪鸡的同宗兄弟。由于它喜欢在海拔较低的前山带多石堆和岩洞的山坡活动，故名石鸡，又因“呱呱”的叫声十分宏亮，又名“呱呱鸡”。成鸟体长30多厘米，重约500克，为山谷荒漠干草原的典型鸟类。除分布于准噶尔盆地海拔1000多米的低山丘陵外，天山南坡海拔1000~2300米的山谷荒漠干草原，在帕米尔、昆仑山海拔2000~4000米的山地荒漠草原带也常能见到。

当严冬快要离去的时候，冬季成群活动的石鸡便“自由恋爱”相配成家，在裸露的岩坡或干燥的山谷间，每家占有一定的地盘，直径数百米不等，互不侵犯，在自己的领地内觅食。这时做“丈夫”的最为忙碌，一方面要保护“爱妻”不让“他”人勾引或占有，又要在“边境”地区巡逻，维护“领土”的完整。雄石鸡为此常常与邻居发生摩擦和争斗，以驱逐“入侵之敌”。雌石鸡则选择浓密安全的草丛中筑巢产卵。卵棕白色，上布大小不等棕红斑块，大小如土鸡蛋。卵数可多达20余枚，少则也有9枚，有的产卵太多，便分产于两个巢，由雌雄鸡各孵一巢。但一般只产一巢，雌雄共同轮换孵卵，另一只觅食

图82 石鸡带雏

和警戒。遇到有敌害时，便故意拍打翅膀在地上跑，把敌人引走。24天后，毛绒绒的雏鸡出世了，重约20克，像小鸡一样逗人喜爱。它们在双亲带领下迅速学会采食，吃昆虫、蚂蚁及幼嫩的草茎、花序。当有猛禽飞来时，大鸡高叫一声，小雏鸡们立即钻入密草丛中隐蔽，而大鸡昂首而立，纹丝不动，双眼紧盯着天敌飞过。由于石鸡有特殊的保护色，猛禽也难以发现它。到秋季，小鸡们长得已像父母一样肥大，毛色也越加变得华丽，已能单独和兄弟姐妹们活动，便三五成群，或10~20只结群到处游荡，以野草种子及嫩芽为食，常到收割后的庄稼地里捡食掉下的麦粒，以度过漫长的冬季。它们善跑而不善远飞，一般只飞100~200米。

石鸡是极能耐干旱的鸟类，适于在干旱少雨地区生活。在特别干旱的季节，无水可饮时，它能以体内本身的特殊调节功能抗旱，在清晨吸食一点谷底草叶上的露珠就可度日，当暴雨来临时，便饱饮一顿。为了除去体外寄生虫，石鸡也喜欢沙浴。正午时它懒洋洋地躺在阳光照射下的干沙地上，伸腿展翅，把滚热的沙子扬在身上，然后抖落，这时许多寄生虫便跟着一起抛了出去。

石鸡有众多的天敌，天上有白肩雕、金雕、游隼、苍鹰、红隼的威胁，地上有狼、狐狸、猞猁、石貂、伶鼬、草原斑猫等食肉兽的侵袭，连野猪、乌鸦、獾也欺负它，常盗食其卵和幼雏。因此，石鸡只得以多生蛋、多繁殖来弥补损失，才免去了绝灭的危险。

山珍中，石鸡以肉香细嫩而著称，在国外

有很高的声誉，是重要的资源动物。石鸡嗜吃植物种子，对山地造林及农作物有一定害处，但它也消灭一部分害虫，利害兼得。石鸡在新疆数量较多，但需有计划地捕猎，特别是在繁殖季节，要严加保护，使其保持一定的数量。

图 83 沙鸡觅食

毛腿沙鸡

深秋的将军戈壁，成片的芨芨草丛已逐渐枯黄，公路两旁洼地中和盐斑地上生长的猪毛菜则越变越红，那成簇的紫红和桃红的透亮闪光的萼片，在阳光下泛着红光，把一望无际的戈壁点缀得像铺上了花地毯。这时，一大群鸟从远处飞来，足有 200~300 只，从头顶掠过时，那尖利的翅音呼啸着，一眨眼，群鸟的身影消失在天边。它们就是荒漠和半荒漠草原上生活的典型鸟类——沙鸡。

沙鸡属鸽形目沙鸡科，在新疆有 3 种，即毛腿沙鸡、西藏毛腿沙鸡和黑腹沙鸡。西藏毛腿沙鸡分布在阿尔金山及昆仑山高寒荒漠中，黑腹沙鸡分布于塔里木盆地南部等地，毛腿沙鸡则分布较广，南北疆均可见到，特别是准噶尔盆地数量较多，从天山北坡低山丘陵到古尔班通古特沙漠，凡接近水源的地区，均可见到成群毛腿沙鸡活动。

毛腿沙鸡体长 25~30 厘米，重 250 克左右，全身羽色斑杂，以沙棕色为主，布满暗褐色横斑纹，落在地上不动时，与荒漠地带的土壤和沙地混成一色，非常协调，近在咫尺也会使人难以发现。毛腿沙鸡双翅似镰刀形，长而尖，它有特别长的两枚中央尾羽，极为明显。为了适应荒漠地区生态环境条件，沙鸡的脚爪变得非常特殊，仅有 3 个脚趾，而且还包在鞘中，脚掌有粗厚的垫和棘状突起。腿部和趾上皆生长有浓密的羽毛，这种脚爪构造，很有利于沙鸡在夏季灼热的沙漠地表行走，而不至于把脚烫伤，也不至于在疏松的沙面上下陷。

沙鸡通常喜欢集群生活，只有在春夏繁殖季节才成对活动。它们在地面营巢，一般每窝产 3 个卵，孵化期 20 多天。期间，它们不喜欢长距离迁飞，多在繁殖区奔走，过着幽静的小家庭生活。在且末河山口地带，黑腹沙鸡小家庭，多为两大三小，5 只一群，若遇到敌害也不分散远飞。它们主要以禾本科、藜科等绿色植物的种子和幼芽为食，偶尔也吃些昆虫。

当鸡雏长大能够迁飞时，毛腿沙鸡便几家

或许多家合在一起，集结成大群长距离飞行，以寻找食物和水源，且有利于逃避敌害。在飞行时，它们飞得低而且很快，忽高忽低，呈波浪式前进，同时鸣叫不止。在有些地区，它们常常每天定时在觅食地和十余千米甚至更远的水泉之间飞行，很有规律。到冬季，便迁飞到较为温暖而少雪的地带活动。但在干旱年份，毛腿沙鸡便会离开通常的活动地区远距离迁飞。

沙鸡有更多的天敌，当遇到敌害时，有时便卧在原地微张双翅，缩着脖子，像是戈壁上的一块石头，常常走到跟前还不易发现它，但它的一双眼睛却盯着对手，实在逃不过，便只好展翅飞去。

沙鸡肉极为鲜美，是一种较贵重的狩猎鸟类。在人类活动多的地区，它的数量已大为减少，但在人迹罕至的地方，沙鸡还较多，如且末河等常有流水的山口地带、盆地边缘，密度还很大，有些地段每平方千米多达数千只。沙鸡可以有控制地适当捕猎，供人们食用，狩猎期以秋末为宜。

白尾地鸦

从尉犁南行，沿塔里木河古河道，直到台特玛湖北部，连绵 400 多千米。由于过去塔里木河洪水的补给，形成了一条断续分布、宽窄不均的绿色走廊，成为连接南疆东部的纽带。它有时是粉色如云，无边无际的罗布麻簇拥着路面；有时则为苍劲的老胡杨林，抵御着两侧的黄沙。到阿拉干以南，上述自然景观则逐渐稀少，越来越多的沙丘向公路靠近。这一段有 90 千米中国罕见的公路，由立起的青砖铺成，像条青蓝色的长龙，在塔克拉玛干沙漠东部笔直地穿过，创造了砖铺公路的吉尼斯世界纪录。

图 84 白尾地鸦觅食

在这里很难看到飞鸟，也不易看到走兽，但不时地却可见到一种羽色较华丽的鸟，飞起来好像戴胜，但却没有凤头。它爱在地面奔走，飞行距离不远。这就是鸦科鸟类中最能耐干旱荒漠气候条件的白尾地鸦。

地鸦属雀形目鸦科，在新疆有3种，即白尾地鸦、黑尾地鸦和褐背拟地鸦，它们均分布于新疆的干旱山地和荒漠地带，是不迁徙活动的留鸟。其中，白尾地鸦是塔里木盆地特有种，其成鸟体长30厘米左右，重约140克。它长着散发金属蓝辉的黑色额头，乳黄色的脖颈和腹部，沙褐色的脊背，紫黑和白色相间的双翅，还有白色的尾巴，褐色的眼睛。虽然为了啄食，它有一个长而尖的嘴巴，但仍不失其华丽的外貌，在这荒凉的沙漠边缘，显得更加珍贵。它的一对黑色腿爪，在沙地上奔走如飞，十分迅速。有时它站在枯树或干枯的红柳枝上鸣叫，声音比乌鸦尖细，给寂静的沙漠边缘增加了一些活力。

白尾地鸦多成对活动，最多时十余只在一起，但一般不集群。它们在枯胡杨树干上或红柳丛中筑巢，巢杯状，用干草、枯叶并铺垫鸟羽、兽毛搭成，外径30多厘米，内径约15厘米，在没

图85 吞鼠的沙蟒

有树木的地方，有时利用鼠类的废弃洞穴为巢。由于生活条件严酷，每对白尾地鸦只产卵2~5枚，多为3枚，比其它鸦类要少。春末已有幼鸦孵出，由双亲轮流饲喂，马鸣研究发现它们一天可饲喂幼鸦42次，食物以各种昆虫为主，也有蜥蜴，幼鸟一次可吞下一只蜥蜴。当它撤离巢后，在亲鸟带领下，到树根、土坎下或草丛中觅食，用尖嘴啄和爪趾刨，挖开土皮，掏食虫子。有的把趾尖都磨短了一节。在夏季，它主要以昆虫为食，最喜吃鞘翅目的金龟子，还有象虫甲、伪步行虫、叩头虫、蝗虫及其它昆虫幼虫，它们也常到公路上捡食汽车上掉下来的粮食。秋季，它的食性很杂，除昆虫外，还吃蜥蜴以及植物种子和果实，并食贮藏食物。由于南疆少雪而温暖，白尾地鸦就在当地越冬，是典型的留鸟。

白尾地鸦吃大量的害虫，又是世界上惟一分布于塔里木的特有鸟类，是应该加以保护的益鸟，理应列入中国保护动物名录。

吞鼠的沙蟒

在塔里木一望无际的沙海周围，红柳沙包如同大风卷起的浪头一个接着一个，一层接着

一层，连绵不断。那是千百年来，红柳丛不断生长，枯枝落叶层和风积沙土交错沉积，一层层的高达 3~6 米。就在那红柳沙包下面，只见一条棍子似的动物蜿蜒而去，长 50~60 厘米，土褐色的脊背与橙色的大地融为一体，非常协调。仔细一看，原来是一条沙蟒，又叫东方沙蟒，它不时地口吐带叉的红舌，试探着周围的动静。突然，它好像发现了什么，在一个鼠洞旁停了下来，脖颈多处变曲，一动不动。哦！原来从旁边的鼠洞中露出一只跳鼠的脑袋。只见那跳鼠将头探出洞外，向四周静静地观察了一会儿，便跳出洞来，当经过“红柳根”的时候，沙蟒的头似弹出的弹簧，猛地射到跳鼠身上，将其腿紧紧咬住。跳鼠挣扎着，拼命地蹦跳，和沙蟒一起在地上翻滚，想摆脱沙蟒之口，但沙蟒很快把身子卷过来，没几个回合就把跳鼠拦腰缠住，像一根绳子越缠越紧，使跳鼠挣扎不脱，喘不过气来，没过多久便窒息而死。这时沙蟒转过头来，张大了口，咬住了跳鼠头部。使人惊异的是跳鼠比它粗好几倍，要吞下它行吗？由于蟒蛇的下颌骨与头骨的关节非常松弛，并且下颌的两半也和其它动物的下颌构造不同，不是在中线紧密地连结在一起，而是靠韧带很松弛地连接着。因此，在吞食时可以把嘴张得很大，达 130° 。加之它的胃和肌肉都有很大的伸缩性，可以吞下比它的头部大许多倍的动物。有人亲眼看到过蛇岛的腹蛇，吞下比它头的周径大十来倍的雨燕。不信你看！那只比蛇头大几倍的跳鼠的头，不是已经完全进入蟒口了吗？只见蟒的大嘴紧紧地含着鼠头，身子摆动一下，在口腔里钩状牙齿和分泌的大量的唾液的帮助下，跳鼠一点一点地进入口中。不到半个小时口外只剩下那跳鼠长长的双腿和一丛长毛的尾巴，再过一会儿，这只跳鼠便完全“钻”进了蟒腹。只见那只沙蟒张大了口，打了个大哈欠，头骨就恢复了原样，但肚子中部好像长了一个大疙瘩，看来这一餐够它消化好几天的了。

沙蟒的头、颈不分明，尾端钝圆而短，因此又名土棍子，属爬行动物中蛇目蟒科，是热带大蟒的小兄弟，无毒。在土褐色的背上有两行交错排列的方形黑斑，体侧也有黑斑，腹面土黄色，很易识别。蛇和蜥蜴最大的区别之一是蛇没有眼睑，因此睡觉时仍睁着两只眼睛。

沙蟒主要分布在塔里木盆地和准噶尔盆地中沙漠边缘地带，多晨昏活动，有时中午也爬出来晒太阳，在沙漠地面上常横着身体爬。它会钻入沙中隐蔽，捕捉各种鼠类和蜥蜴为食。它从来不喝水，食物中的水分就已够它消耗，在那样干热的沙漠中不饮水照常生活。春季出蛰后即择偶交尾，6~7 月份产仔蟒 10 条左右，为卵胎生。

蟒蛇和其它蛇一样，每年脱皮 2~4 次，每脱一次皮就长大一截。在脱皮前，先已在皮下长出一层很薄的新嫩皮，脱皮时便挤在红柳根间或石块间，旧皮从吻部开裂，先脱出头，逐渐地将身子挤出来，而将整个旧皮脱去，这就是中药中的“蛇蜕”。蛇的寿命在饲养条件下可活十多年，热带大蟒蛇可活 20 多年。

世界上有蛇类 2500 种，中国有 173 种，在新疆除 4 种毒蛇外，还包括东方沙蟒 8 种无毒蛇。其中花脊游蛇、游蛇、棋斑游蛇为新疆特有种。在中国其他地方未见分布。新疆农业大学教授王国英、周永恒等对沙蟒进行了系统研究，并发现了东疆沙蟒新种。沙蟒、花脊游蛇等主要在荒漠和半荒漠草原生活，能消灭鼠类，是有益动物。蛇蜕有祛风明目、退翳、解毒、杀虫之效，蛇胆能止咳化痰、清暑散寒、治神经衰弱、小儿惊风、高烧等，是重要的中药。

此外，有些沙漠地带分布着有毒的花条蛇。这是一种后沟牙类毒蛇，但毒性不强，不伤害牲畜，它主要以蜥蜴为食，栖居于鼠洞。

蛇在生态系统中有灭鼠、吃害虫的有益作用，在人们文化生活中也占有一定地位，但因人类经济活动范围扩大，加之捕猎，数量已很少，应加强保护。

古城“恐龙”

盛夏期间，蓝蓝的天空中没有一丝云彩，强烈的日光晒得戈壁滩上异常干燥炎热，一阵阵的热风吹来，使人喘不过气，地表温度也不低于56℃，烫得人不敢落脚，天空中看不到一只鸟，地面上也看不到一只走兽。但是就在这非常炎热的地方，不时会有小动物不怕高温，在地面跑来跑去。这就是蜥蜴，它们就是这里的“主人”。

如果你有机会来到塔克拉玛干大沙漠的古城堡考察，也许有幸能见到新疆的蜥蜴王，现代的“恐龙”——塔里木岩蜥。1982年，我到坐落在塔克拉玛干沙漠中丝绸之路重要城镇——米兰古城去考察，只见那城墙虽经千百年的风吹日晒，那高耸的古城堡仍不失当年的雄伟姿态。进入城堡，透过断壁残垣的斜阳，更增添了古堡的阴森感，只见一片沙地上，爬着十几只奇丑无比、形象吓人的怪物：它们全身披着灰褐色的角质鳞片，活像武士的盔甲，三角形头上长有高低不等的几对硬角，显得更加威武，几乎和身体一样长的粗大尾巴拖拉在地上，长着长爪的四肢支撑着身躯，有的不时张开大口，吐着红色的舌

图 86 岩蜥晒太阳

信，一对明亮的小眼睛一眨一眨，与化石恐龙多么地相似。其中最大的蜥蜴长达40~50厘米，重1千克以上，我猛地一见，真吓我一跳。但是，它们看到有人来却落荒而逃，直窜入城垣断壁的裂缝中。

“恐龙”在外语中即指“恐怖的蜥蜴”。六千五百万年前，地球还是恐龙的天下，新疆也不例外。在乌禾尔挖出的准噶尔翼龙早已驰名中外，在奇台也发现了肯氏兽“九龙壁”化石及长达30米的准噶尔恐龙化石等，都是历史的见

证。随着地质历史的变迁，这些“恐怖的蜥蜴”早已从地球上消失，至今只剩下它们同族后代的小兄弟还残存于世。

世界上有3000多种蜥蜴，中国有130多种蜥蜴，新疆有44种，其中有12种在世界上仅分布于新疆，如鬣蜥科的新疆岩蜥、塔里木岩蜥、草原岩蜥、南疆沙蜥和壁虎科的西域林虎，蜥蜴科的昆仑麻蜥等。其中以岩蜥体型最大，仅次于南方发现的石龙子。据传，在巴音郭楞蒙古自治州还发现过近1米长的巨型鬣蜥，但未被证实。沙蜥最小，仅长7~8厘米，只有大鬣蜥重量的百分之几。有人认为，新疆岩蜥和塔里木岩蜥是同一种不同地区的名称，这还有待于进一步研究。与新疆相邻的哈萨克斯坦，分布着长达1米的巨蜥，会主动地扑上来攻击人类，十分凶猛，但新疆则未见有巨蜥分布和活动现象。

塔里木岩蜥原名塔里木鬣蜥，主要分布于塔里木河中下游，行穴居生活，一般在炎热的白天出来活动，在较冷的风沙阴天则龟缩在洞中。在高温盛夏，则白天休息，黄昏才出来捕食。它以植物性食物为主，也吃荒漠地带的甲虫、苍蝇、蛆、虫卵甚至小蛇，不需饮水照常生活。它还会爬树，有时能爬到胡杨树上蚕食树叶，并捕食树上的昆虫，甚至鸟巢中的鸟卵。它爬树的本领很高，能爬到大树顶部去吃树叶。它长有类似青蛙的舌头，能在一定的距离将昆虫卷入口中慢慢吞咽。

岩蜥在初夏冬眠出蛰后，就互相追逐，寻找异性配偶。这时，雄蜥高翘着向上卷曲的尾巴不断摆动着，以显示自己的威力，并驱逐其它雄蜥进入自己的“势力圈”。雄蜥和蛇一样，有一对交接器，但在交尾时则只用其中一个。交尾后的雌岩蜥，选择低洼处温暖而疏松的沙地挖坑产卵，多为5~7枚。卵似麻雀卵大小，但较长，玉石白色，1~2个月后，自然孵化成5~6厘米长的幼蜥从沙中爬出。岩蜥在秋天即早早进入深的洞穴冬眠，长达半年之久。在人工饲养条件下，一般蜥蜴能活10年，而岩蜥的寿命则在10年以上。

岩蜥和所有爬虫类动物一样，是变温动物，体温随气温高低而变化。它有一种特殊本能，即在气温较低时能充分吸收太阳能，从体表向体内扩散，使体温提高许多度，与向外散热的哺乳动物恰恰相反。因此，它只需要哺乳类和鸟类1/5~1/3的热量就能维持生命。

蜥蜴目动物主要以害虫为食，是有益动物。大型的岩蜥，肉也可食，在民族医中，用它治疗风湿、胃病等症。因此在乌鲁木齐二道桥的民族摊位上挂满了它们的干燥尸骸，以供出售。西藏岩蜥近年来则被当做南方蛤蚧的代用品，也在中药中使用。近些年岩蜥种群数量减少很快，应加以保护。

陷阱中的蚁蛳

在荒漠地带的风蚀沟谷中、土崖下，或是古城堡及烽火台废墟的破墙下，常常可以看到一个个大小不等，呈漏斗状的小土坑，最大的有4~5厘米深，“陷阱口”直径5厘米左右。若俯身观察，就可看到细土构成的漏斗中心底部，不时有土向上扬起。这时，恰巧有一只蚂蚁经过坑边，滑了下去，它往外爬时，却总是滑了下来，还有不时扬起的沙土打得它站不住脚。不一会儿，蚂蚁好像被什么东西咬住，拼命挣扎，也只剩下半个身子在土上摆动，不久就不见了。

这是怎么回事呢？原来，在这坑底中心沙土中，藏有一只小动物，身长只数毫米至十多毫米，身体略呈纺锤形，土褐色，周身多毛，最明显的是顶部的上腭，活像牛头上的一对弯角。因此，西北的农民称之为“土牛”，南方的农民叫它为“地钻牛”或“金沙牛”。由于它主要捕食以蚂蚁为主的小昆虫，一般称它为蚁蛳。它是蚁蛉的幼虫，蚁蛉是节肢动物蚁蛉科的昆虫，新疆有好几种，且以戈壁荒漠中的体型较大。

蚁蛉的发育期较长，从卵、幼虫、蛹到羽化为成虫，需两年多时间，但是在幼虫阶段就达两年之久。在这一阶段，幼虫在地下自建“陷阱”捕食，它长着双刺口器，在捕到蚂蚁后，将消化分泌物注入其伤口，再用食道吸食蚂蚁体液。在“掘陷阱”过程中，可抛出重自身数万倍重的沙土。它用有力的前腭，一面挖掘陷阱，一面捕食，不断地生长。有时它在多石子的沙砾中，也能掘出一个供自己生活的“陷阱”，原在陷阱中的砾石，也不知到哪儿去了。是否长年累月地挖掘，连石块也变成了沙土，使陷阱中只能见到那构成井壁的细土物质？蚁蛉幼虫最大可长到 20 毫米长，最后羽化成蚁蛉，再交尾繁殖。

蚁蛳中医用作通窍利尿药，主治沙淋，多用以治疗泌尿道结石等症。

蚁狮在陷阱中捕捉蚂蚁

蚁蛉（成虫）

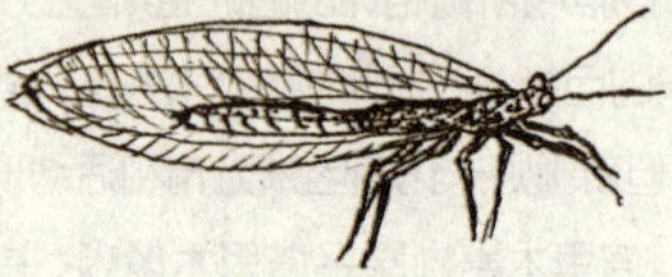

蚁狮（幼虫）

图 87 蚁蛳的陷阱

戈壁蝉

在炎热的南方，整个夏季人们常常伴随着知了不停的鸣声，虽然音质也较悦耳，但由于天气炎热，反而增添了人们的烦躁感。在新疆的居民区，几乎听不到这种声音，但并非没有，只是它们数量稀少，鸣声稀稀拉拉，不引人注意而已。若到野外，在洪积冲积扇的戈壁和农业区交接带，则常会出现另一种情景：知了的鸣声不绝于耳，在黄花盛开的锦鸡儿灌丛上，落满了知了；在空中，到处可见飞舞的知了，其数量之大远远超过了炎热的南方，使寂寞的戈壁显出一片生气。知了也就是蝉，古诗中曰“螳螂捕蝉，黄雀在后”，就形象地描述了自然界生态系统食物链的关系，而蝉却又以植物汁液为食。

在世界上，蝉有 5 科 1 万种以上，中国不少于 500 种，在新疆已知发现 3 种。其中戈壁蝉的身材最大，黄蝉身材最小，它们在中国仅分

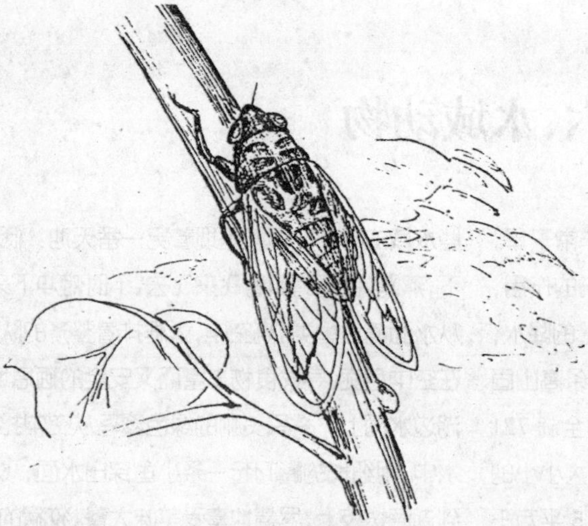

图 88 戈壁蝉

布于新疆，与内地的蝉种类不同。蝉类的生活史大都近似：交尾后的雌蝉，产卵块于植物上，卵孵化成的若虫落在地上，在地下生活，达数年至十多年之久。这随种类而异，有的只 2~3 年，叫二龄蝉、三龄蝉，也有的竟能在地下生长 17 年，叫十七龄蝉，它们在地下寿命很长，但回到地面上时寿命则很短。当幼虫爬出地面，攀爬在植物上脱化为成虫，留在植物茎秆的蝉衣，便是中药用来治病的“蝉蜕”。“蝉蜕”有散风热、利咽喉、透麻疹、去目翳、定惊痫的功能。

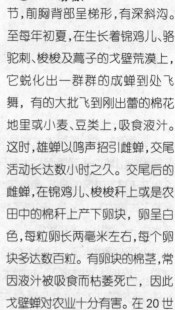

戈壁蝉是昆虫纲有翅亚纲同翅目昆虫，同翅目在世界上有 3 万种，中国有 1200 种以上。戈壁蝉成虫体长 3 厘米左右，腹面土黄色，背面有黑黄两色相同的斑纹，一副透明的翅膀比身体还长，落下时伸在身后。它长有刺吸式口器，以便于吸食植物体内汁液。雄蝉有发音器，由背部翅骨构成，靠互相摩擦而发音。雌蝉有较发达的产卵器，它们都长有一对短小的触角，分 3 节，前胸背部呈梯形，有深斜沟。至每年初夏，在生长着锦鸡儿、骆驼刺、梭梭及蒿子的戈壁荒漠上，它蜕化出一群群的成蝉到处飞舞，有的大批飞到刚出蕾的棉花地里或小麦、豆类上，吸食液汁。这时，雄蝉以鸣声招引雌蝉，交尾活动长达数小时之久。交尾后的雌蝉，在锦鸡儿、梭梭秆上或是农田中的棉秆上产下卵块，卵呈白色，每粒卵长两毫米左右，每个卵块多达数百粒。有卵块的棉茎，常因液汁被吸食而枯萎死亡，因此戈壁蝉对农业十分有害。在 20 世纪 60 年代，新疆综合考察队昆虫组将它列入新疆十大害虫之一，这十大害虫按危害程度大小，依次为地老虎、蝗虫、蚜虫、盲蝽象、蓟马、象鼻虫、叶跳虫、稻蝇蛆和戈壁蝉、蟑螂。此外还有不属于昆虫的红蜘蛛，危害也很大。

蝉在交配产卵后，便已完成它的生活使命，逐渐很快死去。它的卵化成的若虫后，都钻入地下生活。戈壁蝉和黄蝉的若虫，到底在地下生活几年现在还不得而知，这有待于动物学家和爱好者进一步去研究。

戈壁蝉在新疆数量多，为害严重，黄蝉数量少，危害较轻。由于戈壁蝉发源于荒漠戈壁之中，很难预防，在产卵期将农田附近戈壁上杂草除去，可限制它繁殖，但工作量太大，不易进行。开垦荒地可减少它的发源地，但开垦面积有限，不易根治。最好用无毒有效的杀虫剂在活动区喷杀，可收到一定效果。

六、水域动物

准噶尔盆地和塔里木盆地虽然非常干旱，但周围的山地由于起着阻拦大气环流的作用，好似在干旱荒漠区的湿岛，承受了大量的降水，积蓄了丰富的高山冰雪，形成了数千条高山固态水库——冰川。这些冰雪资源，为全疆721条大小河流提供水源，孕育着众多大大小小的湖泊，总面积达92万公顷，其中大于5平方千米的湖泊就有52个。此外还有533座水库和面积更为广阔的沼泽，这些湖泊、水库和沼泽被银带似的河流、渠道串在一起，从海拔4000~5000米的高山谷地，到海平面以下154米的洼地，星罗棋布，犹如干旱荒漠地区的明珠。湿地有“地球之肾”之称，在自然生态系统中起着举足轻重的作用。这些水域和湿地，也成了鱼类、两栖类、水禽及半水栖兽类动物活动的天堂。新疆已发现的土著野生鱼类有53种，加人工引进的已达到92种，两栖类10种，水禽70多种，水生兽类不少于6种。

新疆境内部分水域是内陆流域，与海洋隔绝，几百万年以来形成了一些独特的水生动物种群。如塔里木的新疆大头鱼、准噶尔的小白鱼、吐鲁番的鲅鱼等，都是世界上独有的“土特产”。额尔齐斯河水系是中国惟一的北冰洋流域，其鱼类种群属北极淡水和北方山麓复合体的冷水型鱼类，如北极茴鱼、江鳕、哲罗鲑等，在中国鱼类资源和科学研究上有着特殊的地位。

当人们越过荒凉而酷热的戈壁沙漠来到这些水域的时候，面前呈现着另一番天地：低空下，燕鸥、银鸥鸣叫着飞来飞去，不时俯冲下来，从水面捕食鱼类。高空中，大雁排着整齐的队列在空中盘旋，寻找食物丰富而又安全的栖息地。湖边水面上，一只美丽的绿色翠鸟从空中扎进水中，用细长的嘴叼起一条小鱼穿出水面，飞落到湖旁树枝上，尽情地享受美味大餐。狡猾的大麻鳽看到有人前来，立即站在草丛中，将头向天空扬起，那细长的嘴和脖颈，活像一根枯草，近在眼前，也难发现。旁边的河湾里，身材浑圆的河狸，正用锐利的门齿啃咬直径近60厘米的大杨树，以准备冬粮。麝鼠、水鼠等小兽在水面上到处觅食，潜藏着的水獭和水貂，则随时准备捕杀它们，或是潜入水中捕食更易到口的鲜鱼。偶尔，可见到游蛇也在水中专心致意地捕捉小鱼，以饱口福。岸边草地上，林蛙、湖蛙跳来跳去，接替了夜晚蟾蜍的岗位，捕捉着蚊、蝇等昆虫。一群群灰鹤成对在草地上觅食，在湖口水面上，白眉鸭、秋沙鸭、绿头鸭等游禽游来游去，互相嬉戏。远处湖面上，一对白天鹅带着三四只灰色的小天鹅安然地游过，一只苍鹭站在河湾浅水中，一动不动，耐心等待着游过面前的小鱼……

天空中有捕捉小鸟的鹰、隼等猛禽，地面上有以食草动物为食的狼、狐等猛兽。水中也不例外，有肉食性的大头鱼、白斑狗鱼、大红鱼、五道黑等，以及主要以吃水草为生的尖嘴鱼、小白

鱼、小红鱼、鲹鱼、鳅等，这些食肉鱼类，也常以水生昆虫为蛋白质主要来源，形成了水中的食物链。20 世纪 60 年代以来，人们陆续从内地移来青、草、链、鳙、鲤、鲫、鳊等四十余种家鱼及螃蟹、虾、中华鳖等野生放养，更加丰富了新疆的水生动物群落。

下面，首先让我们参观一下中外驰名的巴音布鲁克天鹅保护区吧！

爱情坚贞的天鹅

天山深处的巴音布鲁克草原，海拔 2400 多米，它位于尤尔都斯盆地中，面积为 57 万公顷，是中国面积仅次于内蒙古鄂尔多斯草原的优良牧场。盆地中间，四周流下来的冰雪水，汇合成开都河的上源，缓慢地蜿蜒流过，形成了众多的河曲和牛轭湖。1000 平方千米的面积上，生长着茂密的黑穗苔草、细叶苔草、水葱、荆三棱、水蓼等多种水生植物，水生昆虫、蠕虫和鱼类极为丰富，构成了水禽栖息繁殖的优良环境，成为中国面积最大的“天鹅湖”。20 世纪 60 年代以前，有上万只天鹅，还有数十万只各种水禽在这里繁殖后代。因为人类活动扩大的影响，20 世纪 70 年代以来，它们的数量大为减少，但仍有 5000 多只天鹅和 10 万余只其它水禽在这儿度夏。自从这里建立起自然保护区以后，天鹅和各种鸟类的数量稍有增加。

天鹅，又名鸿鹄，属雁形目鸭科大型鸟类，形同家鹅，但颈较细长，因常在水面游动，也属游禽。《本草纲目》写道“吴僧赞宁云：凡物大者，皆以天名，天者，大也，收天鹅名义，盖也同此”。这大概也就是天鹅名字的由来。世界上有 5种天鹅，在这个保护区就有 3 种，它们是大天鹅、鼻子上有桔红色肉瘤的疣鼻天鹅和体型稍小的小天鹅，大天鹅有 3000~5000 只，占世界大天鹅总数的较大比例。小天鹅则仅仅是这里的过客。据传，在青海和新疆个别地方还发现过产于澳洲的黑天鹅，但并无可靠证据。大天鹅又名黄嘴天鹅，成鸟体重可达 13 千克左右，抬起头来，有 1 米多高，全身雪白，仅头部微带棕黄色，显得十分洁净高雅。它的嘴尖和脚蹼为黑色，但嘴部为黄色。幼天鹅羽色发灰，在远处逆光看，往往被人误认为黑天鹅。

每年 4 月份，当沼泽地的冰雪开始解冻时，一队队的天鹅便从南方飞来。在迁徙中，成熟的幼天鹅已能寻找对象，结成终身的伴侣，和那些“老夫老妻”一起到达繁殖地不久，便迅速分散成对，选择人、畜和猛兽难以到达的孤洲，或离岸较远的深水草丛中，叼起带泥根的枯草，堆积筑巢，有的则利用去年的旧巢改建，以便“生儿育女”。那些未成年的幼鸟则单独成小群活动，组成“单身汉”的队伍。天鹅巢远看似土丘，直径约两米，高 60~80 厘米，近看像个巨大的盆子，里面垫有松软的苔藓和晒干的轮藻，使孵化出的“小宝宝”睡得更为舒服。每对天鹅占有一定的地盘，巢距多在百米以上，以保证“宝宝”有充足的食物。有时天鹅找不到合适的建巢地，便不得不当“江洋大盗”，掠夺其它大型水禽，如斑头雁的巢为己有，但它仍不失“人性”，会将巢中的雁蛋和自己产的蛋一起孵化成雏，一同带大，而不把雁雏驱出。

天鹅每隔一日或数日产白色蛋 1 枚，每窝可产 3~7 枚，最大的重 400 克，相当于 10 个鸡蛋的重量，产完蛋已到 4 月底 5 月初，便立即开始孵蛋。雌雄天鹅互相关心备至，为了照顾雌鹅的健康，“夫妻”双双轮流孵化，互换觅食和警戒。当有敌人入侵，守望者便勇敢出击，或将

图 89 天鹅湖

敌人引离巢区。若情况危险，孵蛋天鹅便立即用草将蛋盖严，再行逃避，危险过后，复返原巢。如蛋被捡走或损坏，雌天鹅便会继续产卵，但这样就影响了幼天鹅的生长发育期。37 天后，身着洁白绒毛，爪蹼桔红色的雏鸟便破壳而出，十分逗人喜爱。它会本能地立即随父母下水，游泳觅食。在保护区，由于气候较凉等原因，往往只有一半的蛋才能孵化成雏，有的年份稍多，个别可达 5~6 只。数天后，雏鸟羽毛逐渐变为灰色，在父母精心看护下，幼鸟长得很快，两个月就可长到 4 千克以上，8 月初开始长出灰色羽毛，此时双亲也已换完新羽，带领幼鸟学习飞翔。我的研究发现，天鹅能成功哺育雏鸟，必须满足 5 个条件：巢位于水中孤岛上；巢旁有大于 10 米直径的明水区；巢周围有高秆植物隐藏；附近有大面积浅水沼泽，食物丰富；水位较稳定，落差不能超过 30 厘米，否则便不能成功育雏。

9 月底至 10 月初，幼天鹅已具有飞翔能力，这时天气转寒，初雪已临，许多天鹅小家庭汇合成小群，并进一步合成大群，有时可达数千只，早晚在空中飞翔，进行远征锻炼。这时，凌晨的巴音布鲁克的天空，常常出现一大片浮动的天鹅组成的白云，鸣叫不止，场面十分壮观。不久以后，它们依旧分为小群，分别在月夜向南迁飞到中国南方越冬。一般在平原区飞得很低，队伍无一定秩序，两声一顿的鸣声震破夜空，非常响亮。在高山区，有的登山者观察到越过喜马拉雅山的天鹅，竟然飞到海拔 9000 米的高度，到南亚各国越冬。天鹅迁飞，一般是 1 岁以上的幼鸟先出发，带仔的天鹅常推迟至 11 月份才能全部迁走。迟育的少数天鹅，由于幼鸟不能迁飞，只得在不冻的涌泉中越冬，往往遭到狼、狐的袭击。这些年由于环境改善，乌鲁木齐附近的水库也出现了北方迁来的越冬天鹅，有的年份可达 40~50 只，使我们在城市附近就能欣赏到野生天鹅的英姿。

天鹅主要以水葱、苔草等沼泽植物茎叶及其种子为食，只是幼鸟为补充蛋白质，满足生长

发育的需要，也吃田螺、蚯蚓、泥鳅、昆虫等。幼鹅4年性成熟，寿命达20多年，但英国在1887年捕到一只腿上有金属环的哑天鹅，环上刻的年份是1711~1717年，若这是真的，那这只天鹅至少已活了170年！

人们称喻鸳鸯为爱情的象征，其实，它们实在不配。它们相恋时，虽然睡觉也“交颈而卧”，但是常“见异思迁”、“乱婚乱配”。而天鹅的爱情才是专一的，“盟订终身”后，便会“信守誓言”，决不“另行娶嫁”，相亲相爱，形影不离。若一只天鹅突然死亡，另一只就会悲痛不已，不忍离去，不吃不喝，往往同归黄泉，或者孑然一身，永远过着孤独凄凉的生活，直到死去。

天鹅的敌人有地面上的狼、狐，天空中的金雕、鸢等，特别是幼雏最易受攻击。据调查，近年来人工移殖放养的麝鼠，有抢占和破坏天鹅巢的现象，个别还盗食鹅蛋。

在新疆，阿尔泰山、天山和昆仑山的高山湖沼，盆地中的艾比湖、博斯腾湖、塔里木河下游，伊犁河谷地等处均有天鹅分布繁殖。1984年12月，在艾比湖还有上百只的天鹅活动。自古以来，巴音布鲁克草原的蒙古族牧民，视天鹅为幸福鸟，从不捕杀。春天，当第一批天鹅飞来时，还要顶礼膜拜，认为天鹅能带来一年的风调雨顺、家畜兴旺。因此，直至20世纪60年代初，还可见到天鹅跑到帐篷附近吃草，与牛羊为伴，但因其爱清洁，从不吃牛羊践踏过的牧草。当猎人用枪射击水鸭时，水鸭便向天鹅那儿钻，好像天鹅是护身符。而天鹅则在枪响后，仍稳如泰山，好像它知道：人们不会伤害它的。但好景不长，1978年，由于动物园收购天鹅，牧民用套马索等近距离套捕天鹅100余只。自此以后，保护区所有的天鹅便远避人类，在数百米之外即远走高飞，像是它们互相间用语言沟通：“离人远点，人很坏！”所有的天鹅都得到了这种信息。加之牧场扩大，人畜增多，少数人偷猎及捡蛋，天鹅数量减少很多。但在动物园中，驯养的天鹅却已与人类很亲近，能在人的手中叼食物吃。

人们以为天鹅肉好吃而难得。其实不然。天鹅肉很粗糙，且很难吃，只是幼鸟肉还适口。天鹅绒羽可做鸭绒衣被，因天鹅纯洁和美丽，加之数量不很多，3种天鹅均被列入中国二级保护动物，严禁捕猎。天鹅是新疆维吾尔自治区的区鸟，也是巴音郭楞蒙古自治州的州鸟。为充分发挥开都河10级梯级水电站动力，经20年的准备，1986年计划在大尤尔都斯盆地建设呼斯台西里水库。经我带领的新疆环科所研究小组进行环境影响评价，否定了该方案，并得到中国著名的鸟类学家郑作新、谭跃匡、郑光美等先生的支持，也得到巴音郭楞蒙古自治州有关领导的同意，从而保护了这一天山明珠——巴音布鲁克天鹅保护区。如今，这里已成为天山的旅游胜地。你若有幸到此一游，那开都河的九曲十八弯和天鹅湖胜景，会使你终身难忘！

珍贵的黑颈鹤

“鹤立鸡群”，这是用来比喻一个人的才能或仪表在一群人里面显得很突出的形容词，这也说明了鹤是鸟类中不同于众的美丽涉禽。看它那细长的双腿，有时独立，高伸着细长的脖颈，显出一副清高而自命不凡的样子，因此，自古有人把它当“鹤将军”，为人们喜爱和饲养。鹤还被当做长寿的象征，在堂屋正中挂幅“松鹤长寿图”以示吉祥。但是许多“松鹤图”中，把鹤画在松树上站着，这却是不符合鹤的生态习性的。鹤类都栖息于沼泽和草地，却从来不会上树。上树的不是鹤类，是形态与鹤相似的白鹳，它才以树和岩壁为巢。“误把白鹳当白鹤”，使一些古画不能真实地描绘鹤的面貌。

在昆仑山深处，阿尔金山自然保护区的依协克帕提湖边，在湖畔草地上，一对长腿的大鸟在互相追逐、嬉戏，纤细长颈上的长嘴，常向空中扬起高鸣，时而一只绕着另一只转，时而面面相对，碰头擦颈，不停地拍扇着双翅，有时跳起来落下去，扬脖曲颈，作出百般姿态，相向而舞。“咕—咕—”拖长音调的高鸣声，在 1~2 千米外都能听到。数分钟后，体型稍大的雌鸟前飞一段，在平地上将腿微弯，双翅拖拉在地上，频频回首，招引雄鸟飞落其背上。雌鸟不停地拍打着翅膀，它们颈部互相摩擦，尾部交接，十多秒钟后，雄鹤鼓翼跳下，双方以嘹亮的“咕—咕”声兴奋地鸣叫，以后才渐渐恢复常态。原来，这就是黑颈鹤的“性生活”。

黑颈鹤是世界上稀有的珍贵野禽，其数量较丹顶鹤少，也是中国特有的珍稀鹤类。人们称丹顶鹤为仙鹤，那么黑颈鹤就是高原仙鹤，因它适于在高原地带生活，仅分布于青藏高原、云贵高原和新疆南部的山地，天山和阿尔泰山也有少量分布。黑颈鹤以其黑色细长的脖颈得名，它黑色的头上也有一块桔红的顶，但面积较丹顶鹤小，且色暗，除双翅复羽和尾部、嘴、腿为黑色外，全身灰白色。成鸟身长 120 多厘米，嘴峰 12 厘米，雄的体重 7 千克，雌的重约 5 千克。

春天，黑颈鹤和灰鹤从较为温暖的云贵高原飞来，分群成对，选择远离人烟的高山湖泊、沼泽地带筑巢于草墩上，主要以植物草茎筑成，巢外径约 1 米，内径约 40 厘米，内深 7~8 厘米，产卵两三枚，多为 2 枚，每枚重约 200 克，淡青色，布有棕褐色斑点，孵化中逐渐变为深棕褐色，像天鹅一样，雌雄鹤轮流孵卵，另一鹤警戒守望。这一阶段，它们专心致志地孵卵，很少觅食，但性情却变得非常凶猛，警惕性也极高，敢于攻击平时不敢还击的体型较大的猛禽和食肉兽，连狡猾的狐狸也不是它的对手，有时被它啄得眼瞎嘴歪，甚至一命呜乎！黑颈鹤的孵卵期为 1 个月左右，为了使卵保温均匀，还经常翻

图 90 黑颈鹤的婚期

动。雏鹤出壳两日以后，它才能跟随父母漫游觅食，活动范围逐步扩大。鹤是涉禽，长腿站在浅水中以水草、蠕虫为食，也在草原上觅食荽陵菜等植物根茎、幼芽，也吃昆虫等。到 7 月份，雏鹤就可长到 1 米左右高。但是黑颈鹤的幼雏，性情古怪，亲骨肉间互不相容，同巢幼雏，争斗非常激烈，常致对方死地而后快。因此，往往是出壳 2~3 只，最后只剩 1 只成鹤，而父母对孩子们的拼死相斗，并不制止，最后是“一对夫妻，一个孩子”，成了“节育模范”。这虽然有助于提高种群的质量，但这也是造成黑颈鹤数量稀少的主要原因。

10 月中旬，金秋季节已过，迁徙的日子到了，黑颈鹤便集成小群，鼓翼上飞，离地面 500 多米时，便展大双翼，靠上升的气流盘旋而上，翱翔姿态，犹如群鹰，上升到上千米时，再排成“一”字或“V”字形离去，飞往较温暖的云贵高原等地越冬。鹤、雁、鸭等鸟类的编队飞行，好像它们有着很强的组织纪律性。实际上，由于鸟类飞行时，在翼尖会产生一股微弱的上升气流。别小看这股小气流，若另一只鸟加以利用，则能节省 1/4 多的体力，其它鸟争相利用，长期以来就成了习惯。特别是“V”字形队，更能很好地利用这种“相邻升力”，使编队飞行的群鸟，比散乱飞行的群鸟和孤鸟能节省 30%的体力，而飞得更远。这对远飞的候鸟非常重要。当然，头鸟要吃点亏了，好在它们还可互相替换。

世界上有鹤类 15 种，9 种就产在中国，新疆分布有黑颈鹤、灰鹤、白鹤及蓑羽鹤 4 种，还有人传，曾见到过丹顶鹤，但未有可靠证据。这些鹤类都是新疆的繁殖鸟，春来秋回，也有些则是过往的旅鸟。

白鹤全身几乎均为白色，脸和头顶前部赤裸而红，腿和脚粉红色，爪色皂褐，为新疆的旅鸟，见于南疆及天山一带，世界上仅有 250 只左右，也十分珍稀。它的习性大致与黑颈鹤相似。在巴音布鲁克草原，灰鹤和蓑羽鹤都有较大的数量，在新疆分布较广，南北疆均有分布。

黑颈鹤数量十分稀少，在新疆更为罕见，估算仅有数十只，它和大熊猫一样，与丹顶鹤和白鹤同为中国的一级保护动物，应严加保护。

红嘴鸥

塔克拉玛干沙漠的东部，有一片浩荡的水面——大西海子水库，它已代替了古罗布泊，成为现在塔里木河和孔雀河剩余洪水的归宿地。

如果你在夏秋之际，乘着快艇行驶在水库时，游近一个长满芦苇的湖心小岛，立刻会惊起一群红嘴鸥，它们“叽啊！叽啊”地尖叫着，一直在人们头顶盘旋，附近岛上的红嘴鸥也赶来支援，不时猛地俯冲下来，像是要啄击人的头部，同时像下雨一样撒下一阵鸟粪。这地方正是鸥类的繁殖场所。这里远离库岸，不易受到食肉兽的侵袭，非常安全。这个近百平方米的小沙岛，原来不过是塔克拉玛干沙漠里的一个大沙丘。芦苇丛中，地面上零散分布着许多红嘴鸥的简陋巢穴，外径约 20 厘米，深 2~3 厘米，用细苇秆搭成。每个巢中有卵两三枚，褐色，带许多近方形褐色斑点，大小如鸽蛋，与沙地和枯草浑为一体，极不易发现。

8 月份正是红嘴鸥的繁殖期，鸥蛋 22~24 天孵出鸥雏，软弱的鸥雏出壳后，12~16 小时才能站起来，一天后亲鸥开始饲喂，每天喂食四五次。这时它极需要亲鸥的保护。10 天以后，幼雏长大了些，便离巢藏到茂密的植物丛中，父母都出去为它觅食，以填饱它越来越大的胃口。5

个星期后，幼鸥便长成大鸟，即可跟随父母飞出去找食物，约两年性成熟。

红嘴鸥属鸥形目鸥科，成鸟体长 30 厘米左右，重约 300 克，头部暗棕色或黑褐色，上背浅烟灰色，腹部灰白，翅尖黑色，长有洋红色的尖嘴和带蹼的脚爪，色彩比常见的燕鸥和棕头鸥美丽得多。它喜欢在荒漠和半荒漠地带的池沼、水库、苇湖地区活动，在绿洲和新垦地的稻田中也能见到。

红嘴鸥喜结群生活，性情宁静，不像燕鸥那样喧闹，只是偶尔鸣叫一两声。它们常常在大西海子等一些水库的水闸下集结成群，表演着高超的飞翔技艺。有时它能迎风停在空中，一动不动，看到水中浮起的小鱼，便猛地直扎下来，在水面或全身潜入水中叼起一条鱼，飞回家中饲喂幼雏。但是别把它当做专吃鱼的有害鸟类，实际上，成鸟常以昆虫为主要食物，它的食谱很广，除吃鱼外，还吃鼠类、蛙类、蚯蚓、蝗虫伪步行虫、象呷、金龟子、步行虫、叩头虫及双翅目昆虫等。看来，它还是消灭农田害虫的能手！它就是吃点鱼，主要捕食的是水库表面的浮鱼，而这些鱼往往是老弱病残者。实际上，它对防止鱼类病害，维持水域生态平衡起着良好的作用，这也是大多数鸥类的共性。美国盐城曾因大群的海鸥帮助农民消灭了蝗虫灾害，而为它立了纪念碑。

鸥类都是长于迁飞的候鸟，北极燕鸥能从北极飞往南极大陆附近，行程 5.5 万千米，一年往返一次，可谓候鸟飞行之冠。红嘴鸥也是新疆春来秋去的候鸟，当然，它的飞翔能力远不能和北极燕鸥相比。但云南昆明市内冬季集结的大群红嘴鸥，说不定有些也来自新疆！

图 91 红嘴鸥吃鱼

红嘴鸥还有着团结友爱的高贵品质，当一只鸟被猎杀落地后，其它的同伴就会在它的上空长时间巡飞号叫，以示悼念。当一个岛上的红嘴鸥巢穴受到侵袭时，附近岛上的红嘴鸥也会飞来援助，云集一起向入侵者攻击，撒下粪雨。

在新疆，分布有 13 种鸥科鸟类，在南北疆平原区，常见的有银鸥、白额燕鸥、燕鸥及鱼鸥等。在昆仑山、天山、帕米尔海拔 3000~4000 米的高山湖泊中则有棕头鸥及燕鸥等活动。它们都是在新疆繁殖的候鸟，秋季迁往南方过冬，但在 11 月下旬，在塔里木南部绿洲仍可见到成群的银鸥、红嘴鸥活动。

红嘴鸥的肉可入中药，有滋阴润燥的功效，

主治狂躁烦渴。

白鹳和黑鹳

春节时，我买了一张“松鹤图”，把它挂在客厅的正中墙上，只见图中几只丹顶鹤，在月亮下以不同的姿态，站立在苍劲的松树干上。实际上有谁见到丹顶鹤站在松树上呢？回答是否定的——没有。因为丹顶鹤是从来不上树的，只有体型与丹顶鹤近似的白鹳，确实以树为巢。电视童话剧《尼尔斯骑鹅旅行记》中好心的白鹳，不就在屋顶为巢，树上降落吗？在欧洲，人们常常在村庄里建成高塔台，专门招引白鹳降落筑巢，视白鹳为吉祥鸟，认为白鹳到来会带给全村幸福。据记载，俄罗斯发生的蝗灾曾多次被白鹳群消灭，上述也许与此有关。

秋季的艾比湖真是个鸟的王国，那银白色的是鸥群，红褐色的是赤麻鸭群，麻灰色的是雁群，而那体型巨大且又雪白的则是天鹅、大白鹭和白鹳。它们有些是艾比湖畔的繁殖鸟，而大部分则是从遥远北方的异土南迁的旅鸟。它们的喧叫声此起彼伏，不绝于耳，甚至在离湖边 1~2 千米处，连我们的谈话声也能被盖住，可见鸟类之多！鸣声之高！

当我们走近湖畔的时候，这些鸟便一群群地飞起，那雪白的大白鹭将长脖子曲起，弯成“之”字形，用劲拍扇着一对巨大的翅膀，几乎是垂直的、缓慢地飞到晴空。它缩着脖子，若不是向后伸延出细长的黑腿，真像是翱翔的白秃鹫。不远处，几只白鹳头颈前伸，两脚并成一条直线，迅速地斜飞而去，在空中时而扇动几下翅膀，显得十分矫健而安详。

白鹳属鹳形目鹳科大型涉禽，在新疆还有一种形态相同而羽色灰黑的黑鹳。它红嘴、朱腿、白腹，全身黑色羽毛发出金属绿光泽，更为美丽。《本草纲目》称鹳为皂君、负鉴，写道：“鹳似鹤而顶不丹，长颈赤喙，色灰白，翅尾具黑。多巢于高木，其飞也，奋于云霄，旋绕如阵，仰天号鸣，必主有雨。”白鹳的体长约 1.2 米，脖颈和黑色的长嘴几乎占了一半，体重 3~4 千克。它长着肉红色的一对长腿，除尾部和双翅复羽为黑色外，全身灰白。当它站在浅水中觅食时，形态极像丹顶鹤，但无赤顶，胸羽较长，且不如鹤清瘦细高。它在水边常一只腿着地，能 1~2 个小时不动。白鹳主要在平原和低山带水域中生活，在大树上和岩壁上筑巢。4 月底至 5 月初产卵 3 枚左右，形似鹅蛋，重 60~70 克，乳白色。6 月份即有雏鸟孵出，雌雄共同育雏，每次能吐出 300 多克食物，以饲喂幼雏，一日喂两

图 92 白鹳的巢

三次。一个半月后，幼鹳就可长到近3千克重，随着羽毛丰满，体重稍有下降，两个半月时即能离巢飞翔。

黑鹳也叫青鹳，体长1米多，重两千克半以上，生活繁殖习性与白鹳近似，但在夏天比白鹳更喜在山地沿山谷溪流和山区湖泊处活动，因此，在天山天池也常有发现。它的飞行姿势与白鹳略同，但更较为轻快。黑鹳与白鹳脾气不同，它不太爱上树，繁殖时多以山区石崖、岩洞为巢，有时也建巢于树上，用粗树枝及苔藓、羊毛等垫窝。其每年繁殖一次，产卵3~5枚，卵重60~70克，和白鹳一样雌雄共同育雏，用口内带来的食物饲喂，幼鸟75天出巢。在南疆沙雅的水库边，曾见到十余只的黑鹳集群在大树筑巢生活，实为罕见！

白鹳和黑鹳主要吃鱼类和水中的软体动物，也吃一些嫩草、草籽等植物性食物，甚至小型鼠类它也食用。它常在湖边和河湾浅滩中，能一动不动地等待游过来的小鱼，好似外号叫“老等”的白鹭，吃饱喝足后，就站在河湖岸边的石头上休息。白鹳多为2~7只一群，黑鹳一般喜独来独往。它们都是新疆的夏候鸟和繁殖鸟，春来秋归，在温暖的南方越冬，少数在塔里木南部绿洲越冬。鹳不像鹤喜欢唳鸣，它极少发声，有时能将头向后拼命扬起，靠喙相击出声，形同哑巴。白鹳可以入药，骨有祛风、解毒、止痛功效，肉可壮阳补虚。

图93 黑 鹳

白鹳和黑鹳都是数量稀少的珍禽，是重要的观赏鸟类，为中国一级保护动物，严禁猎杀。

不怕冰雪的赤麻鸭

在阿尔金山自然保护区，当我爬到海拔4600多米的高山草原陡峭的山崖上，不时听到一长串“咯！咯”的惊叫声回荡在山谷。抬头望去，崖顶上有好几对野鸭，跌跌撞撞地半飞半跑走向远处，有的展翅飞到空中盘旋，但久久不愿离去。显然，这种行为说明这座山头有它们孵卵的巢穴。使人非常奇怪，这里远离水源，最近的湖泊也在4~5千米以外，怎么会有鸭子活动呢？仔细观察，原来它们是鸭类中最能适应陆地生活的赤麻鸭。

赤麻鸭属雁形目鸭科，由于毛色赤黄，人们通常叫它黄鸭。已发现鸭科禽类在新疆有29种，除3种天鹅及鸿雁、豆雁、白额雁、灰雁、斑头雁外，有鸭类21种。如高竖红冠能负雏鸭凫水的翘鼻麻鸭，头部泛金属绿光泽的绿头鸭，尾部尖且长的针尾鸭，头顶凤冠的凤头潜鸭等。其中，在新疆分布最广，适应能力最强，数量最多的就是赤麻鸭。从

海拔5000多米的昆仑山、帕米尔高原，以及天山、阿尔泰山的高山湖泊，到海平面以下的吐鲁番盆地，无论在空气稀薄而寒冷的高山荒漠，还是食物丰富的山地草原，或是盆地中炎热而干旱的沙漠边缘，都能见到赤麻鸭的踪迹。当然，河流沿岸、湖泊、沼泽地带，更是它适宜生存的家乡。特别是它有着极强的"家乡"观念，一年四季气候的骤变也不能把它赶走，属典型的留鸟。在雁行目鸟类中，独此一种不是候鸟。因此，即使在冬季，白雪茫茫的北疆地区，在泉水地一带和赛里木湖等水域附近的冰雪中也能见到它们，在严冬凛烈的寒风中顽强地生活着。这种习性与其它雁鸭类不同，它们都秋去春来，是喜欢追求温暖舒适生活环境的候鸟。

赤麻鸭雄的重两千克以上，雌的1千克多，体长半米多，形状和家鸭十分相似，爪趾有蹼，适于游泳，其双翅也十分强健，能不停地拍打翅膀做较长距离飞翔。雄鸭头顶及两侧浅棕带白色，长着黑嘴和暗褐色脚爪，下颈、背部和下体等身体大部分纯红棕色，明显地区别于其它鸭类。颈部围以黑领，翼白尾黑，翅上飞羽黑亮，且有绿色光泽，形态色彩虽不及雄鸳鸯，但也显得较为华美。雌鸭和雄鸭色彩差不多，这就显得比色调暗淡的雌鸳鸯美丽得多了。

赤麻鸭几乎一年四季都成对活动，配对后形影不离，在野外极少单独活动或飞翔。每年春夏，它选择高山陡壁上的岩洞、河岸土穴、草地草墩下、沙漠红柳丛中或胡杨树洞作为巢穴，有的巢位置离水很远，巢中铺一些羽毛，垫得非常简单。雌鸭每年产蛋一两窝，每窝6~10枚，卵形大，似鸡蛋。有时几只雌鸭都看中了一个树洞，也可几窝同巢在一起孵化。孵卵任务主要由雌鸭承担，若有危险时，在附近警戒的雄鸭即发出惊叫，告诉雌鸭留意。孵卵期27天多，刚孵出的小鸭重50多克，麻灰色，多暗褐色花纹，与父母色彩大不一样，是极好的保护色，有利于隐蔽。在母鸭的带领下，毛绒绒的雏鸭一只只连飞带滑，爬下树来，便向水边跑去。它有天生的一到水中就会自如地游泳、潜水的本能，在水中寻找软体动物、甲壳动物、小鱼、虾、蠕虫、水生

图94 荒漠中的赤麻鸭

植物为食，显得十分活泼可爱。在高山或荒漠中孵出的雏鸭，附近若无水，就只好在草地上觅找昆虫、草籽、蚯蚓等食用。赤麻鸭为杂食性，在草原上常常捕捉蝗虫充饥，但在农田中也偷吃谷物。雏鸭两个多月就可长到 1 千克多重，第二年性成熟。6 月底到换羽期，赤麻鸭隐藏于水中的芦苇丛里，或在泊中间的小岛上换羽，因这一时期不能飞翔，最怕食肉兽侵袭。成群的赤麻鸭年年这样脱毛，常在小岛上积累下很厚的一层。

秋季，繁殖季节过后，赤麻鸭便结成数十至数百只的大群。在艾比湖边，我曾见到数千只的大群，把整个湖边染成了黄红色。它们白天在湖边沙滩休息，黄昏出来到草地上或庄稼地里觅食，有时和豆雁等雁类在一起活动。赤麻鸭在游水时头伸得很直，身体前部分低垂，不爱潜水，在和其它鸟兽相斗时，它也是低头伸颈，以此威胁对方。赤麻鸭爱上树，在新疆有些地区，它就在胡杨树上休息，这当然要比在地面休息安全得多。

赤麻鸭秋末冬初肉味较为肥美，其他时节则有腥味，不大好吃。因它体型大，肉多，羽毛又可做羽绒服，是很有经济价值的资源动物。在苏联，曾人工饲养使它家化，并与其它鸭类杂交，获得了好的家养鸭品种。赤麻鸭次级飞羽可做羽饰，又叫黄鸭翠毛，可供出口。赤麻鸭等鸭类在新疆还有一定数量，在繁殖期应大力保护，秋季可适量有计划猎捕。

活化石——河狸

发源于阿尔泰山的青格里河、布尔根河及其交汇成的乌伦古河曲曲弯弯，在山前拓陵区缓慢地流淌着。河谷中，河曲、牛轭湖密布，生长着杨树、柳树、桦树及茂密的灌丛，好像给两岸干旱荒漠地带的石质山地和丘陵披上了条条绿色的飘带。当我们来到河边，在朦胧的暮色中，只听得河岸边一株向河心倾斜的大杨树根部，不停地发出“咔嚓”声。我们慢慢地悄声走近仔细一瞧，原来是一只体大如小猪的雄河狸，正在啃咬直径约 40 厘米的大树，已经把离地面 30 厘米以上的根部周围一圈咬断，树心已呈圆锥形，眼看这棵树就要倒向河中。它发现有人，立即跳入河水不见了。这是河狸在为越冬准备食粮，我们走后，它迅即出来继续完成它的任务。

河狸属啮齿目河狸科，是啮齿目中体型最大的中型哺乳动物，当地人又称它海狸。成年雄性河狸体长近 1 米，最重达 30 千克，雌性稍小。河狸面部浑圆，颈粗短，鼻端裸出，能自由开闭，门齿极为锋利，咬肌非常发达，长着一对小眼，短小的耳壳上复鳞片，且能折叠以闭听道，嘴角有许多细长的触须。它脊背常呈弓状，与一般鼠类相似，身披浓密的棕褐色长毛，一出水面，滴水不粘。

河狸极善游泳，因它后肢的爪趾很长，从趾尖开始长有蹼，适于划水，近 30 厘米长的扁平尾巴既可当舵，又能划水，表面为角质鳞片，长有稀疏的针毛，非常特殊。河狸又善于掘洞，因它的前趾长有锐利的脚爪。别看它在水中行动敏捷自如，会搬运土木和采食，还能长时间潜入水中达 15 分钟之久，但一到陆地上，它就显得非常笨拙，行动迟缓，因此，从不远离水边活动。由于它自卫能力很低，性情机警而胆小，喜欢安静的环境，一遇惊吓和危险，就急忙跳入水中，并用尾巴有力地拍打水面，发现很大的响声，以警告同类逃避。

河狸多成对活动，有时还和前一年或当年

生的小崽一起生活。它们喜欢在林密草深而水流缓慢的土质陡岸边筑堤坝，岸高 1.5~2 米，洞口没入水中，地面留有气孔并用一堆树干遮盖，巢屋在水面以上，里面很宽阔，铺以干草，往得非常宽敞舒适。在欧美的河狸多为社会性群居生活，会用树枝、泥巴筑坝，以拦蓄河水，保护洞口，防止天敌侵袭，也便于运送食物。曾在美国蒙大拿州发现过 630 米长，高度和宽度在 3 米

图 95 河狸备冬粮

以上的河狸堤坝，可见工程之浩大。因此，它又被称作“土木建筑师”，但在青河一带这种大型堤坝很少见。

冬末早春是河狸的发情交配季节，妊娠期为 106 天左右，初夏产仔 1~3 个，幼仔出生后两天就会游泳，哺乳期约两个月，第三年性成熟。河狸寿命很长，可活 35~50 年。

杨、柳、桦树的幼嫩枝叶及树皮是河狸秋、冬季的主要食物，夏天在离河边不远于 10~15 米的岸边采食草本植物，如菖蒲、荆三菱、水葱及多种禾本科植物等，在岸上常踩出固定的道路。河狸到秋季在晨昏活动频繁，一株直径 40 厘米的大树，一只雄河狸不到两个小时，就能把它啃断落入河水，然后将树枝咬为 1 米长左右，全家动员，搬运至洞口附近的水下储存。河狸冬季在冰下的水中采食，不冬眠，也很少出水面活动，但在冻结的冰面留有明显的通气洞口。

在青河一带，狗和狼是河狸的主要天敌，猛禽也攻击幼小的河狸。

在 200 万前的第四纪早更新世，中国北方大部分是水乡泽国，茂密的森林中，湖泊、沼泽星罗棋布，湖边草地上，三趾马、板齿犀、三门马、沙犷等动物在悠闲地吃草，剑齿虎则藏在树后虎视眈眈，等待捕捉它们的时机。在河流和湖边，河狸则兴旺地生活，那时它体大如熊，重达 300 千克，又叫大河狸。经过了漫长的地质年代，当年的动物大都已绝灭，少数则进化为新种，仅河狸幸存下来，但分布范围大为缩小，体型也减小到 1/10，仅分布于青河一隅。因此，河狸又是一种活化石。

在青河一带，自古以来，哈萨克牧民视河狸为神圣的聪明动物，从不伤害。因此，在 20 世纪

60年代初期，这一地区还有河狸1000只以上，但由于文化大革命期间，滥猎和生存环境的破坏，到1980年仅乘下20~30只。为了挽救它，自治区人民政府1980年决定在青河建立布尔根河狸保护区，在保护区管理站有效保护下，数量已恢复到500多只。但在保护区建设水电站，过度开垦和放牧，已对河狸的生存造成了很大危胁，其数量又在减少。

河狸肉好食，味似猪肉，毛皮极为珍贵，可制帽子、衣领及皮大衣，雨雪不粘。河狸肛门两侧有一对香腺，其分泌物为名贵的香料，叫“海狸香”，是世界四大动物抹香鲸、灵猫、麝和河狸的香料和定香剂之一，也作医药中的兴奋剂。因此，河狸是一种非常珍贵的资源动物。但因其数量太少，为中国一级保护动物，严禁捕猎。山东大学卢浩泉教授等对河狸有多年研究，若人工养殖取香的研究项目能够成功，在科学和经济上价值很大。

软黄金——麝鼠

新疆每年出口大量的野生动物毛皮，其中数量最多的莫过于麝鼠皮，在20世纪20年代曾一年收购到数十万张。由于它的毛皮价值极高，在国际市场上素有“软黄金”之称。

麝鼠由于体内有能分泌类似麝香的腺体而得名，又名水老鼠，是一种水陆两栖生活的小型动物，属啮齿目仓鼠科。成年麝鼠体长30余厘米，体重多为750多克，也有的达到1千克多，毛为棕栗色，绒密而富有光泽。其体型略似椭圆形，长着一对明亮的小眼睛，极似仓鼠，但头不那么尖，耳朵也很小。它的身体不像仓鼠那样细长，圆而粗的尾根，向后逐渐侧扁而宽，上覆鳞片和稀疏的短毛，起着“散热器”的作用。它的尾巴表面像河狸的一样，但鳞片没有那样明显，尾宽不到河狸的1/3，且河狸是扁平板状尾，麝鼠是直立偏尾。麝鼠尾巴也非常有力，在水中主要当舵使用，并能推动身体前进。由于它前腿短小，后腿较长，后趾间有半蹼，因此从不远离水域。它游泳时将前爪贴在胸前，若在陆地上行走就显得很笨。

湖泊、沼泽、河流、水库边水位较稳定，其水草较茂密的地段，是麝鼠喜欢生活的地方。它在岸边水下约十厘处掘洞，但洞室向上，位于水面之上，既能在干燥的“卧室”中休息，又能逃避狐狸等食肉兽侵袭。洞口直径8~12厘米，洞室内直径40~50厘米，还挖有“粮仓”，以备储粮越冬。在平坦的沼泽地中，麝鼠能将直径3~5米地段的苔草等水生植物连根带泥拔起，堆成高60~70厘米，直径1米多的草泥墩，筑巢于其中。可以想象，对这个小动物来说，需要付出多大的辛勤劳动！在巴音布鲁克草原的沼泽边浅水中，有许多成串的“麝鼠丘”，好像是水中的岛屿，高竖于水草之上，那都是它们的巢穴。麝鼠每个家族都有固定的领域，因此相互之间也常发生“边界纠纷”，与入侵者进行搏斗。

麝鼠以素食为主，菖蒲、芦苇、苔草、稗子等许多水生植物，它都爱吃。有时也吃点鱼，捉两只青蛙或小蟾蜍换换胃口，或是吃些昆虫、蠕虫及软体动物，以补充蛋白质之不足。在巴音布鲁克高寒地带，麝鼠对蛋白食物需求量较高，牧民看到有咬食捆绑的羊，也有偷吃天鹅蛋的现象。麝鼠很爱清洁，常常清理自己的披毛，在吃食时就到洞旁一个固定的地方，那儿呈平台状，被称作“食桌”，将采来的食物带到台上慢慢享用，颇为讲究。不过，在水下它也会吃东西，这时它

图 96 麝鼠的捕食

的腭部和咽部特殊的肌肉可紧紧将气管封住，而不会呛水。

麝鼠在早晨和黄昏活动最为频繁，常见它在水面只露出头顶游泳，用嘴和前肢搬运食物，在水面划出一道楔形的水纹，时速可达两千米。因它能沿水域扩散得又快又远，每年可达 50~60 千米，又有“水上旅行家”之称。在水中活动时若遇到危险，就用尾巴使劲拍打水面，用响声以警告伙伴，随即潜水而去。它能在水下潜伏 10~12 分钟之久，连续游出 100 多米远，潜水本领十分高强。小麝鼠贪玩，十分有趣，几只一起喜欢玩漂浮在水面的木片、草茎。在河狸分布区，它们和河狸还有很好的睦邻关系，在同一片水域和平共处。

水蛇好像是麝鼠的死敌，塔里木南部且末河流域原来水蛇很多，自从 20 世纪 70 年代引入麝鼠后，水蛇数量急速下降。原因是麝鼠一遇到水蛇，好像是冤家死对头，便猛冲过去用锐利的牙齿将蛇咬住。水蛇大多长 70~80 厘米，虽拼命想把麝鼠缠住，但无济于事。水蛇根本不是麝鼠的对手，不久就奄奄一息了。

春初，冰雪渐渐融化，麝鼠便开始离穴，寻找“对象”交配，以建立小家庭。一般离穴者多为雄鼠。雌鼠每年可生 2~4 胎，温暖而食物丰富的地区胎数较多，寒冷地区较少。麝鼠怀孕期 25~28 天，当水草发芽变绿、食物丰富的时候，仔鼠也已出世，一般每胎 6~10 只，最多还可达 16 只，但不能全部成活。刚生下的幼鼠长仅 3 厘米，体裸无毛，靠母鼠哺育，生长发育很快，5 天长出门齿，10 天睁开眼睛，20 天便能出穴学习采食和下水游泳，一个月后幼鼠便能独立生活。自此以后出穴自谋生路，半年就可性成熟，并能参与繁殖，秋末最后一胎幼仔则跟随父母一同越冬。到翌年春季，这个家庭便自行崩溃，所有的老少雌雄麝鼠均分散活动，另行婚配，重组家庭。在一般情况下，一对麝鼠一年可繁殖50~60只，寿命3~5年。

麝鼠不冬眠，它们在没有冻结的水域采食植物根茎，或是靠秋季储存的枝叶维持生命，若水域完全冻结，就可能招致大批死亡。

麝鼠原产于北美洲，1927年开始移入苏联，1953年就已扩散至伊犁河谷地来到新疆。1957年开始，外贸部门将它们捕捉后，向南北疆各地散放，并移入青海、甘肃等地，自此在中国西北地区扩散得很快。由于它的适应性很强，已成为新疆广泛分布的珍贵野生毛皮兽，每年收购的麝鼠皮为国家换取了大量外汇。

每年11月份至翌年3月份是捕猎麝鼠的季节。麝鼠的肉非常细，味美，可供食用，在国外被加工成罐头食品。油脂可做工业涂料。体内腺体分泌香液，其味浓厚而不消散，是制香水的珍贵材料。毛皮柔软光滑，是高级制裘原料，针毛有分水功能，不易粘雨雪，在国际市场上价值很高。麝鼠是很有发展前途的资源动物，除放养外，也可人工饲养。

但是麝鼠在水库堤坝、渠道两岸掘洞穴，易使堤坝漏水，造成水灾，应随时注意消灭这些地方活动的麝鼠。此外在巴音布鲁克天鹅保护区，由于它抢夺天鹅巢穴，在冬季为保护巢穴温度，在天鹅巢中填堆泥草，使天鹅在第二年不能利用，且延迟产卵期，影响天鹅繁殖，因此应控制它的数量。在特别干旱的荒漠水域，由于恶劣的生活环境，麝鼠毛皮变得发灰，质量较差。对麝鼠应采取防、护、猎、养并举，让“软黄金”在国民经济中发挥应有的作用。

水獭和水貂

在阿尔泰山的前山谷地，额尔齐斯河水系的支流潺潺，两岸松柏青青，杨柳依依，这里生活着稀少而珍贵的水域凶猛食肉兽——水獭和水貂。

水獭属食肉目鼬科动物，《本草纲目》中称其为水狗，李时珍形容它：“獭状似狐而小，毛色青黑似狗，肤如伏翼，长尾四足，水居食鱼……合小沔渔舟，往往驯畜，使之捕鱼甚捷”。看来，在古代中国劳动人民就已对水獭很熟悉，而且捕到后经过训练养在渔舟，用来帮助捕鱼。

水獭身体细长而腰身浑圆，柔软灵活，身长约75厘米，长着4条短腿，像个四肢动物中的矮子，连走路也很困难，它把肚皮拖拉到地上，屁股上还拖着一条尾根粗而尖端细长的长尾巴，有体长的2/3。它的爪趾间有蹼，适于游泳，披一身暗棕色的毛，下腹则是淡棕色和银白色，绒毛密厚而柔软，长得非常结实，不易掉落。这点在所有毛皮兽中身居“冠军”，而且皮毛不易粘水，游泳出水后几乎滴水不沾。

水獭安家的地方主要具备两个条件：一是在极为僻静的土质陡岸，以便挖掘洞穴。二是附近有较大的河湾，河湾中鱼类非常丰富，食物充足。水獭挖掘的洞穴，洞道较短，洞口也没于水下，但洞中穴室很宽敞，高出水面，空间很大，铺垫着干草和苔藓。狡猾的老水獭还在洞口附近洞道上方挖一支洞，以便守卫保护巢穴。水獭一年只产一胎，雌水獭妊娠期两个月，在4~5月份产獭仔2~5个，哺育长大后，可与雌獭一直生活到冬天。水獭寿命可达6年。

水獭也是典型的夜行性兽类，性格狡猾而

机警，在野外很少能遇到。水獭有很高的游泳和潜水技术，潜水时能将鼻孔和耳孔自行关闭，在水中长距离潜泳，身体非常灵巧，单个水獭就能捕到两千克以上的大鱼，要比鸬鹚能干很多。但它一到陆地上就不行了，走路显得很吃力，摇头晃脑匍匐式前进，有时不得不一跳一跳地蹦，但也可坚持连续行走数千米。它最喜欢冬天，一找到不结冰水面鱼特别多的河湾地带，就不忍离去。因为冬季结群的鱼类，在低温下活动很慢，极易捕捉，也不易向河流其他河段逃跑，就成了水獭取之不竭的食品仓库。此外，它有时也捕食水鼠、田鼠等啮齿类和蛙类、小鸟等。在20世纪50年代，塔里木盆地南部墨玉县一带也曾捕到过水獭。这说明它以前在新疆分布很广，目前只有阿勒泰和伊犁地区有少量分布。

图 97 河岸边的水獭

水貂也是鼬科动物，在世界上只有美洲水貂和欧洲水貂两种，在新疆均有人工养殖，但新疆的野生水貂属欧洲水貂，只分布于额尔齐斯河和伊犁河流域局部地区。水貂身长只及水獭的一半，成年公貂体长42厘米，重近两千克，雌貂体型要小得多，体重仅及雄貂的一半。它身体修长而腿短，近似水獭，但要比水獭灵活得多，在陆地上活动也很敏捷。水貂耳壳很小，长着只及身长一半的尾巴，前后肢脚爪都是五趾，趾基有蹼，适于游泳，趾尖有爪，能够掘洞。欧洲水貂体毛全身黄褐色，而家饲美洲水貂为深褐色，在唇及下颏为白色，也有培育的其他色彩的彩貂。水貂有一个法宝，就是肚脐下有一对分泌腺，遇到危险和强敌时，能分泌出一种极臭的液体，熏得敌人头昏眼花，而它可乘机逃之夭夭。

水貂的生活环境和水獭近似，但与水獭的食谱有别，水獭主食鱼，它却以水生哺乳类的水鼠平为食，也吃一些别的鼠类、蛙类、小鸟及鱼。在食物丰富时，水貂也会尽量多捕一些食物储藏起来，“以丰补歉”，供缺乏食物时吃。

水貂还有着极灵敏的听觉和嗅觉。在鼠洞前只要把头钻入洞口听一下，就能辨别出是否有老鼠。因为它头部鼓室很大，能听到人类不能察觉的细微沙沙声。一旦发现洞中有鼠，便钻入洞中捕捉，或将洞稍加扩大后钻入。

水貂是半水栖动物，喜欢游泳和潜水，它的洞穴比水獭小得多，常常是抢夺水鼠平的洞穴，或是在低树洞、倒伏的树洞中藏身。它是“独身主义”者，雌雄水貂多单独活动，只有在3~4月份发情期，找上配偶的水貂能过一段很短暂的“蜜月”生活。因生理上的特殊原因，雌貂对“性生活”有恐惧而拒绝交配，如果遇上软弱的雄貂，往往会被雌貂咬死，只有身强力壮的雄貂，采取几乎强制的办法交配才能使雌貂受孕。这种习性，也许是为了保持强壮的种群而得到的一种本能特性。水貂怀孕期多为一个半月，但因有隐孕期，受精卵开始发育的时间差别很大，因此产仔期可延长2~3个月。雌貂每年在5~6月份产仔，只产一胎，每胎产仔1~16只，但多为6只。初产貂仔仅8~11克重，长6~8厘米，很像鼠仔，体裸无毛，两眼紧闭。雌貂有3对有效的乳头，它会分批喂乳，使10多只仔兽都能吃饱，幼仔第三十天才能睁开眼睛，10~11个月才能成熟长大。仔貂2龄时，雌貂便将它们逐出洞穴，让其独立生活。水貂生性残暴，和紫貂一样，若两雄相遇，“冤家路窄”，常会打个你死我活，而做父亲的雄貂，对自己的亲生儿女也是无情无义的，若找到它们，会毫不客气地变成它口中的美餐。因此，雌貂在生下仔貂后，要千方百计地隐藏和保护儿女，不但要防止凶猛鸟兽的偷袭，还要预防不怀好意的“丈夫”。水貂的天敌主要有狐狸、猫头鹰等，其寿命为12~15年。

水貂和水獭一样，都是珍贵的毛皮兽，因分布面积很小，数量极稀少，很难遇到。新疆人工饲养的水貂分布地区很广，从伊犁河谷至博斯腾湖畔都建有养貂场。在20世纪80年代末，全疆有种貂4000多只，每年收毛皮近2万张。在博斯腾湖畔等地，也有家饲的水貂逃跑，变成了野貂。

水獭属于中国二级保护动物，禁止捕猎。

中亚北鲵

距今二亿四千万年前后，约在中生代晚二叠纪中期，乌鲁木齐还浸没在巨大的湖泊之中，绿水碧波中遨游着成群的古鳕鱼，湖底栖息着大量的叶肢介、介形虫、瓣鳃类等软体动物，岸边生长着芦木和各种羊齿植物。乌鲁木齐鲵就生活在这种环境中，它最大的有40厘米，最小的不到10厘米长。经过漫长的地质历史年代，由于地壳上升，湖水干涸，它们便被挤压在地层中，成为地质历史上已绝灭的化石。但是在新疆塔城、温泉一带，至今还生存着另一种鲵，那就是中亚北鲵。

中亚北鲵也叫新疆小鲵，属两栖纲有尾目小鲵科。其分类的明显标志是口内“U”形犁骨齿列间距大。它身体全长可达10~18厘米，不过尾部就占了几乎2/5以上，体重数克。它身体苗条，圆滑而细长，与四脚蛇很相似，但皮肤光滑、柔软而湿润，没有干燥的鳞片。粗大的尾巴竖立而扁平，很适宜游泳。它四肢短小柔弱，几乎撑不起自己的身体。颈短头偏，口裂不大，唇缘有微弱唇褶，上下颌均有细齿，能使捕到的食

物不易逃脱，但舌头不像青蛙那样能翻出来伸出去摄食。它长着一对突出的小眼，有复眼睑，躯干较长，几乎呈圆筒状，体色黑褐偏灰，腹部色浅，北鲵的前后肢手足腹面没有角鞘。北鲵的成体长有肺，能在陆地上呼吸，但和其它两栖类动物一样，也能用皮肤呼吸，这有利于它长期潜藏在水中。

准噶尔盆地西部的阿拉套山中哈边境地区是新疆北鲵的分布区，它主要在博尔塔拉河的上游，温泉县的捷麦克和苏鲁别珍山谷中，至少4处共约20公顷面积的山间，有常年流水的小溪及泉水沼泽地生活，穴居在水中石块下和石洞里。由于它是两栖类，所以在陆地上和水中都能活动。在陆地上，它的腹部一直拖至地面，靠后肢推动身体摇头摆尾地前进，速度很缓慢，也不能持久。因为滑嫩的皮肤不能太干燥，必须长时间地在水中泡着才行。在水里，它身体要灵活得多，借助躯干宽大的尾巴弯曲摆动前进，速度较快。这时它的四条弱小的附肢便紧贴身侧，以免造成游泳的阻力。与青蛙相比，它更离不开水。

中亚北鲵在体外繁殖，无交接器，交配繁殖习性近似蛙类。北鲵卵产在成对的略呈弧形的圆筒状卵胶囊内，一端粘在岩石下或水草等附着物上，另一端在水中漂荡，以使卵能获得更多的氧气，有利于孵化。孵化出的新疆北鲵，幼体形似蝌蚪，也有外鳃，但却比蝌蚪更进一步，长有平衡肢以利活动。北鲵主要以水生昆虫、蠕虫、虫卵及水生植物等其他有机物为食，不能捕捉较大的食物。由于它自卫能力很弱，白天常潜藏于水中石块下或水草中，晚上才出来活动，因此不易为人们发现。

有尾目在世界上仅有7科20多种，大多数分布在北半球。以中国南方的娃娃鱼体型最

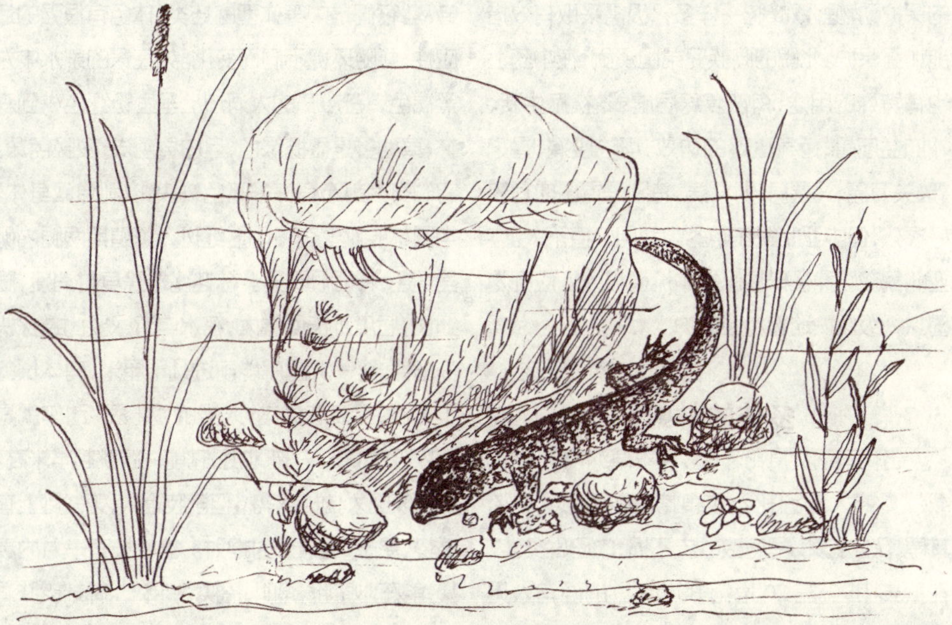

图98 北鲵在水中

大，大的有十余千克。中亚北鲵是新疆惟一的有尾目残留动物，数量已极稀少。据资料记载，中亚北鲵分布在中哈边境地区水域，但新中国成立以来，长期考察没有发现它的存在，我们也在20世纪80年代到该地考察过两次，但也没找到它的踪迹，所以1988年中国颁布的保护动物名录中未被列入。直至1992年夏季，新疆师范大学哈萨克学生从温泉带来了一个活体标本，王秀玲教授等人对它进行了全面考察，1996年估算总数达8000多尾，并在她的努力下环保部门已在当地建立了苏鲁别珍中亚北鲵自然保护区，因此有人给她冠以“北鲵之母”的雅称。近些年因环境恶化、游人偷捕等原因，其数量下降很快，2004年7月，我在考察中发现，苏鲁别珍保护区的泉水地面积减少了2/3，4个分布区1龄以上的北鲵总数仅剩700~800只，这种体型最小的保护动物，其数量与新疆最大的保护动物野双峰驼一样多，极需采取有效措施加强保护。北鲵的同族兄弟山溪鲵，在中药上也有特殊的用途，有恢复病后虚弱、祛瘀生新、补血益筋骨、行气止疼的功效，可治腰痛、骨痢痛、关节痛、风湿病，对胃病，特别是胃出血有较好疗效，但中亚北鲵在中药中利用价值不大。中亚北鲵在物种多样性保护中价值极大，应列为国家一级保护动物加强保护。

多益的林蛙

古代有田父食蛇之说。《本草纲目》中记载：“蛤蟆大者名田父，能食蛇。蛇行被逐，殆衔其尾，久之蛇死，尾后数寸皮不损，肉已尽矣。”在武夷山区，在20世纪80年代，的确有人见到过蛙蛇搏斗的真实情景：在一水沟旁，一条五步蛇咬住了一只蛙的后腿，蛙惨叫一声，引来附近十多只青蛙一拥而上，有的压住蛇头，有的压住蛇身，有的压住蛇尾，一面口咬，一面脚蹬，使劲揉搓。本来蛙是蛇的点心，是弱者，这时，不知它们哪里来的这般勇气，不畏强暴，勇猛搏斗。毒蛇虽然拼命抵抗，但终因寡不敌众，死于非命。那群蛙确信蛇已死去，才慢慢散开。弱者战胜了强者，这在动物界也很少见。

中国有蛙类180种，世界上有1500种。新疆由于干旱的气候条件，种类很少，仅有6种：即阿尔泰林蛙；伊犁河、吐鲁番及开都河流域的中国林蛙，也即蛤士蟆；伊犁河谷背褐、腹绿白、无黑斑纹的湖蛙；从古巴引入能长到两千克重的牛蛙，在伊犁及塔里木盆地一些水库中已经放养，已自然繁殖。其中，阿尔泰林蛙是当地特有种。此外，人工养殖的动物非洲金蛙，也逃到米泉的泉水地野生自然繁殖起来。

中国林蛙和阿尔泰林蛙均属两栖类无尾目蛙科。它们是中等体型的蛙类，体色有很强的适应性，可随环境不同而变化。如在深的泉水中为黑褐色，在沙底的大河边上呈土粉红色，到森林、草地多是橄榄绿色，且白昼色浅，夜晚色深。它们身上都布有许多暗色斑块，以利隐藏身体。中国林蛙趾上有一明显红斑，繁殖期两腿内侧呈红色，特征很明显。林蛙比蟾蜍身材消瘦，腿细长，后爪趾长而蹼大，在水中游泳要比蟾蜍快许多倍，蹬一次腿就能前进几十厘米，有体长的十多倍，且姿态优美，人类的“蛙泳”动作就是“仿”它而来。在陆地上，它能一跃跳起半米高。雌蛙较肥大，雄蛙稍小，但前肢粗大，第一趾上有婚垫，便于“婚配”时抱对。雄蛙长有一对内声囊，能在“婚期”鸣叫，招换“新娘”。林蛙皮肤润而柔软，最怕干燥和炎热，失水过多就会死亡。因此，它从不离开水边或湿度不小于55%的林间

草地。

春末 4 月份前后，当河岸上冰雪快要融化尽的时候，晚间林蛙便从河流中石块下洞穴，或从水中树根缝隙中爬出，沿水而下，找水温大于 10℃，水浅而清洁的石质水底静水域，抱对繁殖。每对林蛙产黑色卵 200~1000 个，卵直径不到 2 毫米，卵块呈团块状淡黄色胶囊，在 15℃~18℃水温下，4 天即可孵化成蝌蚪。水温若低，时间还要延长。刚孵出的蝌蚪体长约 8 毫米，3 天后即开始吃食，吃有机物，如水草、水蚤等长大。一个多月后，在它宽大的尾旁先长出后肢，以后又长出前肢，鳃也逐渐退化，改用肺呼吸。这时它便经常游到水边呼吸空气，50 天后便会上岸。6 月下旬，70 天以后，尾部消失的幼蛙开始到草地和林中觅食，变为亚成体。为了捕捉草上的虫子，幼蛙不得不努力锻炼蹦跳的能力。

林蛙的食谱种类很多，但绝大多数为昆虫，如甲虫、吉丁虫、象鼻虫、石蝇、蚂蚁、蝽象、蜻蜓、苍蝇、蚊子、蛾类等，不下数十种。有些昆虫有很硬的甲壳，它也照样可用倒卷舌捕捉吞下肚子，不怕噎着。倒卷舌捕食动物极快，每 10 秒 3 只。可是，蛙眼只对运动的食物敏感，即使它被死蝇包围也会睁眼饿死，这就是人们钓青蛙要不断抖动诱饵的道理。

9 月中旬，严冬来临前，林蛙已在体内积累了大量的脂肪，尤以雌蛙的卵巢中最多。这时它们恰恰与夏季在水中生活而冬季在陆上冬眠的游蛇相反，从山林下山，到泉水出露的湖沼中，或清澈见底的河流里寻找洞穴，在水下蛰伏冬眠，以度漫长的寒冬。休眠的林蛙有惊人的生命力，可 400 天不吃死不了。据报道，在北美墨西哥一个石油矿井里，人们曾发现一只休眠了 200 万年的青蛙，挖出来后，还活了两天。

林蛙的天敌众多。从它的幼年到老年期间，自水中至陆地，都有各种敌人等待着它：野鸭等水禽和鱼、蛇吞食它的蝌蚪，鸟类、貂、狐、蝰蛇等在河边、林中和草地捕食幼蛙和成蛙，水獭、哲罗鲑和江鳕等，则捕食入水的成蛙。因此，林蛙不得不依靠大量繁殖后代，来维持种群繁衍。

图 99 林蛙

林蛙大量捕食害虫，对人类十分有益。特别是水田的蛙类，据研究，一只成蛙一年能吃昆虫 1.5 万只，在农业生态系统中有极大作用。蛙类肉可食，在南方被叫作田鸡肉，白嫩如同鸡肉，食用价值很高，但要有控制地按比例捕猎一部分大的青蛙，以供人民生活需要。要保护中、幼的蛙类。若完全禁止捕捉，可能会违反生态规律，反而有害。如湖南某地，曾经由于完全禁止捕食青蛙，而造成老蛙成灾，几乎吃光了所有的蝌蚪、幼蛙，反而虫灾加重，蛙类濒于灭绝。

蛙类在中药中也有很大用途，《本草纲目》中写道："蛙好鸣，其声自呼。南人食之，呼为田鸡，云肉味如鸡也。又曰坐鱼，其性好坐也。"它可主治"小儿赤气，肌疮脐伤，止痛，气不足"，"调甘瘦，补虚损，尤宜产妇"。捕捉冬眠前的雌林蛙，取其多脂肪的卵巢，可干制成有名的"蛤士蟆油"，以中国林蛙的质量最佳，是重要的滋补强壮剂，可治身体虚弱与神经衰弱等症。

水中游蛇

6月份的塔克拉玛干沙漠，常年尘雾弥漫的天空，这时一清如洗，露出湛蓝的原貌，衬着黄色的沙丘，还有那塔里木古河道上碧绿的胡杨林，色彩斑斓，别具一格。由于河水不断地改道，古河道旁的胡杨，有的叶茂枝密，远望如绿色的云朵，连绵不断；有的枝枯叶败，怪枝峥嵘，一片萧瑟。但在洪水常到的低地，浓密的小苇长得绿油油而齐刷刷的，像是无边的麦浪，显出一片生机。每隔一段，绿浪上露出一两棵高大的胡杨，充足的阳光使它顶部舒展，如同绿色的阳伞，放眼望去，无异于非洲的稀树草原。一群野骆驼，伸长了脖颈，抬头采食树的嫩叶，好似那稀树草原上的长颈鹿。

古河道中一个月牙形的牛轭湖中，湖水清澈见底，水中长满了苔草、水蓼和轮藻，倒映着蓝天绿树，显得十分幽静。一群群小鱼游来游去，碰得小草不停地摆动。只见湖边弯角处，尤其摆动得特别凶，不时还有什么东西拍打水面。急忙近前，原来是七八条水蛇，在围食一群小鱼。但见鱼群在水中惊慌失措地乱钻，而那些蛇，有的口中含着比自己头还粗的鱼，不停地摆动着，极力吞咽，银白色的鱼腹，在阳光下一闪一亮，十分醒目。

棋斑游蛇属蛇目游蛇科，俗名水蛇，广泛分布在塔里木盆地和伊犁谷地，准噶尔盆地则以游蛇为主。它们主要在水域活动，并是吃水生动物的蛇类。在塔里木盆地，最大的雌蛇可长达1.5米，重1千克多，一般大都在60~100厘米，雄蛇稍小。棋斑游蛇背部橄榄灰色，有五排黑斑，似棋格排列，故此得名。其腹部黄红色，有一道道黑环斑，向下逐渐消失。游蛇腹部则以灰白色为主，很易分辨。棋斑游蛇的头为椭圆形，长着一对从来不闭合的小眼。它与其它蛇类最明显的区别，是枕部有明显的黑色"∧"形斑纹。

棋斑游蛇生活于湖泊、沼泽、河流、水渠和水库等水域中，最喜欢在河渠上的闸口和桥下活动。因这里水深鱼多，食物丰富，多涡流、洞穴，易于藏身。如且末河中、下游龙口、罗布庄桥及开都河大桥下，过去就常有成群的水蛇，有时许多条挤在一个桥墩上休息，见有人靠近，便纷纷蹿入水中。在水中，它的身体呈弓状，左右摆动前进，能一口气潜水达十多分钟。平常无危险时，它则将鼻尖露出水面移动，在静水中划出一道箭头形的波纹。

水蛇虽喜入水活动，但它更离不开陆地，脱皮、繁殖、冬眠都在陆地进行。它主要吃泥鳅、尖嘴鱼及其它鱼的小鱼，也吃蛙、蟾蜍、蝌蚪及一些水生软体动物，还吃昆虫。它是卵生爬虫类，春季出洞后即交尾，6月底至7月初在沙土地产白色卵6~15枚。卵较大，长2~4厘米，径粗不到两厘米，卵壳由纤维性物质构成，比较柔软而结实。在适宜的温度下，游蛇卵约两个月自然

图 100 水蛇捕鱼

孵化成仔蛇。

棋斑游蛇常在水边草地晒太阳，一遇惊扰立即钻入水中。它在陆地上行走，半分钟能走10米远，并不算快。它喜欢较温暖的气候，当气温在25℃以上时活动最频繁，低于20℃就很少活动。10℃时，只有个别的蛇露出头在洞外晒太阳。秋末时它就不再进入水中，即使气温再回升，亦不下水。这时，它们寻找大的向阳而干燥的洞穴，有时数十条或上百条挤成一团，进行冬眠。

在塔里木盆地水域中，麝鼠是棋斑游蛇的头号敌人，其次为鹰、刺猬等。它们一遇到水蛇便猛扑上去，一口咬住蛇头，无论蛇怎样挣扎也逃不过厄运。所以在原先蛇多的地方，麝鼠进入后蛇便绝迹了。游蛇肉可食，但新疆人喜欢吃蛇肉的不很多，胆和蛇蜕可入中药。蛇蜕有祛风、明目、退翳、解毒、杀虫之疗效，在《神农本草经》中又叫龙衣。

游蛇在水生生态系统中有重要作用，应适当保护。

大头鱼和尖嘴鱼

1958年初夏，一支轻装的考察队沿着曲曲弯弯的孔雀河，历尽艰辛来到罗布泊旁。只见河口非常宽阔，两岸浓密的苇丛旁，各种各样的水禽在嬉戏。远处，3000多平方千米的水面无边无际。当他们靠近河边的时候，只见河水中一阵猛烈的骚动，浪花翻滚。原来是几十条大鱼像猪一样滚圆，有的近两米长，摇头摆尾，在浅水中露出梭形的脊背，更像半沉半浮的潜水艇，在水面上激起一朵朵尖角形的浪花，这就是昔日罗布泊中生长的新疆大头鱼。至1978年，当彭加木同志带领科学考察队再次来到这里考察时，只见湖心朝天，滴水不见，盐碱滩无垠，仅找到一些早已死去的鸟尸鱼骨。

新疆大头鱼，简称大头鱼，也叫扁吻鱼或虎鱼，是鲤形目鲤科裂腹鱼亚科的大型凶猛鱼类，体重最大的可达50~60千克，它是塔里木盆地特产的土著鱼种，以其鲜明的"大头"而命名。它长着一张下唇稍长的宽阔大口，口中长有带钩的利齿，极便于吞吃其它鱼类。大概是为了更准确地捕捉猎物，那对椭圆形的小眼睛也长得接近吻端，唇下长有短小的须。纺锤形的身体较为浑圆，体背棕灰或灰褐色，腹色银白。虽长得不及狗鱼凶恶，但那巨大的身躯和宽阔的大嘴也使人望而生畏，怪不得有人叫它虎鱼。大头鱼虽然小时候也吃些水生昆虫之类，但它主要以吃别的鱼为生，和大头鱼一起生活的最常见而数量最多的尖嘴鱼，就成了它的主要受害者。

尖嘴鱼是鲤形目鲤科裂腹鱼亚科的鱼类，又叫塔里木裂腹鱼，也是塔里木盆地特有种。尖嘴鱼身体瘦长而苗条，稍侧扁，头锥形而吻部很尖，故此得名。由于它是食草鱼类，与大头鱼相反，上唇长而下唇短，口中还长有牙，便于吃草。其唇下有两对须，和大头鱼一样，鳞很少，吃时可不用刮鳞，较为省力。成鱼体长一般不超过33厘米，重500克，但在过去也曾发现过数千克的大鱼。它体背灰褐色，腹棕白色，色彩非常平淡。

轮藻、篦齿眼子菜等水草是尖嘴鱼的主要食物，有时还配一些水生昆虫和小鱼为副食。自古以来，博斯腾湖和塔里木河水系，形成了水草—尖嘴鱼—大头鱼食物链。因此，在人们移入家鱼前，这里的渔获物主要是这两种鱼类。有趣的是它们的肉可吃，但卵却都有毒，不能食用，也不能喂鸡。以前多次发生过人们因吃这两种鱼的卵而中毒的事件。这与北疆的鱼类相反，如北疆的五道黑、小白鱼的鱼子则是营养丰富的可口食品。有毒的卵可防止其它动物偷吃，有助于它们繁殖后代。

大头鱼和尖嘴鱼繁殖能力都很强，一条体重7.2千克，长77厘米的大头鱼，怀卵达20多万颗，重近1千克。4月底到5月初是它们的产卵季节。这时，雌游雄追，形影不离，产卵于水草上，体外受精，自然孵化。但是这些土著鱼类生长很缓慢，幼鱼竞争能力很弱，只得靠产大量的卵进行繁殖来弥补。因此，自20世纪60年代起，在塔里木引入家鱼和北疆的经济鱼类后，由于夹带进来的五道黑，经过短短的10年，原来年产1000吨大头鱼和尖嘴鱼的博斯腾湖，转为五道黑的产量占了优势，曾高达75%。昔日垄断塔里木水域的大头鱼，却已绝迹，尖嘴鱼其

图101 大头鱼吃尖嘴鱼

数量也已极少。大头鱼的消失造成了鱼类生态史上灾难性事件。若不加强保护，将成为近代短期内迅速绝灭的鱼种。目前，仅在塔里木少数封闭的小水域中，如莎车的水库及拜城木扎尔特河的克牧尔水库大头鱼还有一定数量，并发现其在该水域进行繁殖。

大头鱼肉质丰腴可口，富含脂肪，尖嘴鱼肉质稍差。清代纪昀曾写诗赞道：“凯渡河鱼八尺长，分明风味似鲟鳇，西秦只解红羊鲊，特乞仓公制脍方。”凯渡河即开都河，这里写的就是大头鱼。大头鱼和尖嘴鱼，自古以来都是南疆各族人民的辅助食品，更是古罗布人的主要食粮，有的加工成鱼干，还远销内地，在历史上为人类作出了重大贡献。由于它们是新疆的特有鱼种，大头鱼已列为国家一级保护动物。政府应划出一定独立水域，建立自然保护区禁止移入其它鱼种，对大头鱼进行孵化繁育研究，以防绝灭。任幕莲等与新疆水产局已研究成功大头鱼人工繁殖技术，在大量繁殖后可野外放养，也可人工养殖供应市场，以满足人类的需求。

五道黑和小白鱼

在孔雀河下游，尉犁县的阿克苏甫，一道大坝将残余的孔雀河水逼上坝前的引水渠，切断了罗布泊赖以生存的最后水源。大坝之上，深阔的孔雀河便成了几十千米长的曲曲弯弯的天然湖泊。湛蓝色的湖水中，不时有鱼在水面激起一片涟漪，我们便撒下网去，拉上来，就有十多条银光闪闪的鱼在网中起劲地蹦跳，只见个个张着大嘴，那带刺的双背鳍和胸、腹、尾鳍都舒展得很大，一副张牙舞爪的样子，还显出它那在水中称王称霸的凶劲，像是很不服气。那淡黄褐色的身体上长着桔黄或黄色的鳍，身上环绕着五六道黑褐色的条纹，配以红色的眼睛，显得非常艳丽，个个在 500 克以上。这就是河鲈。它们在这里如此之多，真可谓是河鲈的家乡了。但是这里原来是大头鱼的家乡，河鲈却是“入侵者”，它的老家则在千里之外的布伦托海。

河鲈，就是人们常说的五道黑，属鲈形目鲈科，由它身上明显的五道黑环纹而得名。实际上，有河鲈的也有六道、七道或更多的环纹。河鲈在它的故乡——布伦托海中，现在最大的才有 1.8 千克，但在南疆水温较高的博斯腾湖水系，最大可长到 3 千克。

河鲈喜欢在水质清澈、植物丛生的湖中生活，怕浑浊的河水。在沿岸浅水中活动的河鲈，色彩鲜艳美丽，而在湖心深水中的则体色灰暗带黄。春天，当水温上升到 7℃~8℃的时候，河鲈即开始产卵，找水流平稳的河湖底部，沙质滩上，产下带有多边形网格的粘性卵带，附于水草上。一条 20 厘米左右长的母鱼，怀卵量高达 3~4 万粒，数目惊人。鱼卵自然孵化，孵化出的仔鱼，起初以蚤类为主的浮游生物为食长大。

河鲈属肉食性凶猛鱼类，但 1 龄的小鱼则主要吃蜻蜓幼虫、草虾、锥实螺、蚊虫及其它软体动物。随着年龄的增长，它的性格就越加凶猛，食谱中鱼类占了主要地位，只是在产卵季节和冬季吃一些浮游动物及软体动物之类的东西。河鲈体型虽小，却是鱼类中非常残忍的种类，特别恶劣的是它“六亲不认”，爱自相残杀。在布伦托海，五道黑成鱼吃进腹内的鱼就以小五道黑为主，被吃者长度几乎有吃者体长的一半，说不定吃掉的有许多就是自己的“亲生儿女”，其次为小白鱼等其它鱼类。五道黑寿命 7~8 年。

小白鱼属鲤形目鲤科鱼类，因为是中国准

噶尔盆地特有种，又叫准噶尔雅罗鱼。此外，还有一种体型近似于它的贝加尔雅罗鱼，也叫小白条。小白鱼体长为20多厘米，重不足200克，在额尔齐斯河的体型最小。鱼体背部灰黑，腹部银白，背、尾鳍灰黑而胸、腹鳍淡黄色，鳞片大小中等，其貌不扬。

小白鱼属中上层鱼类，主要栖息在河流中，但却在湖泊中育肥长大，喜群聚活动。它们是杂食性鱼类。春夏期间，水温较高，它多爱成群在浅水中觅食，主要吃矽藻、丝状藻等水草，也吃底栖无脊椎动物，如摇蚊幼虫、水昆虫及其幼体。每年3~4月份，3龄的小白鱼已性成熟，生理上的本能促使它们不再吃食，而结成大群游出布伦托海，沿乌伦古河或从额尔齐斯河下游上溯游去，形成渔汛。因此在20世纪60年代，在春汛期间，福海、布尔津等地常有小白鱼群顺水进入灌区，云集而往，不可胜数，多得用麻袋都来不及装，常有大批鱼“搁浅”，日晒而死。在布尔津河大桥下，渔汛期间，小白鱼往往使河水变为灰黑色，一个人站在岸边，用竹筐捞一小时就可捞上几麻袋，可见其数量之多。这种情况在南方水乡也极少见。可惜由于人类活动扩大，这种情景在文化大革命以后，再也见不到了。小白鱼在上游河流两岸水草中产卵，每条鱼产卵2000~3000粒，卵径约1毫米，靠自然孵化繁殖。

图102 五道黑吃小白鱼

五道黑和小白鱼是北疆的主要经济鱼类，在布伦托海它们都是优势种，形成了水草—小白鱼—五道黑食物链。20世纪70年代以前，这里捕的五道黑体型较大，大部分是5条一千克，相当整齐，小白鱼也是六七条1千克。夏季，渔民们乘着木帆船，在浩荡的海面上捕鱼，一遇风暴，2~3米高的浪头便滚滚而来，白浪滔天，常常船翻人亡。冬季，在零下30℃的数九寒天，进行水下拉网捕鱼，鱼一出水面，即变成“冰鱼”，运往乌鲁木齐等地。五道黑虽然鳞难刮，但刺少，肉紧而嫩，非常鲜美，胜过黄花鱼。小白鱼其味也佳。但是近年来由于多种家鱼的移入，加之小网眼过度的捕捞，五道黑和小白鱼越来越小，有的20条还不足一千克。目前，水产部门已采取季节封湖等措施，以发展并合理利用布伦托海的渔业资源。

喀纳斯“湖怪”

7月份的一个早晨，一夜大雨，使喀纳斯湖仍旧笼罩在一片片的云雾之中，她是2005年被中国《国家地理》杂志评为全国最美的五大湖泊亚军，面积辽阔的青海湖占了上风。实际上它就是中国最为美丽的湖泊。在湖边，盖满松杉的层层青山，像怕羞的仙女时隐时现；湖面上，一群野鸭在嬉水，有时扬起翅膀，呷呷几声，使沉寂的山谷增添了活力。一只较肥大的褐色花鸭，高兴得忘乎所以，游到离群较远处拍着翅膀。突然，一股水花在它身旁扬起，水花过后，那只花鸭已踪迹全无，只见在沉没处，水面上留下一个旋涡状的涟漪。其它野鸭，则扑棱棱全都向远方飞去。原来，是一条凶猛的大鱼将那鸭子囫囵吞下。这个故事并不是虚传，我在 1980 年的科学考察中，在喀纳斯湖捕获的 7 千克重的大红鱼腹中，发现了一只 1.5 千克重的野鸭。

大红鱼学名叫哲罗鲑，属鲱形目鲑科鱼类。大红鱼头稍平扁，有许多黑圆斑，背部深褐色，身上散布有十字形小黑斑，腹部银白色，在生殖期体色更为艳丽，全身呈赤铜色。小的大红鱼体侧有 6~10 条较宽的暗色横带，随年龄增长而数目渐减。它鳞片很小，背部有双鳍，前鳍大而后鳍很小。其口腔中有很尖的利齿，夏季常上溯入山中溪流觅食，在清水砾质河底掘穴产卵，8 月至冬春入下游大河及湖泊中生活。它发育很慢，4~5 岁才能性成熟开始繁殖。

大红鱼是山地冷水性淡水鱼类，以小鱼和水生昆虫为食，大鱼也吃水面游的水鸟，掉入河中的鼠类及蛙类等小动物。和它在同一水域生活的鲹鱼、江鳕、北极茴鱼及小红鱼等，都可能变成它的食品。湖中的巨形鱼，可能只能依靠吞食它的同族小兄弟才能维持生命！

小红鱼也叫细鳞鲑，与大红鱼同科不同属，一般体型较小，长不超过 40 厘米，重 1 千克左右，但也有长到 8 千克的。它的形状很像大红鱼，但前胸较宽，身上的黑斑较大，呈圆形，且稀疏。它体色较深，以暗紫褐色为主，大鱼腹部有些是浅黄色。小红鱼也是高山冷水性淡水鱼，主

图 103 大红鱼吃水鸭

要吃水生昆虫及其幼虫，也吃一点鱼、蛙，有时饥不择食，能将河里泥沙也一起吞到肚里。它和大红鱼一样，都喜欢在水温较低，水质非常清澈的河、湖中生活，4~5月份产卵于清水河底沙石之间，卵淡黄色，4000~8000粒。

大红鱼主要分布于中国惟一的北冰洋水系——额尔齐斯河流域，东北黑龙江也有分布。它们是名贵鱼类，肉质粉红色，滋味非常鲜美，多脂而营养价值很高。当地蒙古族牧民常骑上马，在湖口或上游河口，让马站在水深及马腹的水中，举着长达5~6米的桦木杆垂钓，别有一番情趣。钓钩直径4~5厘米，用棕褐色毛皮缠成极像鼠形的鱼饵，放入流水中，真像掉入水里的老鼠。不停地拉动，引鱼上钩，常可钓到十余千克的大鱼。在无月色的夜晚，有时他们点上桦树皮明子，利用鱼类晚上到水边觅食和它的趋光性，在河、湖边浅水中叉鱼。有时一晚上可叉到一麻袋多。

1989年，哲罗鲑和细鳞鲑已被列入新疆保护动物，禁止捕杀。

自古以来，喀纳斯湖畔的蒙古族图瓦人就有许多关于“湖怪”的传说，并将它奉为神灵。但是我在亲眼看到它以前并不相信，一直认为那只是一种传说。

2006年10月4日，我带领的新疆生态科普旅游团一行42人来到了喀纳斯湖旁。这是一支结合假日旅游进行生态科普宣传教育的志愿者队伍，此行的目的对我来说是要验证我在2004年5月28日约10点半，看到和拍到的8条巨型大红鱼的确切长度。那是我参加喀纳斯机场论证会，第十次来到喀纳斯湖。为了观察研究大红鱼，我沿湖边的台阶一面走，一面观察湖面，我渴望再次看到1985年我观察到的红褐色蝌蚪状的巨型大红鱼头，但一直走到山顶观鱼亭，湖面上除了在湖中部来回穿梭的快艇和它掀起的波浪外，什么也看不到。虽然湖面上有不少水鸭，但肉眼是看不到的。下山时，别人都从山背后的小道返回，我为了有机会更长时间观察湖面，又独自沿湖边的阶梯下山，边走边看湖面。走到离观鱼亭200米的一个观景平台处，我向下一看，奇怪，为什么湖面上有很长的黑塑料布横在下面湖面湖湾处，呈倒“工”字形，在阳光反射下闪闪发光。“什么人没事干，把塑料布铺到了湖面上！”我这样想着，本想照一张，又想到这是污染破坏的现象，照了也不能发表，算了吧！正在这时，突然听到旁边的四男一女5位河南口音的人说：“在动！”“是七条！”这一下惊醒了我：“是大鱼的另一种形态！”这是鱼将整个背部露出了水面，像长长的潜水艇，后面的鱼头贴在前面鱼的尾部，所以看不出是鱼的形状。那是7条等长的鱼，外面4条鱼呈一长条，湖湾中两条呈一长条，另一条在中间斜向交叉，所以像个倒“工”字形。我急忙从背包中取照相机，这是我借的价值数万元的高级相机，怕摔坏，每次照完相后就装入包中。但等我打开背包拿出相机对好镜头要拍时，塑料布不见了。不知什么原因，巨型鱼不知互相间有什么信号，同时下潜，在镜头中只留下了5~6个发光的亮点，其中一条鱼下潜较慢，留下了大部分背鳍的影子。以后我分析此照片，感觉像是湖面刮来一阵风所至。巨鱼在我按快门的刹那间同时下沉，使我非常懊丧，但那形成长塑料布的4条大鱼的背鳍亮点很明显，间距相等也证明了这是4条等长的巨鱼，头尾相联，鱼鳍的间距就是大鱼的体长。分析照片上巨鱼下潜留下的水面波纹，可证明那是弓背的巨型动物下潜留下的影像。我又连续拍到了3张，在第三张相片中间又多出了一个亮点，第四张上什么亮点也没有了。说明这是一群等长的巨型大鱼，至少有8条，也可能有十多条，因它们一样大，不会互相吞食，所以能聚群在一起活动。但它们都在湖边，也说明快艇对它们干扰很大，不敢在湖中心活动。当时目测这些鱼，有三四个湖边的树那么长，就使我十分吃惊，由此判断，既然有8条鱼都这样大，那最大的鱼肯定要大于15米，也可能有20多米长，比我最初估计的10米以上

图104 1985年作者拍到的“湖怪”

要大许多。

为了验证这些鱼到底有多长，2005年进行的“发现湖怪20周年活动”时，我带了一条10米长的红布标，想放在湖边以便拍上照片与其进行对比量测，但没能成功。这一次，我与保护区管理局潘局长联系，得到他的大力支持，通过陆经理派出了一条15米长的船，开到原来出现鱼的地方，我在上次拍到鱼鳍的那个平台上进行了拍照。返回乌鲁木齐后将照片放大，与2004年拍的照片进行对比量测，将连在一起的3条鱼的长度移到有船的照片上，只想证实这些鱼长度在12米以上。但是，测量结果使我极为吃惊。15米的船在照片上只有0.9厘米，3条鱼体共长20.3厘米，换算出来为338.3米，每条鱼的长度竟然为112.78米，这还不包括鱼尾巴的长度！而且船比鱼的距离还近一点，其中一条鱼留下的长背鳍竟然与船的长度接近。这个数字使我极为震惊。不可思议！但这是证明出来的科学事实。世界上水中最大的鲸鱼最长也不过30多米，巨型大红鱼竟有100多米，我自己都不敢去相信。但这是我看到、拍到的真实照片，测量出来的真实数据。这样大的鱼到底是什么鱼？根据对喀纳斯湖中8种鱼类生态特性的研究结果表明，它很可能就是哲罗鲑。

哲罗鲑又叫哲罗鱼，俗名大红鱼，是北方水域极能耐寒的冷水型凶猛肉食性鱼类。中国只

分布于额尔齐斯河和黑龙江。我观察研究，它有自相吞食的习性和能力，所以能长得很大。根据鱼类学家任慕莲等人的研究，对1米以下的许多小哲罗鲑生长状况推算，哲罗鲑最长可长到3.78米，重560千克，活86年。但眼前测到的结果如此之大，确实使我极为震惊。记得1985年我们在湖边发现巨型鱼时，先看到鱼的新疆大学副教授向礼陔和我讨论时对我说："老袁，我看最大的可能有15米长！"我下山后，为了慎重期间，向媒体报道说此鱼最大的在10米以上，重2~3吨。大为缩小了长度，即使如此还遭到以鱼类学家为首的许多人评击："造谣！""科学家不科学，胡说！"现在测到了如此之大的巨型鱼，肯定不少人更会说我"造谣"，但事实就是事实，科学就是科学，测到了这么大就是这么大！也许这8条巨鱼就是湖中的"鱼王"，是世界上古今中外最大的动物。

苏联鱼类学家尼科尔斯基的《黑龙江流域鱼类》一书中，记录了这样一段故事：蒙古人有一种传说，有一次，一条巨大哲罗鱼出现在河的

图105 2004年作者拍到的"湖怪"

冰面上。这条鱼可供给全村居民吃用整个冬季而使居民摆脱饿死的危险。这条鱼竟大到这样的程度，以至冰一解冻，它就游走了。因为被居民吃掉的只是它的一小部分，失掉这一部分并不会使它受到严重的伤害。我对这个传说以前一直持怀疑态度，看到了喀纳斯湖中百米多长巨鱼后，我相信这个故事可能是真的：一条50~60米长的巨鱼误入黑龙江中的一个河湾，

背部被冰冻住，冰下流水使它活着，背部被挖上两三米的大坑，在冬天低温下也死不了。春天冰一化，它当然能游走。

1988年8月，得到王震副总理的特殊批准，日本钓鱼协会一行60人来到还未对外开放的喀纳斯湖，他们除了进行钓鱼、水下探测外，摄影师还在山顶等待了15天，终于在一天早晨拍到了巨鱼的照片和录像，并在一个小时后就在日本的报纸上发表了。但是，在中国的国土上照到的照片和录像，日本人不让中国人看，经过讨价还价，才让3名中国地方干部看了一下。三人之一，现任新疆阿勒泰地区环保局副局长的波拉提·别克对我说：“那是3条像海豚一样全身跳出水面的巨鱼，他们还拍到了当时开到附近的一艘小快艇，对比量测了鱼的长度，是12.4米。”

2005年6月7日傍晚，北京游客李莜陵等7人在喀纳斯湖乘船游玩，看到两条巨鱼在接近湖北岸的水面游动，鱼鳍激起了很高的浪花，她拍到的录像在中央电视台多次播放。我又反复研究了她拍的那个图像，估算那两条巨鱼长度实际在20~30米。

2006年夏天，阿勒泰地区某副局长的儿子，有幸拍到了59秒的巨鱼露出水面的录像，据看到录像的人说：“那是有8条和12条巨鱼脊背的录像。”根据那群鱼也能排成一条线的生态特性，很可能就是我看到的那群鱼。

2006年冬，喀纳斯自然保护区一领导对我说：“去年在湖边干活的民工中就有传说，说在喀纳斯湖怎么有潜水艇？喀纳斯湖可能和大海连在一起”。

这两条消息也可旁证我下面的结论。

我在2005年撰写并由出版社出版了《喀纳斯湖怪之谜》一书，详细探讨了喀纳斯湖巨型大红鱼的生存环境和生态习性，也介绍了中国和世界上已知和记录到的“水怪”的故事，在海洋中也有过很大的“水怪”的传说。但现在我看到的是内陆湖泊中真实的活生生的巨形水生动物。

根据2004年5月28日和2006年10月3日的观察、拍照、测量研究，综合分析，我现在得出的科学结论是：喀纳斯湖现在至少有8条身体全长在120~130米的巨型水生动物，可能是哲罗鲑，每条体重应在200~300吨以上，岁数可能在200~300年，也可能更大。

这样大的巨型鱼难道不是“湖怪”吗?!

鱼中化石——鲟鱼

一条宽阔的大河，曲曲弯弯，在崇山峻岭中蜿蜒而去，河湾浅滩上长满了密密麻麻的芦苇丛。在蓝色的天空中，翱翔着一只雄鹰，但是不知什么原因，它却老在一个河湾处盘旋，久不离去。突然，它双翅一收，像支利箭，直射水面。噢！原来那里有一条大鱼，鹰的利爪已捉住了鱼的脊背，用劲拍扇着翅膀，但只提起了长长的鱼脊，无论如何也把它提不出水面。受惊负痛的大鱼，惊慌失措，在水里到处乱钻，想潜入水中，却又不能，只得向苇丛中冲去。巨鹰在水面半浮半沉，忽上忽下，想放弃这个猎物也已不能，因为太狠，双爪已深深插入鱼脊甲肉中，不能自拔。在苇丛的浅滩上，双方鏖战不止，谁也制服不了谁。它们的格斗声被一个渔民发现，鱼和鹰都成了他的“战利品”，真是个“渔人得利”。称一称鱼，足有一百多千克，原来是一条几十岁的大鲟鱼。

裸腹鲟，当地叫鲟鳇鱼，属鲟形目鲟科鱼

图 106 鹰与鲟鱼之战

类，中国有两科，新疆有 1 科 3 种，即产于伊犁河的裸腹鲟和额尔齐斯河的西伯利亚鲟及小体鲟。裸腹鲟大的一般重 60 千克，有两米左右长，据传，在伊犁河也曾捕到达 100 多千克的。它在黑龙江的同族姐妹鳇鱼，有的竟有 500 多千克，也可算是“淡水鱼之王”。鲟鱼体背灰褐色，腹侧银白色，体型长筒状，前粗，后细，头前长着三角形微翘的“鼻子”，既尖又长，好像一支攻击敌人的长矛，非常突出。头两侧长着一对小圆眼，眼间距很宽。脑颅为软骨质，仅有少数硬骨，外部被起伏不平的变态鳞片覆盖。在眼和鳃孔背角间，还有一对特有的喷水孔。头下部正中长有一个不大不小的喇叭形嘴巴，口中没牙，两对短小的须长在口前，好似往口中送食物的触手。尾部长着一个与众不同的歪尾巴，上叶细而长，下叶宽而短，形同古船舵。鲟鱼体型最大的特点是身上裸露无鳞，但在脊背和两侧长有五纵列菱形骨板，末端有尖锐而弯曲的刺，以防别的鱼吞食，很像武士背着的盔甲。随年龄增长，这些骨片逐渐消失，在体长 1.5 米时就完全退化。更特殊的是鲟鱼体内无刺，只有软骨支撑着它那巨大的身躯。

鲟鱼是地质历史 1.5 亿年前中生代存下来的孑遗动物，在进化史上是较为原始的鱼类，是一种活的化石鱼，在科学上有很大价值。它原产于黑海、里海和咸海流域，1933 年后移入巴尔喀什湖，此后在伊犁河才出现。20 世纪 50 年代，在伊宁街头常见到木板车拉的大鲟鱼，头尾几乎垂地。后因哈萨克斯坦在下游修建水库，阻挡了下游湖中鱼类上溯产卵，大鲟鱼就难见到了，但鲤鱼却成为当地的优势种。那是 20 世纪初，阿拉木图一个养鱼池中的鲤鱼被春洪冲入伊犁河。

鲟鱼是肉食性底层鱼类，以底层水生动物为食，如鳅鱼和软体动物等。它性情孤僻而懒惰，举止愚笨。一条 1.7 米长，34 千克重的大鲟

鱼，怀卵高达 57 万多粒，竟然占到它自身体重的 1/4！鲟鳇鱼卵径较大，直径约 3 毫米，成熟的卵暗灰绿色，像一粒粒暗绿色的高粱米。鲟鱼是回游性鱼类，冬季在下游巴尔喀什湖越冬。每年 5~6 月份，上溯到伊犁河上游产卵。它十多年才能发育性成熟，寿命可达 50~60 年，也算是鱼类中的"老寿星"。

鲟鳇鱼肉层丰厚，细嫩多脂，味道鲜美，营养丰富。它的鱼子做的罐头，卵粒圆润、晶莹，黑绿透明，味道腴美，营养价值极高，可居罐头食品之冠，在欧洲极受欢迎。鲟鳇鱼全身是宝，它的"鼻子"、胃、肠、鳍干制的"鱼翅"，鳔精制的"鱼肚"，也都是难得的山珍海味。西伯利亚鲟和裸腹鲟已被列为新疆保护动物，限制捕获。

黄鳝的来历

黄鳝的营养价值很高，它的蛋白质含量高于猪肉，含维生素 A、核黄素、抗坏血酸等，具有滋补强身作用，有除风湿活经络功效，血还可治疗面神经麻痹。《本草纲目》中写道："鳝鱼肉甘、大温、无毒，补中益气，疗沈唇，被虚损，妇人产后恶露淋沥，血气不调，羸瘦，止血，除腹中冷气、肠鸣及湿痹气等。"可见，黄鳝有着很高的食用、药用价值。黄鳝是广泛分布于中国江南水乡的普通鱼类，而在西北乃至华北等大半个中国并无分布，可是，却在远隔数千里，非常干旱的新疆哈密又有了它的足迹，确实使人感到惊奇。原来，这里还有清朝名将左宗棠的一份功劳。清光绪二年（1876），左宗棠为抗击沙俄侵略，进军新疆。他的湘军中运饷士兵，从湖南带来活的黄鳝到哈密泉水地放养，至今已有 100 多年的历史。《新疆志藁》记载："哈密夙不产鱼，湘军以木桶盛鳝数百担，荷出关，抵哈密，弃之淖尔，岁久益滋，土人以为蛇，皆不食。"看来，哈密沼泽地的黄鳝，祖宗还在湖南，相去近"八千里路云和月"，来之不易！

黄鳝又叫鳝鱼，哈密叫蛇鱼，属合鳃目合鳃科鱼类，中国仅此一种。在南方有长 1 米的，但在哈密只发现最长的不足 70 厘米。黄鳝体细长而似蛇，长着一对小眼，终日不闭。它有两个鼻孔，却是一前一后，分别长在吻端和眼前缘上方，以便在水面呼吸空气，无水时也不易死亡。其口大，上下颌有细牙，体表光滑无鳞，无偶鳍，

图 107 黄鳝捕食

尾鳍非常短小。体背侧黑褐色，腹淡黄色，两侧有小黑斑。游水时像蛇一样，靠摆动身体前进，摇头摆尾，使人见了有点害怕。

哈密黄鳝是底栖淡水鱼，生活在洪积冲积扇扇缘、泉水溢出带的东河坝和西河坝沼泽地中，多在坑洼水中的臭水黑稀泥洞穴中藏身。白天静卧洞中，夜间外出活动，捕食蜻蜓幼虫、蝌

蚪、幼蛙、小鱼、蚯蚓、龙虱幼虫、水蚤等多种水生动物。它在逆境中有很强的生命力，当沼泽干涸时，它藏身于潮湿的淤泥中，靠口腔表皮呼吸空气即能活命，待涨水时再出洞活动。冬季冰冻后，它就在泉水中的淤泥洞穴冬眠越冬。

黄鳝的繁殖极为有趣，它不同于其它鱼类，无终身雌雄之分。所有的黄鳝都是雌雄同体。它们在性熟初期，2~3 龄时，体长不足 33 厘米，全都是雌性体，可与 4~5 龄以上的老鱼相配，发情期配对的黄鳝都是老父少妻。因为所有的雌鱼都是年小的，而年纪大的全已变为雄鱼，这叫性逆转。因此，人工饲养黄鳝时，只要第一年在池中雌雄配对放养，以后就只管捞大鱼，不怕断绝后代。由于哈密生活环境较差，鳝鱼生长缓慢，有的身长不足 33 厘米也已变为雄体。一般雌鳝怀卵量为 300~500 粒，在 7~8 月份水温高时产出，体外受精，自然孵化成幼鳝。鳝卵比一般鱼卵大得多，直径可达 3 毫米，金黄色，非常耀眼。

黄鳝是经济价值很高的鱼类，不但是美味佳肴，又是重要的药用动物资源，它的血能治嘴脸歪斜，十分有效。昔日它在哈密分布面积较广，但因近期农垦事业发展，大部分沼泽地改为农田，过度用水又使地下水位下降，现仅剩泉水地很小面积残存，应采取措施加以保护。此外，应人工扩大分布区，向南北疆水域散放，并鼓励人工养殖，其经济效益也很可观。

踩、躺和吊在水面的昆虫

暑热的夏季，当我们在绿洲中的涝坝或水池旁经过时，若稍加注意，就会发现水中有很多昆虫在活动。特别有趣的有 3 种：一种身体细长，体长 1 厘米左右，腹面多短密的茸毛，4 条长足，竟能踩在水面迅速奔跑，而不没入水中。另一种身披黑甲，身体鼓圆，6 足很短，背部露出水面，腹部则没入水中，像一艘露出水面的潜水艇，推着水面的层层波浪前进。还有一种白色偏绿或深褐色，身材在两者之间，不瘦不肥，呈纺锤形，约两厘米长，腹部带着一个透明的气泡，可倒悬于水面下，以挂在水面上一动不动。

它们都是水中凶猛的捕食性昆虫，分别叫黾蝽、鼓虫和仰游蝽，这些昆虫，各自有着巧妙利用水面表面张力的高超技艺。

黾蝽又叫水黾，尾半翅目黾蝽科，灰黑色，体细长，有一对四节的触角，单眼退化。当一只小昆虫掉到水面上，它拼命地挣扎，使水面震起一环环细小的波纹，藏在水边草丛的黾蝽，便根据昆虫挣扎产生的水面小波纹，准确判断食物的位置立即奔去，冲在最前面的黾蝽便独占鳌头，先用前足捉住食物，把锐利的口器扎入昆虫体内，同时把它迅速“捞”起带走，免得别的黾蝽抢夺。同时，通过口器注入唾液，这种唾液是麻醉消化剂。昆虫体内营养物质，在几分钟内便可液化，被它用吸口器吸食。最后，小昆虫只剩下张空皮，留在水边。若是遇到大的昆虫，它带不动，就只好和其它黾蝽一起共餐了，几只黾蝽都将口器插入，耐心地共同吸食。水黾为什么能站立水面而不会浸入水里呢?原来，它的身下和腿上长着一层致密的厌水性纤毛，保证了它不被浸湿。

鼓虫属鞘翅目鼓虫科，外形很像一个黑瓜子，常常是背干腹湿，在水面用足划行，有时可连续前进达数百米，在静水面上，身后出现两条分叉的明显波纹。鼓虫的眼睛很特别，分上下两部分，上面部分可观察水面上的东西，下面部分

则能看到水中的食物。看到水面的食物，便迅速游去，看到水下食物，便潜入水中捕捉。它和黾蝽吃食的方式不同，是用锐利的口器咬破咀嚼吞咽食物。

仰游蝽属半翅目仰蝽科，形状很像鱼雷，身体长形，背部鼓起成船底状。后足特长，适于划水，在水面或水底休息时伸向前面，极像一对船桨。它还有一对特别大的复眼，但没有鳃，常倒挂在水面收容空气，储存在腹部刚毛覆盖的凹槽中以供呼吸。仰游蝽是一种水中生活的蝽蟓，是对人类较为有益的动物，能大量吸食消灭蠓和蚊子的幼虫。它在饥饿时，则会捕食鱼苗，而且种内互相间也会弱肉强食，自相残杀，连自己的后代也不放过。在水边往往可以看到黾蝽和仰游蝽，一个在水上，一个水下，同时冲向一只在水面挣扎的蚂蚁，但最终以仰游蝽的胜利而

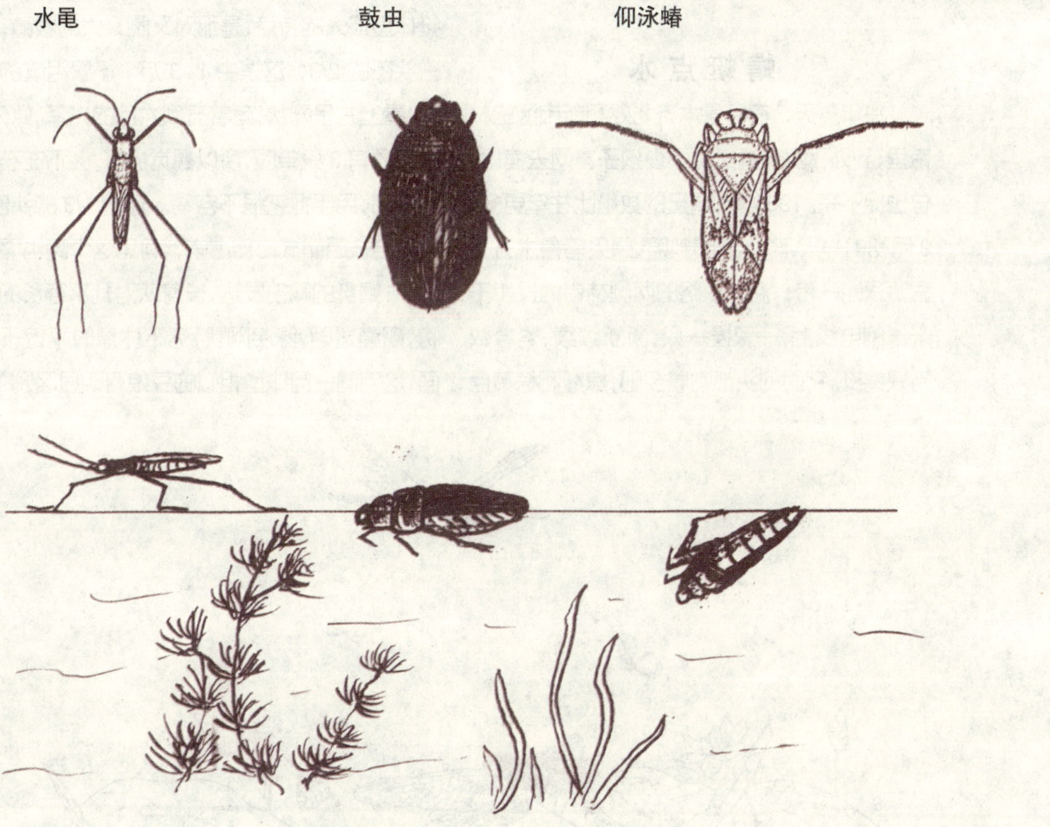

图 108 踩、躺、吊在水面的昆虫

告终。因为它能将食物拖到水下，而黾蝽只能“干瞪眼”，无能为力。

这些昆虫都有展翅迁飞的能力，当池水快要干涸时，一到夜晚，在凉爽而潮湿的空气中，它们就离开原地，向更大更深的水池中飞去。它们有趋光性，往往在水域附近的电灯下，可找到成群的个体。由于这些水面昆虫都依赖水的表面张力而生存，水面出现的油脂和化学物质，则

会破坏这种表面能力。因此，即使几滴油脂，也会使水池中成千上万的水面甲虫陷于灭顶之灾，在几分钟内死去。水环境的污染，是招致这些有趣的水生昆虫绝灭的主要原因。这些水生昆虫，也可作为监测水污染的标志性生物，有这些昆虫活动的水域，水质一定是洁净的。

水生昆虫有的可食，如身长 3~4 厘米的龙虱，近些年来也成了高档酒宴上的佳肴，爬上了广州美食家的桌子。

蜻蜓点水

每年夏天，在乌鲁木齐北郊和新市区的林带里，到处飞舞着蜻蜓。不少孩子拿网去捕捉，总也捉不完。1981 年，蜻蜓的数量比往年更多。9 月初的一天下午，夕阳斜照，只见乌鲁木齐二宫游泳池一带，沿北京路的两侧林带内仅 1 千米长的电线上，一只挨一只，断断续续，落着数万只蜻蜓。它们的头都向着夕阳，棕红和棕黄色的细长身体互相平行，双翅略垂，十分有趣。此情此景不由得使人思考：这样多的蜻蜓从何而来?

蜻蜓属昆虫纲蜻蜓目，在世界上有 5000 种，中国有 600 多种，新疆已知有 31 种，常见的体长有 4~5 厘米，如黄蜻、污泥蜻等，大型的有 7~8 厘米长，如马大头等。因蜻蜓种类很多，颜色也多种多样，有的红，有的黄，有的绿，有的蓝，特别是体型大的，发着金属光泽，非常美丽。蜻蜓体型最大的特点，是那对又圆又大的眼睛，占去头部的 2/3，这是由 1~3 万个小眼组成的复眼，看上去呈网状，泛着五颜六色的光泽。此外，因它还有 3 只单眼，所以视觉极好，上下左右都能看到，用手捉它很不容易。还剩 1/3 的头部，几乎全被咀嚼式口器占去，可见这个嘴也够大的了！蜻蜓的胸部发达，长着两对几乎等长的翅膀，翅膜透明，脉序网状，落下休息时平行于地面，这与同一目体型相似的豆娘可明显区别：因

图 109 水面的蜻蜓

豆娘落下时，翅膀合拢于背部。

越是炎热的夏天，蜻蜓越多。它在庭园中，树林里，草地上，水面上不停地飞着，兜着圈子，无论是白天，还是黄昏，从吐鲁番盆地至海拔2500米的巴音布鲁克沼泽地，都可看到它们飞行的矫健身影。它还有特殊的飞行技巧：能像直升飞机一样在空中停留，并能展翅不动，在空中长距离滑翔。实际上，此时双翅振动次数极为迅速，可达每秒2028次，速度快得惊人。它们在飞行中捕捉食物，它的食谱主要有蚊子、蝇、蠓、蚋、小形蛾类及叶蝉等，因此，它是重要的益虫。在庭园中有几只蜻蜓飞翔，人们就可少受蚊蚋的叮咬。因此，它很受人们的青睐。

蜻蜓最多的地方要数池塘附近，它们成群在水旁飞舞。这时常可见到水面上的一对对蜻蜓，后面一只抓着前面一只的尾部，两者密切地配合，在水面浮萍的空隙间，后者将尾部一点一点地接触水面，立即又飞起，这就是成语“蜻蜓点水”的来历。点水的蜻蜓，前雄后雌，色彩各异，这是它们在交尾后，雄的帮着雌的在水面产卵，这样较为安全。一对蜻蜓可产卵数百枚，“点水”一次产一枚。

“蜻蜓点水”产卵后，卵在水中孵化为稚虫，叫水蚕。随着蜻蜓种类的不同，稚虫在水中生活1~5年，脱皮11~15次。稚虫多为褐色和浅绿色，以水中小动物为食，如孑孓、蝌蚪、水虫昆虫及无脊椎动物等，一只稚虫一年食300多只蚊子孑孓和几百只水生昆虫。在鱼池中，大点的水蚕也捕食鱼苗，对渔业有一定害处。水蚕捕食很怪，由于它游水技术很差，只得用“狩猎”方法捕食。它爬在水草上，当有虫子在面前经过时，便用脸盖捕捉，送到嘴边。这脸盖是变异了的下唇，像能折叠的长板子，末端有一对钩子，用以捉虫。此外，它游泳也很怪，不是靠划水或摆动身体，而是靠自己火箭式的身体，喷水前进。

蜻蜓幼虫——水蚕捕食蝌蚪

与一般昆虫不同，水蚕变为蜻蜓，没有“蛹”这个阶段。每年夏天成熟的水蚕便沿水草爬出水面，不久以后，背部开裂，蜻蜓的头部和背部先脱出“皮囊”，尾部以后再脱出，在几个小时内，翅膀就可展开，开始飞迁。乌鲁木齐二宫地区极少水池，那么多的蜻蜓从何而来呢？原来它们来自北部30~50千米外，米泉、五家渠草地多水库及湖泊的泉水溢出带。因它们有极强的飞行能力，大型蜻蜓一小时可飞100~150千米，可连续飞行几个小时。

蜻蜓有着极古老的历史，早在27亿年前的晚石炭纪，已出现古蜻蜓。它们身材巨大，在空中称王称霸，两翅距离达80厘米，是现在蜻蜓的十多倍。它捕食各种小动物，非常凶猛。

蜻蜓对人类十分有益，它不但消灭害虫，而且在仿生学上已对人类建立了功勋。最初发明的飞机，就是模仿蜻蜓的形状制造的。还有，蜻蜓双翅前面的那块黑点，你可知道它对超音速喷气机所起的作用？原来，飞机制造技术进步后，速度提高了，但加大速度后，机翼便强烈震动，常常翼毁机亡，成为航空工业的一大难题。后来，科学家发现蜻蜓翅膀上的这个奥秘，便在飞机翼前端学着蜻蜓翅膀的黑点加了防震锤，果然效果极好，便已广泛应用。蜻蜓的干燥全体还是一种中药，可主治阳痿遗精、咽喉肿痛、百日咳等疾病。

鉴于蜻蜓的功绩，我们应对它加以保护，特别是它繁殖的池沼湿地，还要防止污染水源。

摄影:东润

图书在版编目（CIP）数据

西部野生动物探秘 / 袁国映著．—乌鲁木齐：新疆美术摄影出版社：新疆电子音像出版社，2007.6
ISBN 978-7-80744-057-4

Ⅰ.西… Ⅱ.袁… Ⅲ.①野生动物—西北地区②野生动物—西南地区 Ⅳ.Q958.52

中国版本图书馆 CIP 数据核字（2007）第 090035 号

西部野生动物探秘

作　　者　袁国映
图片提供　东　润　袁国映　文　昊
责任编辑　吴晓霞
装帧设计　李瑞芳
出　　版　新疆美术摄影出版社
　　　　　新疆电子音像出版社
社　　址　乌鲁木齐市西虹西路 36 号　　邮　编　830000
电　　话　0991-4550067（编辑部）　　0991-4550806（发行部）
发　　行　新华书店
印　　刷　新疆新华印刷厂
开　　本　787mm × 1092mm　1/16
印　　张　11
字　　数　177 千字
版　　次　2007 年 8 月第 1 版
印　　次　2007 年 8 月第 1 次印刷
书　　号　ISBN 978-7-80744-057-4
定　　价　29.80 元
